中国社会科学院哲学社会科学创新工程学术出版资助项目资助

中国表示法及其逻辑研究

杜国平 著

中国社会科学出版社

图书在版编目（CIP）数据

中国表示法及其逻辑研究/杜国平著．—北京：中国社会科学出版社，2023.5

ISBN 978-7-5227-2100-2

Ⅰ.①中…　Ⅱ.①杜…　Ⅲ.①数理逻辑—研究　Ⅳ.①O141

中国国家版本馆 CIP 数据核字（2023）第 120949 号

出 版 人　赵剑英
责任编辑　朱华彬
责任校对　谢　静
责任印制　张雪娇

出　　版　中国社会科学出版社
社　　址　北京鼓楼西大街甲 158 号
邮　　编　100720
网　　址　http://www.csspw.cn
发 行 部　010-84083685
门 市 部　010-84029450
经　　销　新华书店及其他书店

印　　刷　北京君升印刷有限公司
装　　订　廊坊市广阳区广增装订厂
版　　次　2023 年 5 月第 1 版
印　　次　2023 年 5 月第 1 次印刷

开　　本　710×1000　1/16
印　　张　14.25
插　　页　2
字　　数　239 千字
定　　价　88.00 元

凡购买中国社会科学出版社图书，如有质量问题请与本社营销中心联系调换
电话：010-84083683

目　　录

导　言……………………………………………………（1）

第一章　中国表示法……………………………………（3）

第一节　逻辑符号表示法概述……………………………（3）

第二节　不用联结词的逻辑系统…………………………（10）

第三节　中国表示法……………………………………（18）

第二章　基于中国表示法的二值逻辑系统……………（31）

第一节　形式语言………………………………………（31）

第二节　自然推演系统…………………………………（32）

第三节　排斥系统………………………………………（39）

第四节　语义及元理论…………………………………（44）

第五节　一阶形式语言…………………………………（52）

第三章　基于中国表示法的三值命题逻辑……………（59）

第一节　三值命题逻辑形式语言…………………………（59）

第二节　三值命题逻辑自然推演系统……………………（60）

第三节　三值命题逻辑语义及元理论……………………（79）

第四章　三值逻辑系统 3PC 与 LPC 关系研究…………（88）

第一节　三值逻辑系统 LPC ……………………………（88）

第二节　基于中国表示法的 LPC ………………………（89）

第三节 作为 3PC 子系统的 LPC ……（91）

第五章 三值逻辑与二值逻辑关系研究 ……（118）
第一节 逻辑系统之间的关系比较 ……（118）
第二节 语形证明 ……（121）
第三节 语义分析 ……（137）

第六章 基于中国表示法的三值模态逻辑 ……（138）
第一节 三值模态逻辑形式语言 ……（138）
第二节 三值模态逻辑常项的中国表示法 ……（139）
第三节 三值模态逻辑系统及其元理论 ……（142）

第七章 基于中国表示法的三值逻辑函数研究 ……（160）
第一节 三值二元 Sheffer 函数的构造 ……（160）
第二节 三值二元 Sheffer 函数的类型 ……（164）
第三节 三值二元逻辑函数的表达能力 ……（177）
第四节 若干结论 ……（183）

附录 1 第四章第三节证明对照 ……（191）

附录 2 第五章第二节证明对照 ……（208）

参考文献 ……（220）

导　言

逻辑常项是逻辑系统研究的核心问题，例如，命题逻辑主要研究命题联结词的推理结构及其逻辑特征，一阶谓词逻辑主要研究一阶量词的推理结构及其逻辑特征，模态逻辑则主要研究模态词的推理结构及其逻辑特征。恰当的逻辑常项表示法可以更加明晰地表达逻辑常项，更有效率地揭示逻辑常项的推理结构及其逻辑特征。构建更加合理、表达能力更强的新型逻辑常项表示法可以促进逻辑基础理论的进一步发展，同时它本身也是逻辑学基础理论研究的重要课题之一。

逻辑常项表示法经历了三个历史发展阶段：自然语言表示法、符号表示法和形式化表示法。在逻辑学的三大发源地：古代中国、古代印度和古希腊都曾经使用自然语言表示逻辑常项，但是古代中国和古代印度在逻辑常项表示法上未能有进一步的发展，只有在西方，逻辑常项表示法进一步发展出符号表示法和形式化表示法，也正是在西方，逻辑学获得了长足的、持续的发展，由此可见，逻辑常项表示法的发展伴随着逻辑学发展的始终，并在根本上影响着逻辑学的最终发展样态。

受张清宇先生和 Sheffer 函数思想的启发，在本书中，我们提出并构建了一种新型逻辑常项表示法——中国表示法。这是一种和通常惯用的中置法、波兰表示法等完全不同的新型逻辑符号表示法。它一方面发挥了括号表达层级、分清结合先后顺序的结构化功能，同时赋予括号以表达逻辑常项的功能，极大地提高了括号的表达能力。中国表示法仅仅使用一对括号就可以表示一个逻辑系统内所有的命题联结词、量词、模态词和时态词等逻辑常项，最大程度地简化了逻辑系统的初始联结词。

使用中国表示法进行知识表示，和通常的知识表示方法不同，由于括号表达能力的提高，中国表示法可以大大节省知识表示的存储空间，降低计算的复杂度，借此可以设计、改造并提高算法效能，从而提高计算机算力。中国表示法有望在计算机、人工智能等领域获得广泛的应用。

本书内容主要包括三个部分。

1. 对中国表示法进行系统的阐述。(1)对逻辑常项表示法的历史缘起及其发展脉络进行简明扼要的梳理，揭示出逻辑常项表示法对逻辑学发展的促进作用。(2)阐明中国表示法的思想来源。(3)阐明中国表示法的核心思想。证明其强大的表达功能、结构的唯一性和表达的简洁性，比较其与中置法、波兰表示法的异同，彰显其整体性特征。

2. 基于中国表示法进行三值逻辑研究。(1)应用中国表示法对二值逻辑若干系统进行了研究；(2)应用中国表示法对三值逻辑若干问题进行了研究；(3)应用中国表示法对卢卡西维茨的三值逻辑系统进行了研究，从语形上严格证明了卢卡西维茨三值逻辑系统 LPC 是作者建立的三值逻辑系统的子系统。(4)应用中国表示法对三值逻辑和二值逻辑的关系进行了研究，从语形和语义两个方面严格证明了二值逻辑的所有定理都是三值逻辑的内定理，从而证明三值逻辑是经典二值逻辑的扩充，而不是变异，进一步澄清了三值逻辑的某些元理论问题；(5)应用中国表示法对三值模态逻辑系统进行了研究。

3. 基于中国表示法的逻辑基本理论研究。三值逻辑 Sheffer 函数研究是多值逻辑重要的基础理论之一。本书运用中国表示法对三值逻辑函数进行了研究，重点研究了三值逻辑 Sheffer 函数。基于中国表示法对三值逻辑 Sheffer 函数的表达能力重新进行了不需要其他专业知识的自足的证明。对三值逻辑 Sheffer 函数的构造和类型进行分析，进而证明了几类重要的三值逻辑 Sheffer 函数，并对它们之间的相互可定义性给出了构造性的证明。

第一章　中国表示法

恰当的符号表示法可以方便我们以一种更加明晰的方式、更有效率地表达逻辑思想，并进而构建推理工具。尤其是形式语言中的逻辑常项，作为推理研究的核心内容，恰当的符号表示法能够更加清晰、更加有效地揭示逻辑常项的推理规律。本章拟概要考察逻辑符号表示法的基本历史发展脉络，特别对张清宇先生提出的“不用联结词和量词”的逻辑系统进行分析，揭示其重要的理论创新价值和对笔者提出的中国表示法的重要启发价值，并对张清宇先生的开创性工作进行若干推进。在此基础上，重点阐明笔者提出的中国表示法的基本思想，证明中国表示法的表达唯一性，分析中国表示法的特点及其创新价值。

第一节　逻辑符号表示法概述

逻辑常项表示法的历史至少可以追溯到亚里士多德。他在《前分析篇》中，就明确提出了 4 种命题：

(1)A belongsto every B；

(2)A not belongto any B；

(3)A belongsto some B；

(4)A not belongto some B。[①]

值得注意的是他在描述这 4 种命题时使用了变项 A、B，与之相对的是他

---

① 参见张家龙《逻辑学思想史》，湖南教育出版社 2004 年版，第 318 页；[古希腊] 亚里士多德：《工具论》，刘叶涛等译，上海人民出版社 2018 年版，第 62 页；Barnes，Jonathan. 1995. *The Complete Works of Aristotle，Volume 1：The Revised Oxford Translation*. Princeton：Princeton University Press.p. 4；p. 6；p. 24. 可对照参见希腊标准页 25a14-25a27，26a16-26a30 以及希腊标准页 36a8-36a32 等。

使用自然语言描述了4种逻辑常项，这4种逻辑常项就是性质命题的“全称肯定”“全称否定”“特称肯定”“特称否定”。他描述这四种逻辑常项的基本形式是“A属于所有B”“A不属于所有B”“A属于有些B”“A不属于有些B”，其语序有些特别。[①]他借助自然语言和词项变项清晰地呈现了4个逻辑常项：

(1)所有S是P；

(2)所有S不是P；

(3)存在S是P；

(4)存在S不是P。

以此为基础，他构建了完整的三段论理论系统。

到了中世纪，逻辑学家们明确使用符号A、E、I、O来表示这4个逻辑常项。如西班牙的彼得（Peter)和英国逻辑学家希雷斯伍德的威廉（William of Shyreswood)等。[②]

希雷斯伍德的威廉进一步讨论了相关（或相等价）的逻辑常项，将其归为4类：

“所有，没有一个不，并非有的不；

没有一个，并非有的，所有不；

有的，并非没有一个，并非所有不；

有的不，并非没有一个不，并非所有。”

他将这4个逻辑常项用符号a、e、i、o来表示，并巧妙地使用一个拉丁词来表示相应的三段论有效式，这个拉丁词的前三个元音字母就是这个三段论有效式的相应的三个命题。他还将亚里士多德三段论的有效式编写成了一个便于记忆的拉丁歌诀：

Barbara celarent darii ferio baralipton

Celantes dabitis fapesmo frisesomorum；

Cesare camestres festino baroo；darapti

Felapton disamis datisi bocardo fesison.[③]

---

① 这四种语句形式表达的基本意思是“所有B是A”“所有B不是A”“有些B是A”“有些B不是A”，语序与通常表达不同。参见《前分析篇》的相关论述。

② Bonevac，Daniel. 2012. “A History of Quantification.” In *Handbook of the History of Logic，Volume 11：Logic：A History of Its Central Concepts*. Edited by Gabbay，Dov M.，Pelletier，Francis Jeffry.，& Woods，John.，2012.pp.63-126. Amsterdam：Elsevier.

③ 张家龙：《逻辑学思想史》，湖南教育出版社2004年版，第340—341页。

现代逻辑产生之后，这 4 个逻辑常项通常被分析表示为：

SAP：$\forall x(S(x) \rightarrow P(x))$

SEP：$\forall x(S(x) \rightarrow \neg P(x))$

SIP：$\exists x(S(x) \wedge P(x))$

SOP：$\exists x(S(x) \wedge \neg P(x))$

尽管亚里士多德使用命题联结词“如果……那么……”“并且”“这不是真的”等表达三段论的推理结构，但是并未将这些联结词作为逻辑常项进行深入研究。[①]他的学生泰奥弗拉斯多对联结词“如果……那么……”等的推理性质进行了探讨，他使用自然语言加变项“如果 A 则 B”等来表述这些联结词。[②]对于命题联结词“否定”“合取”“析取”“蕴涵”等的明确而系统的考察至少可以追溯到斯多葛学派那里，他们通过公理或者推理规则研究了“否定”“不相容析取”“蕴涵”等的推理规律。他们使用自然语言来表述这些逻辑常项。如他们对“否定(ἀποφατικόν)”“合取(σνμπϵπλϵγμένον)”“析取(διϵζϵνγμένον或παραδιϵζϵνγμένον)”“蕴涵(συνημμένον)”等分别用自然语言“并非(οὐκ)”“并且(καί)”“或者(ἤ)”“如果(ϵἰ 或ϵἴπϵρ)”等来表述。[③]中世纪的逻辑教科书中，一般使用符号“和(*et*)”“或(*vel*)”“如果(*si*)”等来表示合取、析取和条件关系。[④]

提出创建通用语言构想的莱布尼茨以符号“Non-A”“AB或A+B”“$A \infty B$或A=B”等来表述“否定”“合取”“等值”等。[⑤]数学家布尔(George Boole)在其著名的布尔代数中以具有广泛解释力的运算符号“差运算$-x$”“积运算xy”“和运算$x+y$”等用来表述常见的逻辑联结词“否定”“合取”“不相容析取”等。他通过给出范畴 1 和非空存在类v，运用其代数运算可以将亚里士多德论及的四种命题简练地分别表示为：

---

① Aristotle. 1995. “Prior Analytics.” In *The Complete Works of Aristotle，Volume 1：the Revised Oxford Translation*. Edited by Barnes，Jonathan.，1995.pp.39-113. Princeton：Princeton University Press.Aristotle. 1995. “Posterior Analytic.” In *The Complete Works of Aristotle，Volume 1：the Revised Oxford Translation*. Edited by Barnes，Jonathan.，1995.pp.114-166. Princeton：Princeton University Press.

② 张家龙：《逻辑学思想史》，湖南教育出版社 2004 年版，第 418—420 页。

③ Mates，Benson. 1961. *Stoic Logic*. University of California Press. pp. 29-182.

④ Bonevac，Daniel，and Dever，Josh. 2012. “A History of The Connectives.” In *Handbook of the History of Logic，Volume 11：Logic：A History of Its Central Concepts*. Edited by Gabbay，Dov M.，Pelletier，Francis Jeffry.，& Woods，John.，2012：175-233. Amsterdam：Elsevier.De Rijk，Lambertus Marie. 1967. *Logica Modernorum：A Contribution to The History of Early Terminist Logic，Vol. II Part Two：Texts，Indices*. Assen：Van Gorcum. pp. 159-191.

⑤ Lenzen，Wolfgang. 2004. “Leibniz’s Logic.” In *Handbook of the History of Logic，Volume 3：The rise of modern logic：from Leibniz to Frege*. Edited by Gabbay，Dov M.，& Woods，John. Amsterdam：Elsevier. pp. 1-83.

$xy=x$；

$xy=-1$；

$xy=v$；

$x(1-y)=v$。[1]

19 世纪的逻辑学家皮尔士对逻辑符号表示法作了大量的推进工作。他以不同类型的符号来表达涉及的个体变元、函数和关系等，他区分了相容析取和不相容析取，并分别以不同的逻辑符号“$x+,\ y$”“$x+y$”来表述之。[2]他还以符号“$\sum$”“$\prod$”来表达存在量词和全称量词，使用$\sum_i x_i$表示“$x_i+x_j+x_k$+etc.”，使用$\prod_i x_i$表示“$x_i x_j x_k$，etc.”。这些量词可以重叠使用，如$\sum_i\prod_j\sum_k$等。[3]另外，还需提及的是皮尔士还构建了一套使用图示化方式表示逻辑联结词的独特表示法。其表示法的基本构成是一个断言页，如下图：

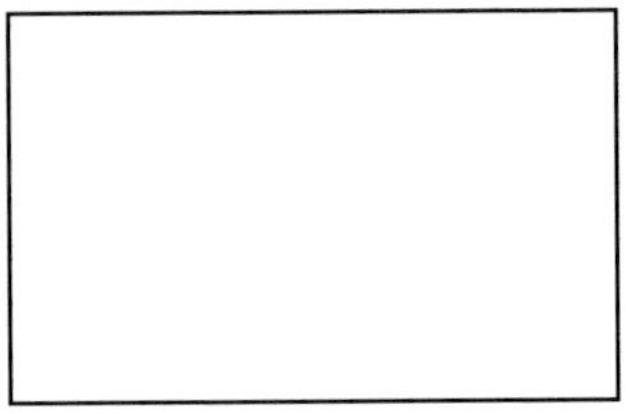

他以以下两个图来分别表示“A的否定”和“A蕴涵B”：

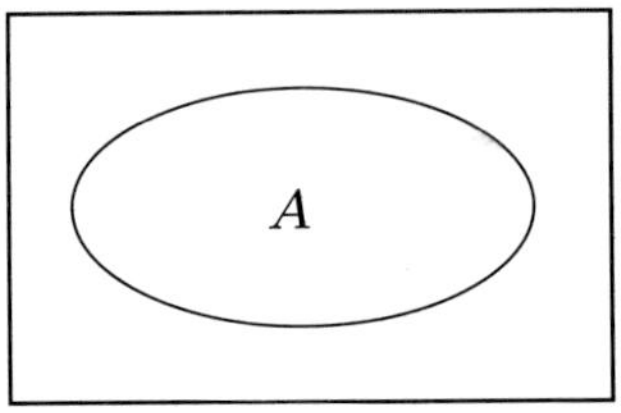

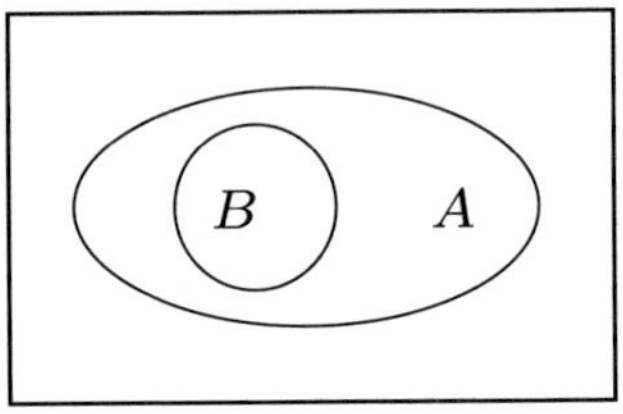

皮尔士还构建了量词等的图示化表示方法，其独特的表示方法近些年越来越受到学界的关注。

---

① Boole ,George. 1847. “the mathematical analysis of logic ,being an essay towards a calculus of deductive reasoning.” Reprinted in *From Kant to Hilbert Volume 1 :A Source Book in the Foundations of Mathematics*. Edited by Ewald , William. , Oxford University Press on Demand , 1996. pp. 451-509.

② Peirce，Charles Sanders. 1870. “Description of a Notation for the Logic of Relatives，Resulting from an Amplification of the Conceptions of Boole’s Calculus of Logic.” *Memoirs of the American Academy of Arts and Sciences*，New Series 9(2).pp.317-378.

③ Peirce，Charles Sanders. 1885. “On the algebra of logic：A Contribution to the Philosophy of Notation.” Reprinted in *From Kant to Hilbert Volume 1：A Source Book in the Foundations of Mathematics*. Edited by Ewald，William.，1996.pp.608-632. Oxford：Oxford University Press.

德国著名逻辑学家弗雷格使用二维表意符号来表述逻辑常项。弗雷格区别观点的表述和对观点的断定，他使用二维横线表示内容短线，即以——表示内容短线，短线后是所表示的观点内容，二维符号：

表示表述观点A；以二维符号

表示断定观点A。增加的垂直竖线“|”称为断定短线。

在此基础上，他以内容短线下加上垂直竖线，表示否定。即以

表示A的否定。以

表示A蕴涵B。

因此，符号

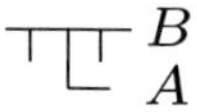

表示“并非A蕴涵非B”，即“A且B”。

符号

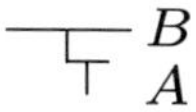

表示“非A蕴涵B”，即“A或者B”。

这样，公理“$\vdash A\rightarrow(B\rightarrow A)$”就可以表示为：

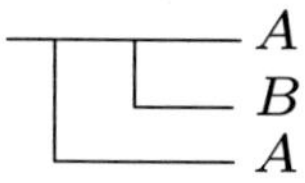

再如：

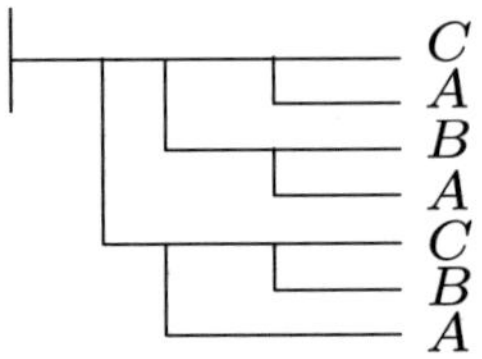

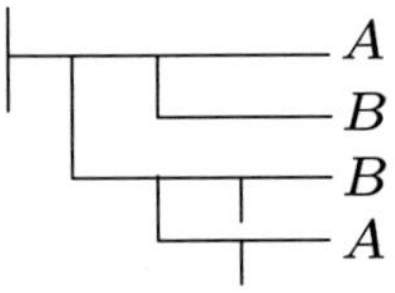

就可以分别表示“$\vdash(A\rightarrow(B\rightarrow C))\rightarrow((A\rightarrow B)\rightarrow(A\rightarrow C))$”“$\vdash(\neg A\rightarrow\neg B)\rightarrow(B\rightarrow A)$”。

通常的推理规则分离规则则表示为：由  和  ，可以得到： 。

弗雷格还引入如下符号来表示全称量词：

以上述符号表示“对于任一个体a，函数$\Phi(a)$都成立”。

相应地，存在量词就可以表示为：

意为“并非对于任一个体a，函数$\Phi(a)$都不成立”，弗雷格的量词表示法可以包含多个量词变元。①

弗雷格逻辑常项的二维表示法使得符号同时具有语法和语义的双重含义，即弗雷格的符号表示法是一种形义兼具的表示法。②

意大利数学家皮阿诺给出了一套非常简洁的逻辑符号表示方法：用符号“$a\cap b$”“$-a$”“$a\cup b$”“$a\supset b$”“$a=b$”来分别表示“合取”“否定”“析取”“蕴涵”和“等值”，使用符号“x，y，…”表示全称量词，符号“$a\supset_{x,\ y,\ \ldots}b$”就

① Frege，Gottlob. 1879. “Begriffsschrift，a formula language，modeled upon that of arithmetic，for pure thought.”Reprinted in *From Frege to Gödel：A source book in mathematical logic，1879-1931*，edited by Van Heijenoort，Jean.，1967.pp.1-82. Cambridge：Harvard University Press.

② Van Heijenoort，Jean. 1967. *From Frege to Gödel：a source book in mathematical logic，1879-1931*. Cambridge：Harvard University Press. pp. 11-13.

表示“对任意的x，y，…，都有a蕴涵b”。他还使用不同的点来确定运算顺序的先后，如“$a=b.=:a\supset b.b\supset a$”。①

皮阿诺创制的逻辑符号给罗素以极大启发，使得他将数学还原为逻辑的数学基础研究工作得以顺利进展。罗素和怀特海基于皮阿诺的符号系统创制了他自己的逻辑符号系统。他们用符号“$\sim p$”“$p\vee q$”分别表示“否定”“析取”，并以之作为初始联结词，定义引入其他联结词：

$$p\bullet q=_{def}\sim(\sim p\vee\sim q)$$

$$p\supset q=_{def}\sim p\vee q$$

$$p\equiv q=_{def}(p\bullet q)\vee(\sim p\bullet\sim q)$$

符号“$p\bullet q$”“$p\supset q$”“$p\equiv q$”分别表示“合取”“蕴涵”“等值”。在此基础上，他们以包含符号“$p\vee q$”和“$p\supset q$”的公式，如“$p\vee p\supset p$”“$(q\supset r)\supset(p\vee q\supset p\vee r)$”等作为公理，构建了命题逻辑的公理系统。他以符号“(x)”“$(\exists x)$”分别表示“全称量词”和“存在量词”。②其存在量词“$\exists x$”符号直至今日仍然是被最广泛使用的存在量词符号。

数学家希尔伯特和阿克曼在《数理逻辑原理》中给出了与罗素系统稍有差别的符号表示系统，两者的主要差别对照如下表：

	否定	析取	合取	蕴涵	等值	全称量词	存在量词
《数学原理》	$\sim p$	$p\vee q$	$p\bullet q$	$p\supset q$	$p\equiv q$	(x)	$(\exists x)$
《数理逻辑原理》	$\bar{X}$	$X\vee Y$	$X\,\&\,Y$	$X\rightarrow Y$	$X\sim Y$	(x)	$(\mathrm{E}x)$

《数理逻辑原理》与其符号表示相关的是对命题逻辑、一阶谓词逻辑和二阶谓词逻辑进行了区分，并分别给出了相应系统的逻辑符号体系。③

波兰逻辑学家卢卡西维茨发明了一套独特的符号表示法，使用不同的大写字母等表示逻辑联结词，并将这些联结词置于所要连接的命题之前，因此这套

---

① Peano，Giuseppe. 1889. “The principles of arithmetic，presented by a new method.”Reprinted in *From Frege to Gödel: A source book in mathematical logic, 1879-1931*, edited by Van Heijenoort, Jean.，1967.pp.83-97. Cambridge：Harvard University Press.

② 参见：Russell，Bertrand. 1902. “Letter to Frege.” Reprinted *in From Frege to Gödel：A source book in mathematical logic，1879-1931*，edited by Van Heijenoort，Jean.，1967：124-125. Cambridge：Harvard University Press.Russell，Bertrand. 1908a. “Mathematical logic as based on the theory of types.” Reprinted in *From Frege to Gödel：A source book in mathematical logic，1879-1931*，edited by Van Heijenoort，Jean.，1967.pp.150-182. Cambridge：Harvard University Press.

③ Hilbert，David.，and Ackermann，Wilhelm. 1950. *Principles of mathematical logic*. Edited and with notes by Luce，Robert E. New York：Chelsea Publishing Company.

符号表示法被称为前置法，也被称为波兰表示法。具体做法是分别使用“Np”“Cpq”“Kpq”“Apq”“Epq”等来表示“否定”“蕴涵”“合取”“析取”“等值”。[①]他使用符号“Π”来表示全称量词。特别值得一提的是，他使用变量函子“$\varphi(p)$”来表示“φ是任一作用于p之上的一元联结词”。这样符号“$\Pi p\Pi qCEpqC\varphi p\varphi q$”就表示“对于任一命题$p$和$q$，如果$p$和$q$等值，那么$\varphi(p)$蕴涵$\varphi(q)$”，其中“$\varphi$”可以是“任一关于$p$的一元真值函数”。[②]

第二节　不用联结词的逻辑系统

张清宇先生于 1995 年、1996 年在《哲学研究》连续发表了两篇文章《不用联结词的经典命题逻辑系统》《不用联结词和量词的一阶逻辑系统》，并且在 1997 年出版的和郭世铭、李小五合著的《哲学逻辑研究》中进一步阐发了相关思想。在这 3 项成果中，张清宇先生系统阐发了他不用联结词和量词建立逻辑系统的创造性思想。下面我们概要地介绍这一成果，并将相关研究进一步向前推进。

常见的经典命题逻辑系统中，一般包括三类符号：命题符、联结词以及括号等技术性符号。张清宇先生指出后两类符号的“联结作用”和“分组作用”可以仅由一类符号来承担。卢卡西维茨以“波兰表示法”来实现了这一点，张清宇先生则运用括号“建立不用联结词的经典命题逻辑系统，以此表明括号也能兼具联结词的作用”[③]。

其形式语言包括三类初始符号：

(1)命题变项符号；

(2)命题常项符号：t；

(3)括号：左括号(，右括号)。

公式递归定义为：

(1)命题变项符号和命题常项符号是公式；

(2)若表达式A和B是公式，则表达式(AB)也是公式。

---

① Łukasiewicz，Jan. *Elements of Mathematical Logic*. Oxford：Pergamon Press.1966. pp. 22-30.

② Łukasiewicz，Jan. *Elements of Mathematical Logic*. Oxford：Pergamon Press.1966. pp. 92-102.

③ 张清宇：《不用联结词的经典命题逻辑系统》，《哲学研究》1995 年第 5 期，第 40—47 页。

其二值基本语义是：

一个真值赋值σ是由所有公式的集F到{1，0}的一个映射，并满足下列条件：

(1)$t^{\sigma}=1$；

(2)对于任意公式B、C，$(BC)^{\sigma}=1$ 当且仅当$B^{\sigma}=1$ 且$C^{\sigma}=0$。

在其建立的一阶逻辑系统中，进一步发挥括号的作用，使其兼具量词和联结词的功能。

其一阶形式语言包括：

(1)命题变项符号：p_1，p_2，p_3，…；

(2)命题常项符号：T；

(3)个体常元符号：c_1，c_2，c_3，…；个体变元符号：v_1，v_2，v_3，…；

(4)函数符号：f_1，f_2，f_3，…；

(5)谓词符号：R_1，R_2，R_3，…；

(6)括号和逗号：左括号(，右括号)，逗号,。

以小写字母p、q、r等表示任意命题变项，以a、b、c等表示任意个体常元，以x、y、z等表示任意个体变元，以f、g、h等表示任意函数，以P、Q、R等表示任意谓词。

项递归定义为：

(1)任一个体常元符号是项；

(2)任一个体变元符号是项；

(3)若f是任一n元函数符号并且t_1，t_2，t_3，…，t_n是项，则$f(t_1$，t_2，t_3，…，$t_n)$是项。

原子定义为：

(1)命题变项符号和命题常项符号是原子；

(2)若R是任一m元关系符号并且t_1，t_2，t_3，…，t_m是项，则$R(t_1$，t_2，t_3，…，$t_m)$是原子。

公式递归定义为：

(1)原子是公式；

(2)若表达式A和B是公式，则表达式(AB)也是公式；

(3)若表达式A和B是公式并且x是个体变项，则表达式(AxB)也是公式。

其二值基本语义是：

给定一个模型$\mathfrak{A}$=(D，I)和$\mathfrak{A}$中的一个指派α，

(1)$T^{I,\alpha}=1$；

(2)$p^{I,\alpha}=p^{I}$；

(3)$[R(t_1, t_2, t_3, \cdots, t_m)]^{I,\alpha}=1$，当且仅当$(t_1^{I,\alpha}, t_2^{I,\alpha}, t_3^{I,\alpha}, \cdots, t_m^{I,\alpha})\in R^{I}$；

(4)$(AB)^{I,\alpha}=1$，当且仅当$A^{I,\alpha}=1$且$B^{I,\alpha}=0$；

(5)$(AxB)^{I,\alpha}=1$，当且仅当对α的某个x-变异β，$(AB)^{I,\beta}=1$。①

通过上述定义，不难看出：

其中的命题常项符号T(t)相当于常值函数1，发挥的是0元联结词的功能；括号(AB)除结合功能之外，发挥的是二元联结词的功能，相当于常用二元联结词蕴涵“→”的否定，即$\neg(A\rightarrow B)$，亦可理解为$A\wedge\neg B$；括号(AxB)兼具了量词和联结词的双重功能，相当于常用符号表示法的$\exists x(A\wedge\neg B)$。

其他联结词均可以通过定义而引入，如：

$\neg A=_{\mathrm{def}}(\mathrm{T}A)$

$A\wedge B=_{\mathrm{def}}(A(\mathrm{T}B))$

$A\vee B=_{\mathrm{def}}(\mathrm{T}((\mathrm{T}A)B))$

$A\rightarrow B=_{\mathrm{def}}(\mathrm{T}(AB))$

$\exists xA=_{\mathrm{def}}(\mathrm{T}x(\mathrm{T}A))$

$\forall xA=_{\mathrm{def}}(\mathrm{T}(\mathrm{T}xA))$②

张清宇先生基于上述形式语言分别构建了多个逻辑系统。

其中，命题逻辑的公理系统（记为H)由6条公理模式和一条推证规则构成。

它的公理模式包括：

1. $\mathrm{t}(AA)$

2. $\mathrm{t}(A(\mathrm{t}(BA)))$

3. $\mathrm{t}((\mathrm{t}(A(\mathrm{t}(BC))))(\mathrm{t}((\mathrm{t}(AB))(\mathrm{t}(AC)))))$

4. $\mathrm{t}(A(\mathrm{t}((\mathrm{t}B)(AB))))$

5. $\mathrm{t}((AB)A)$

$\mathrm{t}((AB)(tB))$

① 张清宇：《不用联结词和量词的一阶逻辑系统》，《哲学研究》1996年第5期，第72—79页。

② 张清宇、郭世铭、李小五：《哲学逻辑研究》，社会科学文献出版社1997年版，第25—54页。

6. $t((t((tA)B))(t((t((tA)(tB)))A)))$

它的推证规则是：(t)E：从A和 $t(AB)$可推出B。[①]

一阶逻辑的公理系统（记为 QH)由 11 条公理模式和一条推证规则构成。

它的公理模式包括：

$Ax0$　$A\supset A$

$Ax1$　$A\supset(B\supset A)$

$Ax2$　$[A\supset(B\supset C)]\supset((A\supset B)\supset(A\supset C))$

$Ax3$　$[\neg A\supset B]\supset[(\neg A\supset\neg B)\supset A]$

$Ax4$　$(AB)\supset A$

$Ax5$　$(AB)\supset(\mathrm{T}B)$

$Ax6$　$A\supset[(\mathrm{T}B)\supset(AB)]$

$Ax7$　$\forall xA\supset A\{x/u\}$，代入$\{x/u\}$对$A$可行

$Ax8$　$\forall x(A\supset B)\supset(\forall xA\supset\forall xB)$

$Ax9$　$A\supset\forall xA$，x不在A中自由出现

$Ax10$　$(AxB)\equiv(\mathrm{T}x(\mathrm{T}(AB)))$

$Ax11$　以上各组公理的所有全称概括

QH 的推证规则是 MP：从A和$A\supset B$可推出B。[②]

综上所述，张清宇先生“不用联结词和量词”的逻辑系统，指的是在形式语言中，初始符号可以不使用通常的联结词和量词，而仅仅使用括号，但是通过括号可以将通常的联结词和量词定义出来，本质上是以括号来发挥联结词和量词的功能，但是在构建公理系统的过程中，并不排斥常用联结词的使用。

联结词是逻辑研究的核心内容之一，例如命题逻辑主要研究的是“否定”“蕴涵”“合取”“析取”“等值”等联结词的推理性质，模态逻辑研究的是“必然”“可能”等联结词的推理性质，时态逻辑研究的是“曾经”“将来”“一直”“永远”等时态联结词的推理性质，直觉主义逻辑和弗协调逻辑研究的主要是基于独特哲学思考的“否定”“蕴涵”等联结词的推理性质，即使在以量词为核心研究内容之一的一阶逻辑中，联结词也是不可或缺的。对于不太了解

---

① 关于公理模式和推证规则的这一部分，公式最外层的括号省略了，例如，$t(AA)$实际上是公式$(t(AA))$。

② 张清宇、郭世铭、李小五：《哲学逻辑研究》，社会科学文献出版社 1997 年版，第 55—56 页。

张清宇先生"不用联结词"具体含义的人来说，在一个逻辑系统中"不用联结词"可能令人费解。实际上，张清宇先生"不用联结词"指的仅仅是在初始符号中不用联结词而已，是使用括号来代替某一个联结词或者量词，常用的联结词是可以通过定义而引入的（在公理系统中，张清宇先生使用了通过定义引入的联结词"⊃"），[①]并且在语义解释中，括号是可以被解释为"联结词"的。

"不用联结词和量词"的一阶逻辑系统中揭示的是使用括号可以表达命题联结词和量词的功能，但并没有作为一种完整、彻底、系统的符号表示法提出来。这可以从形式语言中保留 0 元联结词"T"以及在公理系统中继续定义引入并使用联结词"¬""⊃"和量词"$\forall x$"等看出来。"命题常项是 0 元联结词，因此利用它们建立的不用其他联结词的系统还不能说是十分严格的不用联结词的系统。"[②]

下面我们对张清宇先生构建的公理系统 H 和 QH 作进一步的研究。

一　公理系统 H 的简化

为了叙述方便，我们将公理系统 H 中的 6 条公理分别称为公理 1~公理 6。

张清宇先生可能是为了充分展示括号作为二元联结词的功能，所以在公理系统 H 中，将公式 t(A(t((tB)(AB))))、t((AB)A)和 t((AB)(tB))作为两条公理。根据定义将其稍微变形，这两条公理是：

公理 4　$A\supset((\mathrm{T}B)\supset(AB))$

公理 5　$(AB)\supset A$

　　　　$(AB)\supset(\mathrm{T}B)$

公理 4 展示的是作为二元联结词的括号的引入规则，公理 5 展示的是作为二元联结词的括号的消去规则。

如果从公理系统独立性的角度看，公理系统 H 中的公理 1、公理 4 和公理 5 共 4 条公理不是必需的。下面我们来证明这一点。

我们将只保留公理系统 H 中的公理 2、公理 3、公理 6 等 3 条公理和推理规则 t(E)。为了叙述方便，简化后的公理系统简记为 QY。即公理系统 QY

① 张清宇：《不用联结词和量词的一阶逻辑系统》，《哲学研究》1996 年第 5 期，第 72—79 页。
② 张清宇：《不用联结词的经典命题逻辑系统》，《哲学研究》1995 年第 5 期，第 40—47 页。

包括如下公理（模式）和推理规则：

QYAx1. t(At(BA))　　公理系统 H 之公理 2

QYAx2. t((t(A(t(BC))))(t((t(AB))(t(BC)))))　　公理系统 H 之公理 3

QYAx3. t((t((tA)B))(t((t((tA)(tB)))A)))　　公理系统 H 之公理 6

推理规则即公理系统 H 之推理规则 t(E)：由A和 t(AB)可得出B。

下面证明公理系统 H 中的公理 1、公理 4 和公理 5 的两条公理都是系统 QY 的定理。

定理 1　$\vdash_{QY}$t(AA)

1. t((t(A(t((t(AA))A))))(t((t(A(t(AA))))(t(AA)))))　　QYAx2
2. t(A(t((t(AA))A)))　　QYAx1
3. t((t(A(t(AA))))(t(AA)))　　1、2，推理规则 t(E)
4. t(A(t(AA)))　　QYAx1
5. t(AA)　　3、4，推理规则 t(E)

定理 1 即为公理系统 H 之公理 1。

在公理系统 H 中证明演绎定理时，只使用了公理系统 H 的公理 1、公理 2(QYAx1)、公理 3(QYAx2)以及推理规则 t(E)。[①]因为公理系统 H 的公理 1 可以由公理系统 QY 的公理 QYAx1、公理 QYAx2 以及推理规则 t(E)被证明而作为系统 QY 的一个定理。因此，在系统 QY 中演绎定理也是成立的，所以，在下面的证明中，根据需要将直接使用演绎定理。

定理 2　$\vdash_{QY}$t(A(t((tB)(AB))))

1. A　　hyp
2. (tB)　　hyp
3. t(AB)　　hyp
4. B　　1、3，推理规则 t(E)
5. t((t(AB))B)　　3~4，演绎定理
6. t((tB)(t((t(AB))(tB))))　　QYAx1
7. t((t(AB))(tB))　　2、6，推理规则 t(E)
8. t((t((t(AB))B))(t((t((t(AB))(tB)))(AB))))　　QYAx3
9. t((t((t(AB))(tB)))(AB))　　5、8，推理规则 t(E)

① 张清宇：《不用联结词的经典命题逻辑系统》，《哲学研究》1995 年第 5 期，第 40—47 页。

10. (AB)　　7、9，推理规则 t(E)

11. t((tB)(AB))　　2~10，演绎定理

12. t(A(t((tB)(AB))))　　1~11，演绎定理

定理 2 即为公理系统 H 之公理 4。

定理 3　$\vdash_{\mathrm{QY}}$ t((t(tA))A)

1. t((t((tA)(tA)))(t((t((tA)(t(tA))))A)))　　QYAx3

2. t((tA)(tA))　　公理系统 QY 之定理 1

3. t((t((tA)(t(tA))))A)　　1、2，推理规则 t(E)

4. t((t((t((tA)(t(tA))))A))(t((t(tA))(t((t((tA)(t(tA))))A)))))　　QYAx1

5. t((t(tA))(t((t((tA)(t(tA))))A)))　　3、4，推理规则 t(E)

6. t((t((t(tA))(t((t((tA)(t(tA))))A))))(t((t((t(tA))(t((tA)(t(tA))))))
　　(t((t(tA))A)))))　　QYAx2

7. t((t((t(tA))(t((tA)(t(tA))))))(t((t(tA))A)))　　5、6，推理规则 t(E)

8. t(((t(tA))(t((tA)(t(tA))))))　　QYAx1

9. t((t(tA))A)　　7、8，推理规则 t(E)

此定理即为双否消去律。

定理 4　$\vdash_{\mathrm{QY}}$ t((AB)A)

1. (AB)　　hyp

2. (tA)　　hyp

3. A　　hyp

4. t((tA)(t((tB)(tA))))　　QYAx1

5. t((tB)(tA))　　2、4，推理规则 t(E)

6. t((A)(t((tB)A)))　　QYAx1

7. t((tB)A)　　3、6，推理规则 t(E)

8. t((t((tB)A))(t((t((tB)(tA))B)))　　QYAx3

9. t((t((tB)(tA))B)　　7、8，推理规则 t(E)

10. B　　5、9，推理规则 t(E)

11. t(AB)　　3~10，演绎定理

12. t((tA)(t(AB)))　　2~11，演绎定理

13. t((AB)(t((tA)(AB))))　　QYAx1

14. t((tA)(AB))　　1、13，推理规则 t(E)

15. t((t((tA)(AB)))(t((t((tA)(t(AB))))A))) QYAx3

16. t((t((tA)(t(AB))))A) 14、15，推理规则 t(E)

17. A 12、16，推理规则 t(E)

18. t((AB)A) 1~17，演绎定理

定理 5 $\vdash_{QY}$ t((AB)(tB))

1. (AB) hyp

2. t((AB)(t((t(tB))(AB)))) QYAx1

3. t((t(tB))(AB)) 1、2，推理规则 t(E)

4. t(tB) hyp

5. A hyp

6. t((t(tB))B) 公理系统 QY 之定理 3

7. B 4、6，推理规则 t(E)

8. t(AB) 5~7，演绎定理

9. t((t(tB))(t(AB))) 4~8，演绎定理

10. t((t((t(tB))(AB)))(t((t((t(tB))(t(AB))))(tB)))) QYAx3

11. t((t((t(tB))(t(AB))))(tB)) 3、10，推理规则 t(E)

12. tB 9、11，推理规则 t(E)

13. t((AB)(tB)) 1~12，演绎定理

定理 4、定理 5 即为公理系统 H 之公理 5。

对公理系统 H 的公理简化之后得到的公理系统 QY 和通常的命题逻辑希尔伯特系统只存在一个差异。即推理规则的差异，一个是分离规则，一个是 t(E)，而根据 QY 中“$A \to B$”的定义，这两者显然是等价的。

简化后的公理系统 QY 是和通常的命题逻辑希尔伯特型系统相等价的系统。因此，该系统相对于通常的二值语义具有可靠性和完全性。[①]

二 公理系统 QH 符号的初始化

在不用联结词和量词的一阶逻辑公理系统 QH 中，包含了通过定义引入的语形联结词“¬”“⊃”和全称量词“∀”，并且其中除了括号“( )”之外，还包括方括号“[ ]”。我们可以将其仅仅使用形式语言中的初始符号而使之纯

① 杜国平：《关于“不用联结词的逻辑系统”的注记》，《重庆理工大学学报》(社会科学版) 2019 年第 4 期，第 7—12 页。

粹化。可以在公理系统 QY 的基础上增加如下公理（模式）和推理规则从而得到一阶逻辑公理系统 QQY：

QYAx4. T((T(Tx(T(AB(x)))))(T(A(T(TxB(x)))))），x不在A中出现

QYAx5. T((T(TxA(x)))A(m))，A(m)是由将A(x)中的x全部替换为m而得(m是个体常元)

推理规则(∀+)：由A(u)可以得到(T(TxA(x)))(u是自由变元)。

根据定义将其稍微变形，按照通常的语言来表达，这两条公理和推理规则是：

QYAx4. $\forall x(A\supset B)\supset(A\supset\forall xB)$，$x$不在$A$中出现

QYAx5. $\forall xA\supset A(m)$，A(m)是由将A(x)中的x全部替换为m而得(m是个体常元)

推理规则(∀+)：由A(u)可以得到$\forall xA$(x)(u是自由变元)。

可以证明，一阶逻辑公理系统 QQY 和通常的一阶谓词逻辑系统等价。[①]因此，该系统同样具有可靠性和完全性。

需要注意的是，在一阶逻辑公理系统 QQY 中，括号既有结构性功能，如"A(m)"中的括号；也有联结词功能，如"(AB)"中的括号；还有量词功能，如"(AxB)"中的括号。

第三节 中国表示法

本节我们将在张清宇先生开创性工作的基础上，提出一种新的逻辑符号表示法——中国表示法，以括号来兼具表达各种逻辑常项的功能。

中国表示法是在形式语言中以括号来表示各种逻辑常项（不仅包括联结词、量词等，还包括模态词、时态词等所有的逻辑常项）的符号表示方法，并以此作为研究各种逻辑常项逻辑性质，特别是推理结构的基本工具。中国表示法不仅是为了使用括号来表达各种逻辑常项，而且要充分挖掘、发挥中国表示法的表达功能和表达优势，将其发展为一种独立的、具有广泛应用价值的符号表示方法。

例如，中国表示法的命题逻辑形式语言 $\mathscr{L}$(P)仅仅包括如下两类符号：

---

① 可参阅杜国平《经典逻辑与非经典逻辑基础》，高等教育出版社 2006 年版，第 82—106 页。

定义 1.3.1　命题逻辑形式语言 $\mathscr{A}$(P)包括如下两类符号：

(1)命题符号：p_1，p_2，p_3，…；

(2)括号：左括号(，右括号）。

通常以p、q、r等表示任一命题符号。

中国表示法的模态逻辑形式语言 $\mathscr{A}$(MP)仅仅包括如下两类符号：

定义 1.3.2　模态逻辑形式语言 $\mathscr{A}$(MP)包括如下两类符号：

(1)命题符号：p_1，p_2，p_3，…；

(2)括号：圆括号(，)；中括号[，]。

在模态逻辑形式语言 $\mathscr{A}$(MP)中，第二类符号中的中括号仅仅是为了表述方便而设立的，后文将证明，这类符号是可以删除的，和命题逻辑形式语言 $\mathscr{A}$(P)一样，只需要一种括号就够了，即只需要一对括号就足以定义出所有的命题联结词及模态词。

中国表示法的一阶逻辑形式语言 $\mathscr{A}$(QP)和命题逻辑形式语言类似，可以在通常的一阶形式语言中直接删除通常的联结词符号和量词符号而得，联结词符号和量词符号的基本功能可以只使用括号定义出来。

下面我们以命题逻辑形式语言为例，证明中国表示法的一些语法性质。

定义 1.3.3　形式语言 $\mathscr{A}$(P)中的符号构成的任一有穷序列称为一个表达式；一个表达式中依次出现的符号的数目，称为表达式的基数。

左括号、右括号、字母或者字母加下标的基数为 1。

通常使用大写字母X、Y、Z（或加下标）等来表示任一表达式；形式语言 $\mathscr{A}$(P)中所有表达式的集合记为 $Expr(\mathscr{A}(\mathrm{P}))$。

定义 1.3.4　称两个表达式X和Y相等（或相同的），记作$X=Y$，当且仅当，它们的基数相等，并且自左至右依次出现的符号相同。

定义 1.3.5　设X、Y、Z、Z_1、$Z_2 \in Expr(\mathscr{A}(\mathrm{P}))$。如果$X=Z_1YZ_2$，则称$Y$为$X$的段；如果$X\neq Y$，则称$Y$为$X$的真段；如果$X=YZ$，则称$Y$为$X$的初始段，称$Z$为$X$的结尾段；如果$X=YZ$，且$Z$不空，则称$Y$为$X$的真初始段；如果$X=YZ$，且$Y$不空，则称$Z$为$X$的真结尾段。

定义 1.3.6　称命题逻辑形式语言 $\mathscr{A}$(P)的一个表达式为原子当且仅当它是定义 1.3.1 中一个单独的命题符号（加下标）。

由形式语言 $\mathscr{A}$(P)中所有原子构成的集合记为 $Atom(\mathscr{A}(\mathrm{P}))$，由 $\mathscr{A}$(P)中所有公式构成的集合记为 $Form(\mathscr{A}(\mathrm{P}))$。

定义 1.3.7　$Form(\mathscr{A}(\mathrm{P}))$是满足以下(1)~(3)的表达式集合$S$中的最小集：

(1)$Atom(\mathscr{A}(\mathrm{P}))\subseteq S$；

(2)若$X\in S$，则$(X)\in S$；

(3)若$X\in S$，且$Y\in S$，则$(XY)\in S$。

通常用字母A、B、C、D等表示任一$\mathscr{A}(\mathrm{P})$的公式；用Σ、Γ、Δ等表示任一公式集合。

定理 1.3.1 设R是关于表达式的一个性质。如果：

(1)对于任一公式$B\in Atom(\mathscr{A}(\mathrm{P}))$，均有$R(B)$；

(2)对于任一公式$B\in Form(\mathscr{A}(\mathrm{P}))$，若$R(B)$，则$R((B))$；

(3)对于任意公式B、$C\in Form(\mathscr{A}(\mathrm{P}))$，若$R(B)$且$R(C)$，则$R((BC))$。

那么对于任一公式$B\in Form(\mathscr{A}(\mathrm{P}))$，都有$R(B)$。

证明：

令$S=\{x|x\in Form(\mathscr{A}(\mathrm{P}))且R(x)\}$，则$S$满足定义 1.3.7 中的(1)~(3)，因此$Form(\mathscr{A}(\mathrm{P}))\subseteq S$。所以，对于任一公式$B\in Form(\mathscr{A}(\mathrm{P}))$，都有$R(B)$。

定理 1.3.2 假设$B\in Form(\mathscr{A}(\mathrm{P}))$，则$B$中左括号数和右括号数相等。

证明：

令$S_1=\{x|x\in Form(\mathscr{A}(\mathrm{P}))\wedge G(x)\}$，其中$G(x)$表示$x$中左括号数和右括号数相等。则$S_1$满足定理 1.3.7 中的(1)~(3)，因此$Form(\mathscr{A}(\mathrm{P}))\subseteq S_1$。所以，对于任一公式$B\in Form(\mathscr{A}(\mathrm{P}))$，都有$G(B)$，即$B$中左括号数和右括号数相等。

定理 1.3.3 假设$B\in Form(\mathscr{A}(\mathrm{P}))$，若$B$不是原子，则$B$左边以左括号开始，右边以右括号结束。

定理 1.3.4 假设$B\in Form(\mathscr{A}(\mathrm{P}))$，则在$B$非空的真初始段中，左括号的出现比右括号多；在$B$非空的真结尾段中，右括号的出现比左括号多。

证明：

1. 如果B是原子，那么不存在B的非空真初始段，也不存在B的非空真结尾段。

2. 如果B形如(C)。假设定理对于C成立，那么B非空的真初始段只能是：(1)$(C$；(2)$(C'$(C'是C的非空真初始段)；(3)$($。不论是哪种情况，其中左括号均比右括号出现的次数多。

B非空的真结尾段只能是：(1)$C)$；(2)$C'')$(C'是C的非空真结尾段)；(3)$)$)。不论是哪种情况，其中右括号均比左括号出现的次数多。

3. 如果B形如(CD)。假设定理对于C、D成立，那么B非空的真初始段只能是：(1)(CD；(2)(CD'(D'是D的非空真初始段)；(3)(C；(4)(C'(C'是C的非空真初始段)；(5)(。不论是哪种情况，其中左括号均比右括号出现的次数多。

B非空的真结尾段只能是：(1)CD)；(2)$C'D$)(C'是C的非空真结尾段)；(3)D)；(4)D')(D'是D的非空真结尾段)；(5))。不论是哪种情况，其中右括号均比左括号出现的次数多。

根据定理 1.3.2 和定理 1.3.4 可得：

定理 1.3.5　假设$B\in$ $Form(\mathscr{L}(\mathrm{P}))$，则$B$的非空真初始段和非空真结尾段都不是公式。

命题 1.3.1　形式语言 $\mathscr{L}$(P)中的任一公式恰好具有以下三种形式之一：原子、(B)或者(BC)；并且在各种情形下公式所具有的那种形式是唯一的。

证明：

1. 显然，形式语言 $\mathscr{L}$(P)中的任一公式所具有的形式必定为原子、(B)或者(BC)这三种形式之一。

2. 这三种形式中的任何两种都不相同，即形式语言 $\mathscr{L}$(P)中的任一公式所具有的形式至多为这三种形式之一。

首先，原子的基数为 1，而其他两种公式的基数至少为 3，因此原子和其他两种公式的形式不同。

其次，其他两种公式的形式也不相同。因为，假设其他两种形式的公式并非不相同，则存在公式B、C、D，使得

$$(B)=(CD)$$

等式两边均去掉最外层的左括号和右括号，得到：

$$B=CD$$

由此可得，公式C是公式B的非空真初始段，公式D是公式B的非空真结尾段，这与定理 1.3.5 矛盾。

3. 如果$(B)=(C)$，则显然有$B=C$。

4. 如果$(BC)=(AD)$，则$B=A$，且$C=D$。因为由

$$(BC)=(AD)$$

等式两边均去掉最外层的左括号，可得

$$BC)=AD)$$

如果$B\neq A$，则或者A是B的不空真初始段，或者B是A的不空真初始段，

这均与定理 1.3.5 矛盾。所以，$B=A$。进而可得：$C=D$。

定义 1.3.8　称(B)为B的否定式；称(BC)为B和C的合成式，B为(BC)的前件，C为(BC)的后件。

定义 1.3.9　假设B、C、$D\in Form(\mathscr{A}(\mathrm{P}))$。如果$(B)$为$D$的段，则称公式$B$为$(B)$最外层的一对括号( )在$D$中的辖域；如果$(BC)$为$D$的段，则分别称公式$B$、$C$为$(BC)$最外层的一对括号( )在$D$中的左辖域和右辖域。

命题 1.3.2　假设B、C、$D\in Form(\mathscr{A}(\mathrm{P}))$。如果$(B)$是$D$的段，则对于$(B)$最外层的一对括号( )在$D$中有唯一的辖域；如果$(BC)$是$D$的段，则对于$(BC)$最外层的一对括号( )在$D$中有唯一的左辖域和右辖域。

证明：

假定对于(B)最外层的一对括号( )在D中存在辖域B_1和B_2，B_1、$B_2\in Form(\mathscr{A}(\mathrm{P}))$，根据定义 1.3.9 可知，$(B_1)$和$(B_2)$都是$D$的段，并且$(B_1)$和$(B_2)$左方是$D$中的同一个左括号，如果$B_1\neq B_2$，则其中一个必定是另一个的不空真初始段，这与定理 1.3.5 矛盾。所以，$B_1=B_2$。即对于(B)最外层的一对括号( )在D中有唯一的辖域。

假定对于(BC)最外层的一对括号( )在D中存在左辖域B_1和B_2，存在右辖域C_1和C_2，B_1、B_2、C_1、$C_2\in Form(\mathscr{A}(\mathrm{P}))$，根据定义 1.3.9 可知，$(B_1C_1)$和$(B_2C_2)$都是$D$的段，并且$(B_1C_1)$和$(B_2C_2)$的左方是$D$中的同一个左括号，如果$B_1\neq B_2$，则其中一个必定是另一个的不空真初始段，这与定理 1.3.5 矛盾。所以，$B_1=B_2$。进而可得：$C_1=C_2$。即对于(BC)最外层的一对括号( )在D中有唯一的左辖域和右辖域。

以上完成了公式结构唯一性的证明。这说明中国表示法的语言是无歧义的，公式结构具有唯一性、精确性。

因为在形式语言中，左右括号一般都是成对使用，不单独使用，因此，正如将一个字母及其下标视为一个符号一样，将左右括号视为一个符号也是合理的。

定义 1.3.10　公式B中依次出现的命题符号数、联结词数和左右括号的对数之和，称为表达式的长度，记为$L(B)$。

在最常见的以“$\neg$”“$\rightarrow$”作为初始联结词的命题逻辑系统中有如下 3 条中置法公理（按照通常的约定均省去最外层括号）：

$\alpha\rightarrow(\beta\rightarrow\alpha)$

$(\alpha\to(\beta\to\gamma))\to((\alpha\to\beta)\to(\alpha\to\gamma))$

$((\neg\alpha)\to\beta)\to(((\neg\alpha)\to(\neg\beta))\to\alpha)$[①]

在波兰表示法中，这 3 条公理表示为：

$\mathrm{C}\alpha\mathrm{C}\beta\alpha$

$\mathrm{CC}\alpha\mathrm{C}\beta\gamma\mathrm{CC}\alpha\beta\mathrm{C}\alpha\gamma$

$\mathrm{CCN}\alpha\beta\mathrm{CCN}\alpha\mathrm{N}\beta\alpha$

在中国表示法中，这 3 条公理可表示为：

$(\alpha(\beta\alpha))$

$((\alpha(\beta\gamma))((\alpha\beta)(\alpha\gamma)))$

$(((\alpha)\beta)(((\alpha)(\beta))\alpha))$

这 3 条公理在中置法中的长度为 $27+8L(\alpha)+5L(\beta)+2L(\gamma)$；在波兰表示法中的长度为 $15+8L(\alpha)+5L(\beta)+2L(\gamma)$；在中国表示法中的长度亦为 $15+8L(\alpha)+5L(\beta)+2L(\gamma)$。

通过完全归纳证明，对比中置法、前置法（波兰表示法）和中国表示法可以看出，中国表示法和波兰表示法同样简洁，而比中置法简短许多。这是因为中置法比中国表示法多联结词，比波兰表示法多括号。另外，因为中国表示法总是从最里层的括号开始并按照由内而外的结合顺序进行，因此顺序关系的辨识也比波兰表示法清晰、容易。

通常的命题逻辑形式语言 $\mathscr{L}$(CP)中一般包括如下三类符号：

定义 1.3.11　命题逻辑形式语言 $\mathscr{L}$(CP)包括如下三类符号：

(1)命题符号：A_1，A_2，A_3，…；

(2)联结词符号：¬，→

(3)括号：左括号(，右括号)。

定义 1.3.12　$\mathscr{L}$(CP)中的公式当且仅当按照下列规则递归生成的：

(1)单独一个命题符号是公式；

(2)若符号A是公式，则$(\neg A)$也是公式；

(3)若符号A、B是公式，则$(A\to B)$也是公式。[②]

以A、B、C、D等表示任一公式，$\mathscr{L}$(CP)中全体公式构成的集合记为 *Form*($\mathscr{L}$(CP))。

---

① 杜国平：《经典逻辑与非经典逻辑基础》，高等教育出版社 2006 年版，第 16—17 页。

② Mendelson，Elliott. 2010. *Introduction to Mathematical Logic*. Boca Raton：CRC Press. p. 26.

在中国表示法中，我们可以用(A)来直接表示$(\neg A)$，用(AB)来直接表达$(A\rightarrow B)$。因为括号可以有各种不同的括号，因此这一点总是可以做到。因此，显然有如下命题：

命题 1.3.3 假设$C\in Form(\mathscr{A}(\mathrm{CP}))$，$D\in Form(\mathscr{A}(\mathrm{P}))$，且$D$是$C$在中国表示法中的对应公式，则$L(D)\leqslant L(C)$。

结构推理是一种非常直观的构建逻辑形式系统的方法。它从结构规则和逻辑联结词的推理规则两个方面来研究逻辑，尤其关注各种结构规则所体现的推理行为，展示不同逻辑形式系统的推理特征[①]。与之相类似的是可以由此深入细致地分析基于各种联结词的联系和区别的推理特性，而中国表示法为研究联结词（或逻辑常项）的推理结构提供了一个非常良好的分析工具。在此我们可以概要地说明这一点。

对于一元联结词，可以列出如下一些推理规则：

推理规则 1 若$A\vdash B$，则$(B)\vdash(A)$

推理规则 2 若$A\vdash(B)$，则$B\vdash(A)$

推理规则 3 若$(A)\vdash B$，则$(B)\vdash A$

推理规则 4 若$(A)\vdash(B)$，则$B\vdash A$

推理规则 5 若$((A))\vdash A$

推理规则 6 若$A\vdash((A))$

推理规则 7 若$A\vdash(((A)))$

推理规则 8 若$(((A)))\vdash A$

推理规则 9 若$A\vdash B$，则$((B)((B)))\vdash((A)((A)))$

推理规则 10 若$(A)\vdash(B)$，则$(B((B)))\vdash(A((A)))$

推理规则 11 若 $((A))\vdash((B))$，则$(B(B))\vdash(A(A))$

在适当的共同的结构规则之上加上推理规则 1 至推理规则 6 的不同组合可以用来表述不同类型的二值否定，如经典否定、某种直觉主义否定或者某种弗协调否定等[②]；推理规则 7 至推理规则 11 的不同组合则可以用来表述某种类型的三值否定等，本书后面的相关研究还可以进一步地说明这一点。

对于二元联结词，可以列出如下一些推理规则：

---

① 具体可参见冯棉《结构推理》，广西师范大学出版社 2015 年版。

② 杜国平：《哲思逻辑——一个形而上学内容的公理体系》，《东南大学学报》(哲学社会科学版）2007 年第 4 期，第 43—46、127 页。

推理规则 1　A，$B\vdash(AB)$

推理规则 2　(AB)，$(BC)\vdash(AC)$

推理规则 3　$(AB)\vdash(BA)$

推理规则 4　$(AA)\vdash A$

推理规则 5　$A\vdash(AB)$

推理规则 6　若$B\vdash C$，则$(AB)\vdash(AC)$

推理规则 7　$A\vdash(AA)$

推理规则 8　$(AB)\vdash A$

推理规则 9　若$B\vdash C$，则$((CA))\vdash((AB))$

推理规则 10　$\vdash(A(BA))$

推理规则 11　$\vdash((A(BC))((AB)(AC)))$

推理规则 12　$\vdash(((AB)A)A)$

在适当的共同的结构规则之上加上推理规则 1 至推理规则 11 的不同组合可以用来表述不同类型的二值二元联结词。如推理规则 1 至推理规则 6 的组合可以用来描述二值析取，如推理规则 1、2、3 加上推理规则 7、8、9 的组合可以用来描述二值合取，推理规则 1、2 加上推理规则 10、11 和 12 的组合可以用来描述二值蕴涵等[①]。

并且，推理规则 1~3 中的括号还具有二元函子的特征，因为其中的括号可以是合取，也可以是析取，还可以是等值等[②]。

由此可见，使用中国表示法可以彰显各种逻辑联结词在推理行为上的区别和联系，中国表示法可以作为分析联结词推理行为的良好工具。

在逻辑形式语言中，包括常项、变项和技术性符号。变项主要用来描述所要研究的特定范围内的语言对象；常项包括逻辑常项和非逻辑常项，其中逻辑常项是逻辑研究揭示特定范围内推理规律的核心要素。不同的符号表示法主要体现在逻辑常项的区别上。

如第一节所述，常见的逻辑形式语言对于逻辑常项的表示方法主要有前置法、中置法和后置法。前置法指的是把运算符号或者联结词写在运算项或者变项之前的一种表示方法。20 世纪 20 年代波兰逻辑学家卢卡西维茨提出

---

① Mendelson，Elliott. 2010. *Introduction to Mathematical Logic*. Boca Raton：CRC Press. p. 39.

② ［波兰］卢卡西维茨：《亚里士多德的三段论》，李真、李先焜译，商务印书馆 1981 年版，第 197—204 页。

的波兰表示法就是前置法。后置法也称逆波兰表示法。中置法指的是把二元运算符号或者二元联结词写在两个运算项或者两个变项之间的一种表示方法，常见的数学运算如“+、−、×、÷”等采用的都是中置法。中置法的优点是直观，缺点是需要括号或者其他约定来确定运算的先后次序，而且不适用于一元运算，也难以适用于三元或者三元以上的运算。前置法和后置法的优点是运算的先后次序是明确的，不需要使用括号，公式简约；缺点是不够直观。

上述常见的三种符号表示法都是分离表示法。中国表示法不属于上述任何一种表示法，它是一种整体表示法，在设计思想上是一种完全不同的符号表示法。之所以称上述三种符号表示法为分离表示法，是因为中置法将运算符号或联结词左右的两个符号断开，当其作为一个单元形成更复杂的公式时（如 $p \vee q \to r$），需要括号或者其他规定来确定运算的先后顺序；前置法和后置法虽然运算顺序是明确的，但是因为相互临近的两个符号是分置的，当公式足够复杂时（如 CKCN*p*C*pqrs*），确立运算顺序也非易事。反之，中国表示法中因为括号是两个成对同时使用的，并且它将所作用的其他符号包含其中，使其和作用的符号作为一个整体连接在一起，辖域清楚，并且结合顺序和运算顺序非常明确。另外，中国表示法也不受元数的限制，非常灵活，它可以作为一元联结词，如(p)；也可以作为二元联结词，如(pq)；还可以作为三元或者多元联结词，如$(pqrs)$；当然，也可以作为量词，如(x)。①

需要说明的是，在初始符号中，符号仅仅是符号而已，我们常把小写字母“p、q、r”等称为“命题变元”，把箭头“→”和方框“□”称为联结词，这实际上是基于一个直觉的语义解释的背景，作为形式语言，“p、q、r、→、∧、∨、◇、↔、¬”都仅仅是不同的符号而已。同样，作为形式语言，括号“( )”也仅仅是符号而已，当其经过语义解释之后，它可以被解释为具有结构功能的“括号”，也可以被解释为真值运算的“联结词”，还可以做其他解释。有时我们称形式语言中的某类符号为“联结词符号”也仅仅是为了称呼方便而已。在中国表示法中，括号不仅可以用来承担“（真值）联结词”的功能，而且可以继续承担其区分层次、确立符号结合先后顺序的结构表达功能，还可以用来表达“量词”“模态词”“时态词”等。

---

① 杜国平：《基于中国表示法的一阶逻辑系统》，《安徽大学学报》(哲学社会科学版）2019 年第 3 期，第 35—41 页。

在逻辑符号系统中，不同的逻辑常项符号表示系统是各个逻辑系统的特征标志之一，这些符号的使用情况有时甚至影响着相关逻辑系统和逻辑思想的传播和发展。逻辑发展过程中，先后有包含“”等二维符号的弗雷格符号系统，包含符号“$-p$、$p\cap q$、$p\cup q$、$p\supset q$、$p=q$”的皮亚诺符号系统，包含符号“$p\vee q$、$p\cdot q$、$p\supset q$、$p\equiv q$”的罗素《数学原理》符号系统，包含符号“$p\vee q$、$p\&q$、$p\rightarrow q$、$p\sim q$”的希尔伯特符号系统等，特别值得一提的是由卢卡西维茨等人发明的包含符号“Np、Cpq、Kpq、Apq”的波兰表示法系统。其中，弗雷格的符号“虽然相当精确，但因为是二维的，因此很难掌握，也不便于应用，从历史上看，这就是造成弗雷格的《概念文字》在当时未能产生很大影响的重要原因之一。”[①]

和波兰表示法相比，中国表示法可以自然地扩展到任一层次的逻辑系统中，不论是命题逻辑还是谓词逻辑，不论是单模态逻辑还是多模态逻辑。波兰表示法可以用来作为描述命题逻辑和模态逻辑的形式语言，但是在描述量词方面存在困难，因为在刻画自由变元和约束变元，特别是多元自由变元和约束变元方面，借助括号是一个非常简便易行的办法，而波兰表示法的特点是不使用括号，如何不使用括号将量词中的变元、公式中的自由变元和约束变元很好地区别开来，是需要认真研究的课题。而中国表示法例如借助使用$(xR(x))$来表达通常的$\forall xR(x)$，其辖域清晰、无歧义。在$(xR(x))$中，第 2 个符号x处于第一个符号左括号和公式$R(x)$之间，实际上是使用(xA)来表达全称量词对于公式A的约束功能，此时的x是量词中的约束变元；$(xR(x))$中的第 5 个符号x处于第 4 个符号左括号和第 6 个符号右括号之间，此时的x是公式$R(x)$中的自由变元，是$(xR(x))$中的约束变元。处于不同位置的同一个符号x其含义是清晰、无歧义的，即量词中的约束变元、公式中的自由变元和约束变元其表达功能是无歧义的，易于识别的。[②]

和中置法相比，中国表示法不受函数元数的限制，可以表示任意n元联结词。中置法可以非常直观地表达二元联结词，但是无法直观表达一元联结词（但可以表达，如以$(A\neg A)$表示$(\neg A)$）；表达多元联结词一般需要借助括号等来表达结合的先后次序，而中国表示法利用括号自身的整体结合性则可非常

---

① 郑毓信：《现代逻辑的发展》，辽宁教育出版社 1989 年版，第 52—53 页。

② 对于多个自由变元或约束变元的情况，可以借助例如$(x(yR(x)(y)))$来说明。

容易地实现这一点。

在符号简化方面，中国表示法亦将相关工作作了进一步的推进。在逻辑研究的形式语言中，一般包括三类符号：

(1)变项符号。如：命题变元符号：p_1，p_2，p_3，…；个体变元符号：v_1，v_2，v_3，…；函数变元符号：f_1，f_2，f_3，…；谓词变元符号：R_1，R_2，R_3，…；等等。

(2)常项符号。包括逻辑常项符号和非逻辑常项符号。其中，逻辑常项符号，如三段论理论中的 A、E、I、O 四种直言命题符号；真值联结词符号：¬、∧、∨、→、↔、↑、↓等；量词符号：∀、∃等；模态词：□、◇、H、G、P、F 等。非逻辑常项符号，如命题常项符号：T、F、1、0 等；个体常项符号：a、b、c、0 等；函数常项符号：+、max等；谓词常项符号：≡、>等。

(3)结构性符号。如左、右括号(、)和逗号，等。

基于函数表达能力的研究，舍弗(H.M.Sheffer)函数“↓”(joint denial)和“｜”(alternative denial)简化了第二类符号中逻辑常项符号的真值联结词符号。波兰表示法简化了第二类符号中真值联结词符号、模态词符号以及第三类符号，将第三类符号的功能归结到第二类符号上。张清宇先生简化了第二类符号中真值联结词符号、量词符号以及第三类符号，将部分第二类符号的功能归结到第三类符号上。中国表示法将第二类符号中的所有逻辑常项符号均归结到第三类符号的左右括号上（逗号可保留也可不要），这是一次更加完全的归约。①

与其他逻辑符号表示法相比，中国表示法在使用上还具有如下特点或优势：

1.直观，更易接受。括号本身就有确定先后顺序的结构功能，中国表示法充分利用这一点，并在此基础上再赋予括号以逻辑函数功能，便于学习，容易形成代入感，而不会像特设的、专门的人造符号那样让初学者望而生畏，需要死记硬背。

2.更加自然。常用的逻辑符号“¬”“∧”“∨”“→”“↔”等是人为定制的，与之相比，括号是常用语言中本身就有的，人们使用起来比较习惯。

3.更加方便，便于录入。括号在人们使用的语言中更常用，不同的自然

① 在 2019 年中国逻辑学会第三届全国学术大会上，华中科技大学万小龙教授报告了他对第一类符号进行简化的最新研究成果。

语言、不同的专业学科语言中基本上都使用括号。

4.灵活。括号既可以表示一元联结词(A)，也可以表示二元联结词(AB)、三元联结词(ABC)、四元联结词($ABCD$)……，它可以表示任意n元命题联结词；还可以直接使用惯常的记法表示量词$(x)A(x)$、各类模态词【A】、【B】、【(C【D】)】等，表达非常灵活。其意义仅由表达它的语法公理或者语义定义而确定。

5.表达能力强。通过引入不同括号如“( )”“[ ]”“< >”“【 】”“〈〉”“{}”“‹ ›”“「 」”“『 』”“〖 〗”“︵︶”“⌈ ⌋”“( )”“⋂”“⋃”“〈〉”“◀▶”“◁▷”“◣◥”“◤◥”“❮❯”“☞☜”“❪❫”“◖◗”“≺≻”“[ ]”“‹›”“()”“◖◗”“ϵ϶”“[ ]”“⁅⁆”“├┤”“❴❵”“❨❩”“⟦⟧”“CƆ”“ƐƆ”“ϱ9”“ϾϿ”“cɔ”等或对括号加上下标如“$(\ )_n^m$”来表示不同元数的不同联结词，还可以进一步增强中国表示法的描述能力。为了增加可识别性，还可以约定以单线括号如“( )”“[ ]”“< >”等表示一元联结词，以双线括号如“〖 〗”“❪❫”等表示二元联结词，以粗线括号如“【 】”“≺≻”“[ ]”等表示模态词等。

6.整体性。其作用的对象被包括在一对括号之内，辖域非常清晰。

中国表示法作为一项形式语言的符号处理技术，以括号来表示命题联结词、量词、模态词等各种逻辑常项，其语言表达是精确、无歧义的。它与以往的符号表示法不同，是一种整体性符号表示法。运用中国表示法表达的公式，其长度比中置法简短，比波兰表示法清晰。运用中国表示法改写的一阶逻辑自然推理系统非常简洁。中国表示法为研究逻辑常项的推理结构提供了一个非常良好的技术工具。其在技术方面，特别是程序语言设计方法的作用值得作进一步的深入探究。

犹如天文学家借助于各种望远镜观察宇宙，生物学家利用显微镜观察生物结构，形式语言是现代逻辑学家研究推理问题的有效工具，而逻辑常项是形式语言的核心要素之一，恰当的逻辑常项表示法可以为逻辑研究提供更加适用、更加高效的研究工具。不仅如此，从某种意义上说，各种不同的逻辑系统实际上是关于不同逻辑常项的逻辑，逻辑发展史也可以看作逻辑常项的研究史。因此，逻辑常项的符号表示法也应该成为逻辑研究的核心内容之一。

符号表示法作为逻辑常项符号表示法的创新性探索，除了中国表示法之外，还可以利用当代科技发展的有利条件，尝试探索其他不同的符号表示方法。例如，对于模态逻辑中的模态算子□、◇，至少可以尝试以下几种表示法：

(1)以线条的粗细来识别不同的模态：将线条加粗以$\boldsymbol{AB}$来表达必然命题$\square(AB)$，以(AB)来表达实然命题(AB)，将线条虚化以AB来表达可能命题$\Diamond(AB)$。

(2)以线条的颜色来识别不同的模态：以红色线条$(\boldsymbol{AB})$来表达必然命题$\square(AB)$，以黑色线条(AB)来表达实然命题(AB)，以蓝色线条$(\boldsymbol{AB})$来表达可能命题$\Diamond(AB)$。

(3)以线条的背景来识别不同的模态：以黑色背景(AB)来表达必然命题$\square(AB)$，以无背景(AB)来表达实然命题(AB)，以绿色背景$(\boldsymbol{AB})$来表达可能命题$\Diamond(AB)$。

以此来表示推理关系，或许更加生动。如对于推理关系$\square(AB)\vdash(AB)$，$(AB)\vdash\Diamond(AB)$等就可以表示为：

$\boldsymbol{AB}\vdash(AB)$，$(AB)\vdash AB$

$(\boldsymbol{AB})\vdash(AB)$，$(AB)\vdash(\boldsymbol{AB})$

$(AB)\vdash(AB)$，$(AB)\vdash(\boldsymbol{AB})$

在此基础上，进一步深入研究相关表示法的特点，以利于推理理论以及相关理论的应用研究。例如，上述方法至少在可视化、机器识别等方面有其独特的应用价值。

第二章　基于中国表示法的二值逻辑系统

本章运用中国表示法给出了命题逻辑形式语言和一阶形式语言，并基于中国表示法建立了 5 个自然推演系统，充分显示中国表示法的灵活性及其表达能力。这 5 个系统是：(1)基于汉语特色联结词“舍生取义”型联结词而构建的一个自然推演系统 PC1。(2)经典命题逻辑自然推演系统 PC2。(3)多括号推理系统 PC3。(4)命题逻辑所有非有效式推理系统 EPC，即命题逻辑的排斥系统。(5)一阶自然推理系统。

随后，给出了基于中国表示法形式语言而建立的各系统严格的二值逻辑语义。(1)证明了自然推演系统 PC1 的可靠性和完全性。(2)给出经典推理系统 PC2 两个不同的语义，证明了同一个推理系统既可以是表达所有有效式的演绎体系，也可以是表达所有矛盾式的推演体系，彰显了中国表示法作为形式语言的“形式化”特征。(3)给多括号推理系统建立语义，为将中国表示法推广到三值逻辑建立基础。(4)为命题逻辑所有非有效式推理系统 EPC 建立了语义，并证明了系统的可靠性和完全性。(5)给出了一阶自然推理系统中使用括号表达的量词的基本语义。

特别需要提及的是，在本章最后我们严格证明了中国表示法中仅仅使用只含括号的表达式$(xA(x)B(x))$所表达的函数对于所有二值真值联结词、存在量词$\exists x$和全称量词$\forall x$其表达功能是完全的，即仅仅使用一种括号函数$(xA(x)B(x))$即可以定义出所有二值真值联结词、存在量词$\exists x$和全称量词$\forall x$。

第一节　形式语言

本节首先给出基于中国表示法的命题逻辑形式语言，作为后面几节讨论的基础。

定义 2.1.1   命题逻辑形式语言 $\mathscr{L}$(P)只包括如下两类符号:

(1)命题符号: p_1, p_2, p_3, …;

(2)括号: 左括号(, 右括号)。

通常以p、q、r等表示任一命题符号。

定义 2.1.2   由 $\mathscr{L}$(P)中符号构成的有穷序列称为表达式。

通常以X、Y、Z等表示任一 $\mathscr{L}$(P)中的表达式。

定义 2.1.3 $\mathscr{L}$(P)中的公式由下列规则递归生成:

(1)单独一个命题符号是公式;

(2)如果X是公式,那么(X)也是公式;

(3)如果X、Y是公式,那么(XY)也是公式。

通常以大写字母A、B、C、D等表示 $\mathscr{L}$(P)中的任一公式,以$\varSigma$、$\varGamma$、$\varDelta$等表示任一公式的集合;由 $\mathscr{L}$(P)中的所有公式构成的集合记为 $Form(\mathscr{L}$(P));单独一个命题符号称为原子,由 $\mathscr{L}$(P)中的所有原子构成的集合记为 $Atom(\mathscr{L}$(P))。

第二节   自然推演系统

为了彰显中国表示法的形式语言特征,下面我们建构几个不同的公理系统。

约定,若$\varSigma = \{A_0, A_1, A_2, \cdots, A_n\}$,$\varDelta = \{B_0, B_1, B_2, \cdots, B_m\}$,则$\varSigma \vdash C$可写作$A_0, A_1, A_2, \cdots, A_n \vdash C$;$\varSigma \cup \varDelta \vdash C$可写作$A_0, A_1, A_2, \cdots, A_n, B_0, B_1, B_2, \cdots, B_m \vdash C$。

一   "舍生取义"型联结词推理系统

命题逻辑自然推演系统 PC1 是笔者基于汉语特色联结词"舍生取义"型联结词而构建的一个自然推演系统。

定义 2.2.1   命题逻辑自然推演系统 PC1 由下列 7 条推理规则构成:

规则 1 $A \vdash A$。简记为(Ref)。

规则 2   如果$\varSigma \vdash A$,那么$\varSigma$, $\varDelta \vdash A$。简记为(+)。

规则 3   如果对于$\varDelta$中的任一公式A,均有$\varSigma \vdash A$,并且$\varDelta \vdash B$,那么$\varSigma \vdash B$。

简记为 Tran。

规则 4　如果Σ，$(A)\vdash B$，并且Σ，$(A)\vdash(B)$，那么$\Sigma\vdash A$。简记为$(\,)_{1-}$。

规则 5　如果$\Sigma\vdash(A)$，并且$\Sigma\vdash B$，那么$\Sigma\vdash(AB)$。简记为$(\,)_{2+}$。

规则 6　如果$\Sigma\vdash(AB)$，那么$\Sigma\vdash(A)$。简记为$(\,)_{2l-}$。

规则 7　如果$\Sigma\vdash(AB)$，那么$\Sigma\vdash B$。简记为$(\,)_{2r-}$。

为了推演方便，自然推演系统 PC1 未考虑推理规则的独立性问题。

定义 2.2.2　公式A在命题逻辑系统 PC1 中由公式集Σ形式可推演，符号记为$\Sigma\vdash A$，当且仅当$\Sigma\vdash A$能由有限次使用上述 7 条推理规则生成。

为了和通常的公理系统进行对照，通常的联结词可以定义如下：

$\neg A =def\,(A)$

$A\rightarrow B=def\,(((A)(B)))$

但这些定义的联结词不是命题逻辑系统 PC1 所必需的。

引理 2.2.1　如果$A\in\Sigma$，那么$\Sigma\vdash A$。

利用规则 1 和规则 2 容易证明该引理。

定理 2.2.1　如果$\Sigma\vdash((A))$，那么$\Sigma\vdash A$。

证明：

1. $\Sigma\vdash((A))$　　已知前提
2. Σ，$(A)\vdash(A)$　　引理 2.2.1
3. Σ，$(A)\vdash((A))$　　1，规则 2(+)
4. $\Sigma\vdash A$　　2、3，规则 $4(\,)_{1-}$

根据定义，此定理亦可简记为：如果$\Sigma\vdash\neg\neg A$，那么$\Sigma\vdash A$。此即为双否消去定理。

定理 2.2.2　如果Σ，$A\vdash B$，并且Σ，$A\vdash(B)$，那么$\Sigma\vdash(A)$。

证明：

1. Σ，$A\vdash B$　　已知前提
2. Σ，$A\vdash(B)$　　已知前提
3. Σ，$((A))\vdash((A))$　　引理 2.2.1
4. Σ，$((A))\vdash A$　　3，定理 2.2.1
5. Σ，$((A))\vdash B$　　1、4，规则 3Tran
6. Σ，$((A))\vdash(B)$　　2、4，规则 3Tran
7. $\Sigma\vdash(A)$　　5、6，规则 $4(\,)_{1-}$

根据定义，此定理亦可简记为：如果Σ，$A\vdash B$，并且Σ，$A\vdash\neg B$，那么$\Sigma\vdash\neg A$。此即为归谬律。

定理 2.2.3 (1)若干Σ，$A\vdash B$，那么Σ，$(B)\vdash(A)$；

(2)若干Σ，$(A)\vdash B$，那么Σ，$(B)\vdash A$；

(3)若干Σ，$A\vdash(B)$，那么Σ，$B\vdash(A)$；

(4)若干Σ，$(A)\vdash(B)$，那么Σ，$B\vdash A$。

证明：

选证其一之(4)，其他可类似证明。

1. Σ，$(A)\vdash(B)$ 已知前提
2. Σ，B，$(A)\vdash B$ 引理 2.2.1
3. Σ，B，$(A)\vdash(B)$ 1，规则 2(+)
4. Σ，$B\vdash A$ 2、3，规则 $4(\ )_{1-}$

根据定义，此定理亦可简记为：如果Σ，$A\vdash B$，那么Σ，$\neg B\vdash\neg A$，等等。此即为假言易位定理。

定理 2.2.4 如果Σ，$A\vdash B$，那么$\Sigma\vdash(((A)(B)))$。

证明：

1. Σ，$A\vdash B$ 已知前提
2. Σ，$(B)\vdash(A)$ 1，定理 2.2.3
3. Σ，$((A)(B))\vdash((A)(B))$ 引理 2.2.1
4. Σ，$((A)(B))\vdash((A))$ 3，规则 $6(\ )_{2l-}$
5. Σ，$((A)(B))\vdash(B)$ 3，规则 $7(\ )_{2r-}$
6. Σ，$((A)(B))\vdash(A)$ 2、5，规则 3Tran
7. $\Sigma\vdash(((A)(B)))$ 4、6，定理 2.2.2

根据定义，此定理亦可简记为：如果Σ，$A\vdash B$，那么$\Sigma\vdash A\rightarrow B$。此即为蕴涵引入定理。

定理 2.2.5 如果$\Sigma\vdash(((A)(B)))$，并且$\Sigma\vdash A$，那么$\Sigma\vdash B$。

证明：

1. $\Sigma\vdash(((A)(B)))$ 已知前提
2. $\Sigma\vdash A$ 已知前提
3. Σ，$(A)\vdash(A)$ 引理 2.2.1
4. Σ，$(A)\vdash A$ 2，规则 2(+)

5. $\Sigma\vdash((A))$　　3、4，定理 2.2.2

6. Σ，$(B)\vdash(B)$　　引理 2.2.1

7. Σ，$(B)\vdash((A))$　　5，规则 2(+)

8. Σ，$(B)\vdash((A)(B))$　　6、7，规则 $5(\,)_{2+}$

9. Σ，$(B)\vdash(((A)(B)))$　　1，规则 2(+)

10. $\Sigma\vdash B$　　8、9，规则 $4(\,)_{1-}$

根据定义，此定理亦可简记为：如果$\Sigma\vdash A\rightarrow B$，并且$\Sigma\vdash A$，那么$\Sigma\vdash B$。此即为蕴涵消去定理。

自然推演系统 PC1 还有如下一些常见的定理：

$A \dashv\vdash ((A))$

$(A(BC)) \dashv\vdash (B(AC))$

$(AB) \dashv\vdash ((B)(A))$

$((A)B) \dashv\vdash ((B)A)$

其中的“$\dashv\vdash$”表示左右两边的公式可以相互推演。

不难看出，在命题逻辑系统 PC1 中，规则 1、规则 2、规则 4 以及定理 2.2.4、定理 2.2.5 构成了通常的经典命题逻辑自然推演系统；[①]反之，自然推演系统 PC1 的推理规则也可以在经典命题逻辑自然推演系统得到证明。因此，这是一个和经典命题逻辑自然推演系统等价的系统。[②]

二　经典推理系统

定义 2.2.3　经典命题逻辑自然推演系统 PC2 由下列 5 条推理规则构成。

规则 1　$A\vdash A$。简记为(Ref)。

规则 2　若$\Sigma\vdash A$，则Σ，$\Delta\vdash A$。简记为(+)。

规则 3　若Σ，$(A)\vdash B$，Σ，$(A)\vdash(B)$，则$\Sigma\vdash A$。简记为$(\,)_{1-}$。

规则 4　若$\Sigma\vdash(AB)$，$\Sigma\vdash A$，则$\Sigma\vdash B$。简记为$(\,)_{2-}$。

规则 5　若Σ，$A\vdash B$，则$\Sigma\vdash(AB)$。简记为$(\,)_{2+}$。

定理 2.2.6　如果$\Sigma\vdash A$，则存在其有限子集Δ，$\Delta\subseteq\Sigma$，使得$\Delta\vdash A$。

定理 2.2.7　如果$\Sigma\subseteq Form(\mathscr{L}(\mathrm{P}))$，$\Delta\subseteq Form(\mathscr{L}(\mathrm{P}))$，$A\in Form(\mathscr{L}(\mathrm{P}))$，

---

① 可参阅杜国平：《经典逻辑与非经典逻辑基础》，高等教育出版社 2006 年版，第 30 页。

② 杜国平：《不用联结词的“舍…取…”型自然推演系统》，《湖南科技大学学报》(社会科学版）2019 年第 3 期，第 21—24 页。

则：

(1)若$A\in\Sigma$，则$\Sigma\vdash A$；

(2)若$\Sigma\vdash\Delta$且$\Delta\vdash A$，则$\Sigma\vdash A$。

定理 2.2.8 (AB)，$A\vdash B$

证明：

1. (AB)，$A\vdash(AB)$ 定理 2.2.7(1)
2. (AB)，$A\vdash A$ 定理 2.2.7(1)
3. (AB)，$A\vdash B$ 1、2，$(\ )_{2-}$

定理 2.2.9 (AB)，$(BC)\vdash(AC)$

证明：

1. (AB)，(BC)，$A\vdash(AB)$ 定理 2.2.7(1)
2. (AB)，(BC)，$A\vdash A$ 定理 2.2.7(1)
3. (AB)，(BC)，$A\vdash B$ 1、2，$(\ )_{2-}$
4. (AB)，(BC)，$A\vdash(BC)$ 定理 2.2.7(1)
5. (AB)，(BC)，$A\vdash C$ 3、4，$(\ )_{2-}$
6. (AB)，$(BC)\vdash(AC)$ 5，$(\ )_{2+}$

定理 2.2.10 (AB)，(BA)，$A\vdash B$

证明略。

定理 2.2.11 $\vdash(AA)$

证明：

1. $A\vdash A$ 规则 1(Ref)
2. $\vdash(AA)$ 1、规则 5$(\ )_{2+}$

定理 2.2.12 $\vdash(A(BA))$

证明：

1. $A\vdash A$ 规则 1(Ref)
2. A，$B\vdash A$ 规则 2(+)
3. $A\vdash(BA)$ 2、规则 5$(\ )_{2+}$
4. $\vdash(A(BA))$ 3、规则 5$(\ )_{2+}$

三 多括号推理系统

这是笔者为了便于将其扩充到三值逻辑自然推演系统并进行对比研究而

构建的一个推理系统。

在第一节给出的形式语言中需要增加一对中括号：[，]。在公式的递归生成规则中需要增加一条：如果X、Y是公式，那么$[XY]$也是公式。

定义 2.2.4　命题逻辑自然推演系统 PC3 由下列 15 条推理规则构成。

规则 1　$A \vdash A$。简记为(Ref)。

规则 2　若$\Sigma \vdash A$，则Σ，$\Delta \vdash A$。简记为 (+)。

规则 3　若$\Sigma \vdash A$，且Σ，$A \vdash B$，则$\Sigma \vdash B$。

规则 4　若$\Sigma \vdash A$，且$\Sigma \vdash B$，则$\Sigma \vdash (AB)$。简记为$(\ )_{2+}$。

规则 5　若$\Sigma \vdash (AB)$，则$\Sigma \vdash A$。简记为$(\ )_{2l-}$。

规则 6　若$\Sigma \vdash (AB)$，则$\Sigma \vdash B$。简记为$(\ )_{2r-}$。

规则 7　若$\Sigma \vdash A$，则$\Sigma \vdash [AB]$。简记为$[\ ]_{2l+}$。

规则 8　若$\Sigma \vdash B$，则$\Sigma \vdash [AB]$。简记为$[\ ]_{2r+}$。

规则 9　若$\Sigma \vdash [AB]$，且Σ，$A \vdash C$；Σ，$B \vdash C$，则$\Sigma \vdash C$。简记为$[\ ]_{2-}$。

规则 10　若Σ，$(A) \vdash B$，Σ，$(A) \vdash (B)$，则$\Sigma \vdash A$。简记为$(\ )_{1-}$。

规则 11　若Σ，$A \vdash B$，Σ，$A \vdash (B)$，则$\Sigma \vdash (A)$。简记为$(\ )_{1+}$。

规则 12　若$\Sigma \vdash ((AB))$，则$\Sigma \vdash [(A)(B)]$。简记为$((\,|\,))_-$。

规则 13　若$\Sigma \vdash [(A)(B)]$，则$\Sigma \vdash ((AB))$。简记为$[(\ )(\ )]_-$。

规则 14　若$\Sigma \vdash ([AB])$，则$\Sigma \vdash ((A)(B))$。简记为$([\,|\,])_-$。

规则 15　若$\Sigma \vdash ((A)(B))$，则$\Sigma \vdash ([AB])$。简记为$((\ )(\ ))_-$。

为了推演方便，自然推演系统 PC3 未考虑推理规则的独立性问题。

定理 2.2.11　如果$\Sigma \vdash ((A))$，且$\Sigma \vdash A$。

证明：

1. $\Sigma \vdash ((A))$	已知前提
2. Σ，$(A) \vdash ((A))$	1，规则 2 (+)
3. $(A) \vdash (A)$	规则 1 (Ref)
4. Σ，$(A) \vdash (A)$	3，规则 2 (+)
5. $\Sigma \vdash A$	2、3，规则 10$(\ )_{1-}$

定理 2.2.12　如果$\Sigma \vdash [(A)B]$，且$\Sigma \vdash A$，则$\Sigma \vdash B$。

证明：

1. $\Sigma \vdash [(A)B]$	已知前提
2. $\Sigma \vdash A$	已知前提

3. Σ，(A)，$(B)\vdash A$　　3，规则 2 (+)

4. $(A)\vdash(A)$　　规则 1 (Ref)

5. Σ，(A)，$(B)\vdash(A)$　　4，规则 2 (+)

6. Σ，$(A)\vdash B$　　3、4，规则 10 $(\ )_{1-}$

7. $B\vdash B$　　规则 1 (Ref)

8. Σ，$B\vdash B$　　7，规则 2 (+)

9. $\Sigma\vdash B$　　1、6、8，规则 9 $[\ ]_{2-}$

定理 2.2.13　如果Σ，$A\vdash B$，则$\Sigma\vdash[(A)B]$。

证明：

1. $([(A)B])\vdash([(A)B])$　　规则 1 (Ref)

2. Σ，$([(A)B])\vdash([(A)B])$　　1，规则 2 (+)

3. Σ，$([(A)B])\vdash(((A))(B))$　　2，规则 14$([\ |\ ])_{-}$

4. Σ，$([(A)B])\vdash (B)$　　3，规则 6$(\ )_{2r-}$

5. Σ，$([(A)B])\vdash((A))$　　3，规则 5$(\ )_{2l-}$

6. Σ，$([(A)B])\vdash A$　　5，定理 2.2.11

7. Σ，$A\vdash B$　　已知前提

8. Σ，$([(A)B]$，$A\vdash B$　　7，规则 2 (+)

9. Σ，$([(A)B]\vdash B$　　6、8，规则 3

10. $\Sigma\vdash[(A)B]$　　4、9，规则 10 $(\ )_{1-}$

定义 2.2.5　$<AB>=def[(A)B]$。

根据定义 2.2.5，定理 2.2.12 和定理 2.2.13 可分别简写为：

(1)若$\Sigma\vdash<AB>$，且$\Sigma\vdash A$，则$\Sigma\vdash B$。

(2)若Σ，$A\vdash B$，则$\Sigma\vdash<AB>$。

对照命题逻辑系统 PC2，不难看出，在命题逻辑系统 PC3 中，规则 1、规则 2、规则 10 以及定理 2.2.12、定理 2.2.13 构成了通常的经典命题逻辑自然推演系统；反之，自然推演系统 PC3 的推理规则也可以在经典命题逻辑自然推演系统得到证明。因此，这也是一个和经典命题逻辑自然推演系统等价的系统。

第三节　排斥系统

通常的命题逻辑公理系统都是永真式的证明系统或者有效推理的演绎系统。受卢卡西维茨三段论排斥系统的启发，本节我们建立一个命题逻辑所有无效式（包括矛盾式，如$A\wedge\neg A$，但不仅包括矛盾式，而且包括所有的非永真式或者所有的非有效推理形式，如$A\wedge B$以及$A\vdash B$等）的公理系统，即将命题逻辑中所有的无效推理形式整理成一个公理系统，选择其中从部分无效式作为公理，通过适当的排斥规则，将所有的无效推理形式推演出来。

定义 2.3.1　如果对公式B中的命题变元p、q、r、…的各处出现同时以公式A_1、A_2、A_3、…进行替换，得到公式A，则称公式A是B的代入，记为$A=B(p/A_1，q/A_2，r/A_3，\cdots)$。

将命题逻辑排斥系统记为 EPC。系统 EPC 由两组公理和推理规则：一组是关于永真式或者有效推理的证明公理和推理规则，另一组是关于非永真式或者非有效推理的排斥公理和排斥规则。

第一组

证明公理：

(1)$(A(BA))$

(2)$((A(BC))((AB)(AC)))$

(3)$(((A)B)(((A)(B))A))$

证明规则：

如果(AB)且A，则B。简记为 MP。

第二组

排斥公理：p

排斥规则：

(1)如果(AB)被证明，并且B被排斥，则排斥A。简记为 E1。

(2)如果A是B的一个代入，并且A被排斥，则排斥B。简记为 E2。[①]

定义 2.3.2　$\Sigma\subseteq Form(\mathscr{L}(\mathrm{P}))$，$A\in Form(\mathscr{L}(\mathrm{P}))$，称公式$A$由$\Sigma$形式可证明，当且仅当，存在如下公式序列：

---

① 排斥规则 E1 的直观意思可以理解为：对于一个充分条件(AB)，由否定其后件B，可得否定其前件A；排斥规则 E2 的直观意思可以理解为：如果一个推理形式的特例非有效，则其一般形式也不是有效的。

A_1，A_2，…，A_{n-1}，A_n

其中，$A_n=A$并且对于每一个$k\leqslant n$，A_k满足下列条件之一：

(1)A_k是证明公理之一；

(2)$A_k\in\Sigma$；

(3)有i，$j<k$，使得$A_i=(A_jA_k)$。

公式序列A_1，A_2，…，A_{n-1}，A_n称为公式A由Σ的一个证明。

如果公式A由Σ形式可证明，则称Σ可证明出A，符号记为$\Sigma\vdash A$。

定义 2.3.3 如果公式A由$\varnothing$形式可证明，则称公式A是可证明的。由$\varnothing$到A形式可证明的一个公式序列称为公式A的一个证明。如果公式A是可证明的，则称公式A为排斥演算系统 EPC 的定理，符号记为：$\vdash A$。

定义 2.3.4 公式A形式可排斥，当且仅当，存在公式序列

A_1，A_2，…，A_{n-1}，A_n

其中，$A_n=A$并且对于每一个$k\leqslant n$，A_k满足下列条件之一：

(1)A_k是证明公理之一；

(2)A_k是排斥公理之一；

(3)有i，$j<k$，使得$A_i=(A_jA_k)$；

(4)A_k由在它前面的公式通过使用排斥规则 E1 或者 E2 而得到；

(5)A_n是通过上述(2)或(4)得到。

公式序列A_1，A_2，…，A_{n-1}，A_n称为公式A的一个排斥。

定义 2.3.5 如果公式A形式可排斥，则称公式A为排斥演算系统 EPC 的无效式，符号简记为：$\nvdash A$。

对于已经得到证明的定理或者已经得到排斥的无效式，在其后构建一个证明或者排斥时可以直接使用。

定义 2.3.6 $<AB>=def((A)B)$；$[AB]=def((A(B)))$。

对于定理的证明，本书将不再列出而直接使用。下面直接列出在下文排斥中将要用到的一些主要定理。

定理 2.3.1

(1)$\vdash(((pq))p)$

(2)$\vdash(((qq)p)p)$

(3)$\vdash((p(p))(p))$

(4)$\vdash(((p)p)p)$

(5)$\vdash((((pq))(p))(pq))$

(6)$\vdash(<pq>((p)q))$

(7)$\vdash([pq]p)$

(8)$\vdash([A(A)]B)$

(9)$\vdash(A((A)B))$

(10)$\vdash(<A[B(B)]>A)$

(11)$\vdash(<A(<B(B)>)>A)$

(12)如果$A\vdash B$，则$\vdash(AB)$

(13)如果$\vdash(([AB])(C))$，则$\vdash(C<(A)(B)>)$

无效式 2.3.1　$\nvdash(p)$

排斥：

1. $\vdash(((pq))p)$　　定理 2.3.1(1)
2. $\nvdash p$　　排斥公理
3. $\nvdash((pq))$　　1、2，E1
4. $\nvdash(p)$　　3，E2$(p/(pq))$

该排斥表明任一原子的否定都是无效式，都可以被排斥演算系统 EPC 所排斥。

无效式 2.3.2　$\nvdash(pq)$（其中p、q是不同的原子）

排斥：

1. $\vdash(((qq)r)r)$　　定理 2.3.1(2)
2. $\nvdash r$　　排斥公理
3. $\nvdash((qq)r)$　　1、2，E1
4. $\nvdash(pq)$（其中p、q是不同的原子）　　3，E2$(p/(qq)，q/r)$

该排斥表明任一以不同原子作为前后件的蕴涵式都是无效式，都可以被排斥演算系统 EPC 所排斥。

无效式 2.3.3　$\nvdash(p(q))$

排斥：

1. $\vdash((p(p))(p))$　　定理 2.3.1(3)
2. $\nvdash(p)$　　无效式 2.3.1
3. $\nvdash(p(p))$　　1、2，E1
4. $\nvdash(p(q))$　　3，E2$(p/p，q/p)$

该排斥表明以原子作为前件、以另一原子的否定作为后件的蕴涵式都是无效式，都可以被排斥演算系统 EPC 所排斥。

无效式 2.3.4　$\nvdash((p)q)$

排斥：

1. $\vdash(((q)q)q)$　　定理 2.3.1(4)
2. $\nvdash q$　　排斥公理
3. $\nvdash((q)q)$　　1、2，E1
4. $\nvdash((p)q)$　　3，E2(p/q，q/q)

该排斥表明以原子的否定作为前件、以另一原子作为后件而构成的蕴涵式都是无效式，都可以被排斥演算系统 EPC 所排斥。

无效式 2.3.5　$\nvdash((p)(q))$（其中p、q是不同的原子）

排斥：

1. $\vdash((((pq))(p))(pq))$　　定理 2.3.1(5)
2. $\nvdash(pq)$　　无效式 2.3.2
3. $\nvdash(((pq))(p))$　　1、2，E1
4. $\nvdash((p)(q))$（其中p、q是不同的原子）　　3，E2($p/(pq)$，q/p)

该排斥表明以不同原子的否定作为前后件而构成的蕴涵式都是无效式，都可以被排斥演算系统 EPC 所排斥。

无效式 2.3.6　$\nvdash<pq>$

排斥：

1. $\vdash(<pq>((p)q))$　　定理 2.3.1(6)
2. $\nvdash((p)q)$　　无效式 2.3.4
3. $\nvdash<pq>$　　1、2，E1

该排斥表明任意两个原子的析取式都是无效式，都可以被排斥演算系统 EPC 所排斥。

类似可以排斥以下 3 个无效式：

无效式 2.3.7　$\nvdash<(p)q>$（其中p、q是不同的原子）

无效式 2.3.8　$\nvdash<p(q)>$（其中p、q是不同的原子）

无效式 2.3.9　$\nvdash<(p)(q)>$

对于合取式，也有类似的无效式可以被排斥：

无效式 2.3.10　$\nvdash[pq]$

排斥：

1. $\vdash([pq]p)$　　定理 2.3.1(7)

2. $\nvdash p$　　排斥公理

3. $\nvdash[pq]$　　1、2，E1

该排斥表明任意两个原子的合取式都是无效式，都可以被排斥演算系统EPC所排斥。

类似可以排斥以下3个无效式：

无效式 2.3.11　$\nvdash [(p)q]$

无效式 2.3.12　$\nvdash [p(q)]$

无效式 2.3.13　$\nvdash [(p)(q)]$

作为一个非常特殊的无效式——逻辑矛盾式$[A(A)]$，在排斥演算系统EPC中也可以被排斥：

无效式 2.3.14　$\nvdash[A(A)]$

1. $\vdash([A(A)]p)$　　定理 2.3.1(8)

2. $\nvdash p$　　排斥公理

3. $\nvdash[A(A)]$　　1、2，E1

定理 2.3.2　如果$\vdash A$，则$\nvdash(A)$。

证明：

1. $\vdash A$　　前提

2. $\vdash(A((A)p))$　　定理 2.3.1(9)

3. $\vdash((A)p)$　　1、2，MP

4. $\nvdash p$　　排斥公理

5. $\nvdash(A)$　　1、2，E1

该排斥表明如果A是定理，则其否定不是有效式，将被排斥演算系统EPC所排斥。

下面我们来排斥一个更一般的无效式：

无效式 2.3.15　$\nvdash<A_1A_2\ldots A_{n-1}A_n>$（其中每一$A_k(1\leqslant k\leqslant n)$是任一原子或者原子的否定，并且所涉及的原子各不相同）。

排斥：

施归纳于其中所涉及的原子的数目k

当$k=1$时，A_1或者是p或者是(p)，根据排斥公理和无效式2.3.1，命题成立。

假设当$k=n-1$时命题成立，下面来证明当$k=n$时命题也成立。

可分如下两种情况排斥$<A_1A_2\ldots A_{n-1}A_n>$：

情况一：A_n是原子p

1. $\vdash(<A_1A_2\ldots A_{n-1}[A_n(A_n)]><A_1A_2\ldots A_{n-1}>)$	定理 2.3.1(10)
2. $\nvdash<A_1A_2\ldots A_{n-1}>$	归纳假设
3. $\nvdash<A_1A_2\ldots A_{n-1}[A_n(A_n)]>$	1、2，E1
4. $\nvdash<A_1A_2\ldots A_{n-1}p>$	3，E2($p/[A_n(A_n)]$)

情况二：A_n是原子的否定(p)

1. $\vdash(<A_1A_2\ldots A_{n-1}(<A_n(A_n)>)><A_1A_2\ldots A_{n-1}>)$	定理 2.3.1(11)
2. $\nvdash<A_1A_2\ldots A_{n-1}>$	归纳假设
3. $\nvdash<A_1A_2\ldots A_{n-1}(<A_n(A_n)>)>$	1、2，E1
4. $\nvdash<A_1A_2\ldots A_{n-1}p>$	3，E2($p/(<A_n(A_n)>)$)

第四节　语义及元理论

本节我们赋予前面第二、第三节基于中国表示法而构建的各种系统以语义，以便更加清晰、直观地看出其基本思想。

一　“舍生取义”型联结词推理系统 PC1 的语义

定义 2.4.1　假设A、$B\in Form(\mathscr{A}(P))$，一个 PC1 真值赋值$\sigma$是一个由$Form(\mathscr{A}(P))$到{1，0}的函数，并满足下列条件：

(1)$(A)^\sigma=1$，当且仅当，$A^\sigma=0$；

(2)$(AB)^\sigma=1$，当且仅当，$A^\sigma=0$ 且$B^\sigma=1$。

根据该定义，如果使用真值表方法，则一元联结词(A)、二元联结词(AB)的语义可以直观地表示为：

A	B	(A)	(AB)
1	1	0	0
1	0	0	0
0	1	1	1
0	0	1	0

定义$A \to B = def\,f(((A)(B)))$中的联结词“$A \to B$”真值表为：

A	B	$(((A)(B)))$
1	1	1
1	0	0
0	1	1
0	0	1

不难看出，该语义是和经典二值语义等价的。

由此也可以清晰地看出，公式(A)就是公式A的二值否定，公式(AB)就是公式$(\neg A \wedge B)$。

在汉语自然语言中，二元联结词除了通常提及的“p 并且 q”“p 或者 q”“要么 p 要么 q”“若 p 则 q”“只有 p 才 q”之外，还有一些常用的，结构比较固定的联结词，如“不……而……”型联结词，这类固定格式的词语常用的有：不约而同、不辞而别、不打自招、不言而喻、不攻自破、不劳而获、不谋而合、不令而信、不宣而战、不耕而食、不教而诛、不欢而散、不期而遇、不胫而走、不翼而飞、不寒而栗、不织而衣、不令而行、不药而愈、不请自来，等等。在句子中也有类似功能的联结词，如“今天虽然没上班，但是仍然忙得不轻”。“尽管未能在比赛中获奖，但是比赛的过程还是非常令人享受。”另外一个比较经典的例子是：

> 鱼，我所欲也；熊掌，亦我所欲也。二者不可得兼，舍鱼而取熊掌者也。生，亦我所欲也；义，亦我所欲也。二者不可得兼，舍生而取义者也。①

其中的“舍生而取义”如果不考虑其伦理、道德方面的含义，而仅仅从逻辑关系上来看，它表达的也是类似“不……而……”型的联结关系。

正因为此，我们将“不……而……”型联结词称为“舍生取义”型联结词。

定义 2.4.2　假设$A \in Form(\mathscr{L}(\mathrm{P}))$，$\Sigma \subseteq Form(\mathscr{L}(\mathrm{P}))$。如果存在赋值$\sigma$，使得$A^{\sigma}=1$，则称公式$A$是可满足的；如果存在赋值$\sigma$，对于$\Sigma$中的任一公式$A$，

---

①　《孟子・告子上》。

均有$A^{\sigma}=1$，记为$\Sigma^{\sigma}=1$，则称公式集Σ是可满足的。

定义 2.4.3　假设$A\in Form(\mathscr{A}(\mathrm{P}))$，$\Sigma\subseteq Form(\mathscr{A}(\mathrm{P}))$。如果对于任一赋值$\sigma$，均有$A^{\sigma}=1$，则称公式$A$是有效式；如果对于任一赋值$\sigma$，均有$A^{\sigma}=0$，则称公式$A$是矛盾式。

定义 2.4.4　假设$A\in Form(\mathscr{A}(\mathrm{P}))$，$\Sigma\subseteq Form(\mathscr{A}(\mathrm{P}))$。如果对于任一赋值$\sigma$，均有若$\Sigma^{\sigma}=1$，则$A^{\sigma}=1$，则称公式$A$是$\Sigma$的语义后承，记作$\Sigma\vDash A$。

在第二节中，我们已经证明了基于汉语特色联结词“舍生取义”型联结词推演系统 PC1 和经典命题逻辑自然推演系统相等价。因此，相对于经典二值语义，系统 PC1 也具有可靠性和完全性。即有：

定理 2.4.1　假设$A\in Form(\mathscr{A}(\mathrm{P}))$，$\Sigma\subseteq Form(\mathscr{A}(\mathrm{P}))$，则有

(1)若$\Sigma\vdash A$，则$\Sigma\vDash A$；

(2)若$\Sigma\vDash A$，则$\Sigma\vdash A$。

二　经典推理系统 PC2 的语义

在此我们给出经典推理系统 PC2 两个不同的语义，使得同一个推理系统既可以是表达所有有效式的演绎体系，也可以是表达所有矛盾式的演绎体系，由此彰显出中国表示法作为形式语言的“形式化”特质。

定义 2.4.5　假设A、$B\in Form(\mathscr{A}(\mathrm{P}))$，一个 PC2 真值赋值$\sigma$是一个由$Form(\mathscr{A}(\mathrm{P}))$到{1，0}的函数，并满足下列条件：

(1)$(A)^{\sigma}=1$，当且仅当，$A^{\sigma}=0$；

(2)$(AB)^{\sigma}=1$，当且仅当，$A^{\sigma}=0$ 或$B^{\sigma}=1$。

不难看出，这是一个经典的二值语义定义。

在此语义之下，系统 PC2 的推理规则、定理等和经典命题逻辑推理系统仅仅是记法的差异，因此推理系统 PC2 相对于上述语义，具有可靠性和完全性。

下面我们给出另外一种语义：

定义 2.4.6　假设A、$B\in Form(\mathscr{A}(\mathrm{P}))$，一个 PC2 真值赋值$\sigma$是一个由$Form(\mathscr{A}(\mathrm{P}))$到{1，0}的函数，并满足下列条件：

(1)$(A)^{\sigma}=1$，当且仅当，$A^{\sigma}=0$；

(2)$(AB)^{\sigma}=1$，当且仅当，$A^{\sigma}=0$ 且$B^{\sigma}=1$。

该定义的赋值貌似和定义 2.4.1 中的赋值完全相同，确实如此！但是用它

来解释系统 PC2 的推理规则时，有一些意想不到的结果。

首先，系统 PC2 的推理规则不再都是有效的推理形式。不难验证，其中的前四条规则仍然是有效的推理规则。

规则 1　$A \vdash A$。简记为(Ref)。

规则 2　若$\Sigma \vdash A$，则Σ，$\Delta \vdash A$。简记为(+)。

规则 3　若Σ，$(A) \vdash B$，Σ，$(A) \vdash (B)$，则$\Sigma \vdash A$。简记为$(\,)_{1-}$。

规则 4　若$\Sigma \vdash (AB)$，$\Sigma \vdash A$，则$\Sigma \vdash B$。简记为$(\,)_{2-}$。

即有：

(1)$A \vDash A$。

(2)若$\Sigma \vDash A$，则Σ，$\Delta \vDash A$。

(3)若Σ，$(A) \vDash B$，Σ，$(A) \vDash (B)$，则$\Sigma \vDash A$。

(4)若$\Sigma \vDash (AB)$，$\Sigma \vDash A$，则$\Sigma \vDash B$。

但是对于最后一条规则：

规则 5　若Σ，$A \vdash B$，则$\Sigma \vdash (AB)$。简记为$(\,)_{2+}$。

它却不再是有效的推理形式。如取赋值σ，使得$\Sigma^\sigma=1$，$A^\sigma=1$，$B^\sigma=1$，在此赋值之下，$(AB)^\sigma=0$。在此赋值下，规则 5 不再有保真性。

另外，在定义 2.4.6 的赋值之下，系统 PC2 的内定理[1]都是矛盾式。例如定理 2.2.11(AA)、定理 2.2.12$(A(BA))$都是矛盾式，因为对于定义 2.4.6 的任一赋值σ，都有$(AA)^\sigma=0$，$(A(BA))=0$。

下面我们证明，对于定义 2.4.6 的语义而言，演绎系统 PC2 是一个具有保假性的推演系统，是一个关于所有矛盾式的推理系统。

定义 2.4.7　假设$A \in Form(\mathscr{A}(\mathrm{P}))$，$\Sigma \subseteq Form(\mathscr{A}(\mathrm{P}))$，如果存在赋值$\sigma$，使得$A^\sigma=0$，则称公式$A$是可证伪的；如果存在赋值$\sigma$，对于$\Sigma$中的任一公式$A$，均有$A^\sigma=0$，记为$\Sigma^\sigma=0$，则称公式集$\Sigma$是可证伪的。

定义 2.4.8　假设$A \in Form(\mathscr{A}(\mathrm{P}))$，$\Sigma \subseteq Form(\mathscr{A}(\mathrm{P}))$。如果对于任一赋值$\sigma$，均有若$\Sigma^\sigma=0$，则$A^\sigma=0$，则称公式$A$由$\Sigma$可证伪，记作$\Sigma \Dashv A$。显然特别地，$A$是矛盾式当且仅当$\varnothing \Dashv A$，简记为$\Dashv A$。

定理 2.4.2　假设$A \in Form(\mathscr{A}(\mathrm{P}))$，$\Sigma \subseteq Form(\mathscr{A}(\mathrm{P}))$，则有

① 对自然推理系统中形如$\varnothing \vdash A$的定理，其中的公式A称为系统的内定理，也简称系统的定理。

规则 1　$A \Dashv A$。

规则 2　若$\Sigma \Dashv A$，则Σ，$\Delta \Dashv A$。

规则 3　若Σ，$(A) \Dashv B$，Σ，$(A) \Dashv (B)$，则$\Sigma \Dashv A$。

规则 4　若$\Sigma \Dashv (AB)$，$\Sigma \Dashv A$，则$\Sigma \Dashv B$。

规则 5　若Σ，$A \Dashv B$，则$\Sigma \Dashv (AB)$。

对照自然推演系统的 5 条推理规则和语义定义 2.4.6 下的定理 2.4.2，参照经典逻辑的完全性证明，在系统 PC2 中不难获得：

定理 2.4.3　假设$A \in Form(\mathscr{A}(\mathrm{P}))$，$\Sigma \subseteq Form(\mathscr{A}(\mathrm{P}))$，则有

(1)若$\Sigma \vdash A$，则$\Sigma \Dashv A$；

(2)若$\Sigma \Dashv A$，则$\Sigma \vdash A$。

在中国表示法中，对于同一公式，如$(A(BA))$，在某种语义之下，它是一个永真式；在另一种语义之下，它是一个矛盾式。在中国表示法中，同样一个自然推理系统，既可以是有效式的推演系统，也可以是矛盾式的推演系统。这充分显示了中国表示法的形式语言中联结词的“形式化”特性。

三　多括号推理系统的语义

定义 2.4.9　假设A、$B \in Form(\mathscr{A}(\mathrm{P}))$，一个 PC3 真值赋值$\sigma$是一个由$Form(\mathscr{A}(\mathrm{P}))$到{1，0}的函数，并满足下列条件：

(1)$(A)^\sigma=1$，当且仅当，$A^\sigma=0$；

(2)$(AB)^\sigma=1$，当且仅当，$A^\sigma=1$ 且$B^\sigma=1$；

(3)$[AB]^\sigma=1$，当且仅当，$A^\sigma=1$ 或$B^\sigma=1$。

根据该定义，如果使用真值表方法，则一元联结词(A)、二元联结词(AB)、$[AB]$、定义引入的二元联结词$\langle AB \rangle$的语义可以直观地表示为：

A	B	(A)	(AB)	$[AB]$	$\langle AB \rangle$
1	1	0	1	1	1
1	0	0	0	1	0
0	1	1	0	1	1
0	0	1	0	0	1

根据定义 2.4.9 的语义，不难看出一元联结词(A)、二元联结词(AB)、$[AB]$、$\langle AB \rangle$分别表示的是一元否定、二元合取、二元析取、蕴涵等联结词。

根据定义 2.4.4，对于自然推演系统 PC3 的 11 条推理规则容易验证以下定理：

定理 2.4.4　假设A、B、$C\in Form(\mathscr{L}(\mathrm{P}))$，$\Sigma$、$\Delta\subseteq Form(\mathscr{L}(\mathrm{P}))$，则有

规则 1　$A\vDash A$。

规则 2　若$\Sigma\vDash A$，则Σ，$\Delta\vDash A$。

规则 3　若$\Sigma\vDash A$，且Σ，$A\vDash B$，则$\Sigma\vDash B$。

规则 4　若$\Sigma\vDash A$，且$\Sigma\vDash B$，则$\Sigma\vDash (AB)$。

规则 5　若$\Sigma\vDash (AB)$，则$\Sigma\vDash A$。

规则 6　若$\Sigma\vDash (AB)$，则$\Sigma\vDash B$。

规则 7　若$\Sigma\vDash A$，则$\Sigma\vDash [AB]$。

规则 8　若$\Sigma\vDash B$，则$\Sigma\vDash [AB]$。

规则 9　若$\Sigma\vDash [AB]$，且Σ，$A\vDash C$；Σ，$B\vDash C$，则$\Sigma\vDash C$。

规则 10　若Σ，$(A)\vDash B$，Σ，$(A)\vDash (B)$，则$\Sigma\vDash A$。

规则 11　若Σ，$A\vDash B$，Σ，$A\vDash (B)$，则$\Sigma\vDash (A)$。

规则 12　若$\Sigma\vDash ((AB))$，则$\Sigma\vDash [(A)(B)]$。

规则 13　若$\Sigma\vDash [(A)(B)]$，则$\Sigma\vDash ((AB))$。

规则 14　若$\Sigma\vDash ([AB])$，则$\Sigma\vDash ((A)(B))$。

规则 15　若$\Sigma\vDash ((A)(B))$，则$\Sigma\vDash ([AB])$。

对照后面章节的其他语义定义，可以发现上述推理规则具有很强的表达能力。

自然推演系统 PC3 是和经典命题逻辑自然推演系统等价的系统，因此，该系统对于经典二值语义具有可靠性和完全性。

四　排斥系统的语义

定义 2.4.10　假设A、$B\in Form(\mathscr{L}(\mathrm{P}))$，一个 EPC 真值赋值$\sigma$是一个由$Form(\mathscr{L}(\mathrm{P}))$到$\{1, 0\}$的函数，并满足下列条件：

(1)$(A)^\sigma=1$，当且仅当，$A^\sigma=0$；

(2)$(AB)^\sigma=1$，当且仅当，$A^\sigma=0$ 或$B^\sigma=1$。

不难看出，这是一个和定义 2.4.5 相同的经典二值语义定义。

定义 2.4.11　假设$A\in Form(\mathscr{L}(\mathrm{P}))$，如果对于任一赋值σ，均有$A^\sigma=1$，则称公式$A$是永真式，记为：$\vDash A$；如果存在赋值σ，使得$A^\sigma=0$，则称公式$A$为

非永真式，记为：$\nvDash A$。

根据定义，对于系统 EPC 中的公理和排斥规则显然有：

定理 2.4.5　$\nvDash$p。

即排斥公理为非永真式。

定理 2.4.6　若$\vDash(AB)$，且$\nvDash B$，则$\nvDash A$。

证明：

假设$\nvDash B$，根据定义 2.4.11，则存在赋值σ，使得$B^{\sigma}=0$。因为$\vDash(AB)$，所以有$(AB)^{\sigma}=1$，根据语义定义 2.4.10，可得$A^{\sigma}=0$，因此有$\nvDash A$。

该定理表明，排斥规则 E1 是保持非永真性的。

定理 2.4.7　如果A是B的一个代入，并且$\nvDash A$，则$\nvDash B$。

证明：

假设$A=B(p/A_1, q/A_2, r/A_3, \cdots)$，如果$\nvDash A$，根据定义 2.4.11，则存在赋值σ，使得$A^{\sigma}=0$。现构造一个赋值σ'，令$p^{\sigma'}=A_1{}^{\sigma}$，$q^{\sigma'}=A_2{}^{\sigma}$，$r^{\sigma'}=A_3{}^{\sigma}$，…，则有$B^{\sigma'}=A^{\sigma}=0$，因而有$\nvDash B$。

该定理表明，排斥规则 E2 也是保持非永真性的。

根据上述定理 2.4.5、定理 2.4.6 和定理 2.4.7 三条定理，可以证明命题逻辑排斥演算系统 EPC 的一个重要元定理：

定理 2.4.8　（**可靠性定理**）假设$A\in Form(\mathscr{L}(P))$，如果$\nvdash A$，则$\nvDash A$。

为了证明排斥演算系统 EPC 的完全性定理，下面先证明一个重要引理。

引理 2.4.1　假设$A\in Form(\mathscr{L}(P))$，$A_1$，$A_2$，…，$A_{n-1}$，$A_n$是其中出现的所有不同的原子。对于任一给定的赋值$\sigma$，如果$A_k{}^{\sigma}=1(1\leqslant k\leqslant n)$，则令$A_k{}'=A_k$；如果$A_k{}^{\sigma}=0(1\leqslant k\leqslant n)$，则令$A_k{}'=(A_k)$。在该赋值$\sigma$下，如果$A^{\sigma}=1$，则令$A'=A$；如果$A^{\sigma}=0$，则令$A'=(A)$。则有：$A_1{}'$，$A_2{}'$，…，$A_{n-1}{}'$，$A_n{}'\vdash A'$。

证明：施归纳于公式A中联结词即括号的数目 n。

当 $n=0$，即A中没有括号，则A即为原子p。因此在赋值σ下，如果$p^{\sigma}=1$，则$A^{\sigma}=1$，所需证明的即为$p\vdash p$；如果$p^{\sigma}=0$，则$A^{\sigma}=0$，所需证明的即为$(p)\vdash(p)$。无论在哪种情况下，原命题都显然成立。

假设原命题在A中联结词即括号的数目小于 n 时成立，则当A中联结词即括号的数目为 n 时，可有如下两种情况：

情况一：$A=(B)$。在赋值σ下，如果$B^{\sigma}=1$，则有$A^{\sigma}=0$，$A'=(A)$，由$B^{\sigma}=1$根据归纳假设有$A_1{}'$，$A_2{}'$，…，$A_{n-1}{}'$，$A_n{}'\vdash B$，因而有$A_1{}'$，$A_2{}'$，…，$A_{n-1}{}'$，

$A_n'\vdash((B))$，即有A_1'，A_2'，…，A_{n-1}'，$A_n'\vdash(A)$，因而所需得证；如果$B^\sigma=0$，则有$A^\sigma=1$，$A'=A$，由$B^\sigma=0$根据归纳假设有A_1'，A_2'，…，A_{n-1}'，$A_n'\vdash(B)$，因而有A_1'，A_2'，…，A_{n-1}'，$A_n'\vdash A$，因而所需得证。

情况二：$A=(BC)$。

情况二(1)，在赋值σ下，$B^\sigma=1$并且$C^\sigma=1$，则有$A^\sigma=1$，$A'=A$。由$B^\sigma=1$并且$C^\sigma=1$根据归纳假设有A_1'，A_2'，…，A_{n-1}'，$A_n'\vdash B$，A_1'，A_2'，…，A_{n-1}'，$A_n'\vdash C$，因而有A_1'，A_2'，…，A_{n-1}'，$A_n'\vdash(BC)$，即有A_1'，A_2'，…，A_{n-1}'，$A_n'\vdash A$，因而所需得证。

情况二(2)，在赋值σ下，$B^\sigma=1$并且$C^\sigma=0$，则有$A^\sigma=0$，$A'=(A)$。由$B^\sigma=1$并且$C^\sigma=0$根据归纳假设有A_1'，A_2'，…，A_{n-1}'，$A_n'\vdash B$，A_1'，A_2'，…，A_{n-1}'，$A_n'\vdash(C)$，因而有A_1'，A_2'，…，A_{n-1}'，$A_n'\vdash((BC))$，即有A_1'，A_2'，…，A_{n-1}'，$A_n'\vdash(A)$，因而所需得证。

情况二(3)，在赋值σ下，$B^\sigma=0$并且$C^\sigma=1$，则有$A^\sigma=1$，$A'=A$。由$B^\sigma=0$并且$C^\sigma=1$根据归纳假设有A_1'，A_2'，…，A_{n-1}'，$A_n'\vdash(B)$，A_1'，A_2'，…，A_{n-1}'，$A_n'\vdash C$，因而有A_1'，A_2'，…，A_{n-1}'，$A_n'\vdash(BC)$，即有A_1'，A_2'，…，A_{n-1}'，$A_n'\vdash A$，因而所需得证。

情况二(4)，在赋值σ下，$B^\sigma=0$并且$C^\sigma=0$，则有$A^\sigma=1$，$A'=A$。由$B^\sigma=0$并且$C^\sigma=0$根据归纳假设有A_1'，A_2'，…，A_{n-1}'，$A_n'\vdash(B)$，A_1'，A_2'，…，A_{n-1}'，$A_n'\vdash(C)$，因而有A_1'，A_2'，…，A_{n-1}'，$A_n'\vdash(BC)$，即有A_1'，A_2'，…，A_{n-1}'，$A_n'\vdash A$，因而所需得证。

定理 2.4.9　（完全性定理）假设$A\in Form(\mathscr{L}(\mathrm{P}))$，如果$\nvDash A$，则$\nvdash A$。

证明：

假设A_1，A_2，…，A_{n-1}，A_n是A中出现的所有不同的原子，如果$\nvDash A$，则存在一赋值σ，使得$A^\sigma=0$。根据引理 2.4.1 可得：A_1'，A_2'，…，A_{n-1}'，$A_n'\vdash(A)$，由此可得如下排斥序列：

1. A_1'，A_2'，…，A_{n-1}'，$A_n'\vdash(A)$	已知
2. $\vdash([A_1'A_2'\ldots A_{n-1}'A_n'](A))$	1，定理 2.3.1(12)
3. $(A<(A)_1'(A)_2'\ldots(A)_{n-1}'(A)_n'>)$	2，定理 2.3.1 (13)
4. $\nvdash<(A)_1'(A)_2'\ldots(A)_{n-1}'(A)_n'>$	无效式 2.3.15
5. $\nvdash A$	3、4，E1

第五节　一阶形式语言

基于中国表示法的一阶形式语言比之通常的一阶语言要简练，因为它没有专门的联结词符号和量词符号，它们的功能都由括号来承担了。

定义 2.5.1　一阶形式语言 $\mathscr{A}$(Q)包括如下符号：

(1)个体符号：c_1，c_2，c_3，…（常元符号）；u_1，u_2，u_3，…（自由变元符号）；x_1，x_2，x_3，…（约束变元符号）；

(2)函数符号：f_1,，f_2，f_3，…；

(3)谓词符号：R_1，R_2，R_3，…；

(4)左右括号：(，)。

中国表示法中一般以a、b、c等表示任一个体常元符号，以u、v、w等表示任一个体自由变元符号，以x、y、z等表示任一个体约束变元符号，以f、g、h等表示任一函数符号，以A、B、C、F、G、H等表示任一谓词符号。

定义 2.5.2　由形式语言 $\mathscr{A}$(Q)中符号构成的有穷序列称为一个表达式。

一般使用$A(u)$表示该表达式中可能含有自由变元u；一般使用大写字母X、Y、Z来表示任一表达式。

中国表示法中形式语言 $\mathscr{A}$(Q)的项、原子和公式的集合分别记为$Term(\mathscr{A}(Q))$、$Atom(\mathscr{A}(Q))$和$Form(\mathscr{A}(Q))$；一般用小写字母及其下标t、s、r等来表示任一项，用大写字母A、B、C、D等来表示任一公式，用Σ、Δ等表示任一公式的集合。

定义 2.5.3　表达式X称为项，当且仅当X能有限次使用下面的规则生成：

(1)a、$u\in Term(\mathscr{A}(Q))$；

(2)如果t_1、t_2、…、$t_n\in Term(\mathscr{A}(Q))$，并且$f$是$n$元函数符号，则$f(t_1t_2\cdots t_n)\in Term(\mathscr{A}(Q))$。

定义 2.5.4　一个表达式$X\in Atom(\mathscr{A}(Q))$，当且仅当$X$形如$R(t_1t_2\cdots t_n)$，其中$R$是$n$元谓词符号，$t_1$、$t_2$、…、$t_n\in Term(\mathscr{A}(Q))$。形如$R(t_1t_2\cdots t_n)$的表达式称为原子。

定义 2.5.5　表达式$X\in Form(\mathscr{A}(Q))$，当且仅当$X$能有限次使用下面的规则生成：

(1)$Atom(\mathscr{A}(Q))\subseteq Form(\mathscr{A}(Q))$；

(2)若$X\in Form(\mathscr{A}(Q))$，则$(X)\in Form(\mathscr{A}(Q))$；

(3)若X、$Y\in Form(\mathscr{A}(Q))$，则$(XY)\in Form(\mathscr{A}(Q))$；

(4)若$A(u)\in Form(\mathscr{A}(Q))$，且$x$不在$A(u)$中出现，则$(xA(x))\in Form(\mathscr{A}(Q))$。

定义 2.5.6　一阶形式语言 $\mathscr{A}(Q)$的一个模型$\mathfrak{M}$是一个四元序组

$$\langle M,\ \{R_i^{\mathfrak{M}}\}_{i\in I},\ \{f_j^{\mathfrak{M}}\}_{j\in J},\ \{c_k^{\mathfrak{M}}\}_{k\in K}\rangle$$

其中：

(1)M是一个非空集，称为模型$\mathfrak{M}$的论域；

(2)$R_i^{\mathfrak{M}}\subseteq M^m$，对于 $\mathscr{A}(Q)$中的每一个m元谓词符号；

(3)$f_j^{\mathfrak{M}}$：$M^n\to M$，对于 $\mathscr{A}(Q)$中的每一个n元函数符号；

(4)$c_k^{\mathfrak{M}}\in M$，对于 $\mathscr{A}(Q)$中的每一个个体常元符号。

论域M指明模型$\mathfrak{M}$所涉及的个体对象。在模型$\mathfrak{M}$中，任一个体常元符号被解释为论域中的一个确定个体对象，任一函数符号被解释为作用于个体对象之间的函数运算，任一谓词符号被解释为个体对象的属性、关系等。

定义 2.5.7　模型$\mathfrak{M}$上的一个指派σ是一个由一阶形式语言 $\mathscr{A}(Q)$的自由变元的集合到论域M上的一个函数。对于任何自由变元符号u，

$$u^{\sigma}\in M$$

模型$\mathfrak{M}$上的指派σ是将任一自由变元符号解释为论域中的一个个体对象。

定义 2.5.8　一阶形式语言 $\mathscr{A}(Q)$的一个赋值V是一个二元组$\langle\mathfrak{M},\ \sigma\rangle$，其中$\mathfrak{M}$是一阶形式语言 $\mathscr{A}(Q)$的一个模型，σ是模型$\mathfrak{M}$上的一个指派。

定义 2.5.9　假设$V=\langle\mathfrak{M},\sigma\rangle$，$V$是一阶形式语言 $\mathscr{A}(Q)$的一个赋值，$m_i\in M$，w是一阶形式语言 $\mathscr{A}(Q)$中的任一自由变元，其中$\mathfrak{M}$是一阶形式语言 $\mathscr{A}(Q)$的一个模型，σ是模型$\mathfrak{M}$上的一个指派。$\mathfrak{M}$的一个指派$\sigma(u/m_i)$指的是：

$w^{\sigma(u/mi)}=$	w^{σ}，如果$w\neq u$
	m_i，如果$w=u$

假设$V=\langle\mathfrak{M},\ \sigma\rangle$，$\langle\mathfrak{M},\ \sigma(u/m_i)\rangle$简记$V(u/m_i)$。

该定义表明，指派$\sigma(u/m_i)$和σ可能的不同仅仅在于对自由变元符号u的解释上，指派$\sigma(u/m_i)$将u解释为m_i，指派σ将u解释为u^{σ}，对于其他自由变元符号的解释$\sigma(u/m_i)$和指派σ均相同。

定义 2.5.10　假设$V=\langle\mathfrak{M},\ \sigma\rangle$，$V$是一阶形式语言 $\mathscr{A}(Q)$的一个赋值，$t\in Term(\mathscr{A}(Q))$，$t$在赋值$V$下的值递归定义如下：

(1)如果t是自由变元符号u，则$t^V=u^{\sigma}$；

(2)如果t是常元符号c，则$t^V=c^\sigma$；

(3)如果t是$f(t_1t_2\cdots t_n)$，其中f是n元函数符号，t_1、t_2、…、$t_n\in Term(\mathscr{A}(\mathrm{Q}))$，则$t^V=f^{\mathfrak{M}}(t_1{}^Vt_2{}^V\cdots t_n{}^V)$。

根据定义 2.5.10 可知，赋值V将一阶形式语言 $\mathscr{A}(\mathrm{Q})$中的每一项均解释为论域中的一个个体对象。

定义 2.5.11 假设$V=\langle\mathfrak{M}，\sigma\rangle$，$V$是一阶形式语言 $\mathscr{A}(\mathrm{Q})$的一个赋值，A、$B\in Form(\mathscr{A}(\mathrm{Q}))$。在赋值$V$下 $\mathscr{A}(\mathrm{Q})$中任一公式的值递归定义如下：

(1)$[R(t_1t_2\cdots t_n)]^V=1$，当且仅当$\langle t_1{}^Vt_2{}^V\cdots t_n{}^V\rangle\in R^{\mathfrak{M}}$；

(2)$(A)^V=1$，当且仅当，$A^V=0$；

(3 $(AB)^V=1$，当且仅当，$(A)^V=0$ 或$(B)^V=1$；

(4)$(xA(x))^V=1$，当且仅当，对于任一$m\in M$，均有$A(u)^{V(u/m)}=1$。

定义 2.5.12 基于中国表示法的一阶逻辑自然推演系统 QC 包括如下 7 条推理规则。

规则 1 $A\vdash A$。简记为(Ref)。

规则 2 如果$\Sigma\vdash A$，那么Σ，$\Delta\vdash A$。简记为(+)。

规则 3 如果Σ，$(A)\vdash B$，并且Σ，$(A)\vdash(B)$，那么$\Sigma\vdash A$。简记为$(1)_-$。

规则 4 如果$\Sigma\vdash(AB)$，并且$\Sigma\vdash A$，那么$\Sigma\vdash B$。简记为$(2)_-$。

规则 5 如果Σ，$A\vdash B$，那么$\Sigma\vdash(AB)$。简记为$(2)_+$。

规则 6 如果$\Sigma\vdash(xA(x))$，那么$\Sigma\vdash A(t)$。其中的$A(t)$是将$A(x)$中的x均替换为t而得。简记为$(x)-$。

规则 7 如果$\Sigma\vdash A(u)$,其中的自由变元u不在Σ中出现,那么$\Sigma\vdash(xA(x))$。简记为$(x)_+$。

定义 2.5.13 公式A在命题逻辑系统 QC 中由公式集Σ形式可推演，符号记为$\Sigma\vdash A$，当且仅当$\Sigma\vdash A$能由有限次使用上述 7 条推理规则生成。

在 QC 中不难证明：

$\vdash(A(BA))$

$\vdash((A(BC))((AB)(AC)))$

$\vdash(((A)B)(((A)(B))A))$

$\vdash(((A)(B))(BA))$

$\vdash((x(A(x)B(x)))((xA(x))(xB(x))))$

$\vdash((x(A(u)B(x)))(A(u)(xB(x))))$，$x$未在$A(u)$中出现。

定义 2.5.14　假设$A \in Form(\mathscr{L}(Q))$，$\Sigma \subseteq Form(\mathscr{L}(Q))$。如果对于任一赋值$V=\langle \mathfrak{M}, \sigma \rangle$，若$\Sigma^V=1$则有$A^V=1$，则称$A$是$\Sigma$的语义后承，记为$\Sigma \vDash A$。

对于系统 QZ_2，不难证明：

定理 2.5.1　假设$A \in Form(\mathscr{L}(Q))$，$\Sigma \subseteq Form(\mathscr{L}(Q))$。$\Sigma \vdash A$当且仅当$\Sigma \vDash A$。

根据上述定义（特别是定义 2.5.5 和定义 2.5.11），在一阶形式语言 $\mathscr{L}(Q)$中，$(xA(x))$实际上被解释为通常的$\forall xA(x)$。之所以这样处理是为了将全称量词x的辖域明确地置于最左边x之后并处于括号之中。

在一阶形式语言 $\mathscr{L}(Q)$中，在中国表示法中量词符号可以通过多种方法给出。例如也可以通常的方式给出，将$\forall xA(x)$直接表示为$(x)A(x)$，称为量词定义 2。但是这种表示当公式足够复杂时，量词的辖域不若$(xA(x))$清晰，例如对于公式$\forall x\forall y(A(x) \to B(y)) \to C(b)$，在中国表示法中，如果使用量词定义 2，则将其表示为$((x)(y)(A(x)B(y))C(b))$；如果使用定义 2.5.5 的量词定义，则将其表示为$((x(y(A(x)B(y))))C(b))$。两相比较，定义 2.5.5 的量词定义比量词定义 2 层次更清晰，特别是辖域更清楚。

在定义 2.5.5 中，括号被赋予了一元联结词、二元联结词和量词的功能，而且这三种功能是通过不同的形式来表示的。如果考虑将联结词尽量减少，而其表达功能尽量增强，则可以让括号使用得更加简约，首先可以利用舍弗函数的基本思想，适当修改定义 2.5.11 中对(AB)的语义定义，对括号的联结词功能进行重新定义：

$(AB)^V=1$，当且仅当，$(A)^V=0$ 或$(B)^V=0$；

或者

$(AB)^V=1$，当且仅当，$(A)^V=0$ 且$(B)^V=0$。

这实际上是让(AB)表达舍弗函数的功能，这样只要使用它就可以表达所有二值真值函数，能够发挥所有二值真值联结词的功能。并且，(AB)还不需要像舍弗函数那样表达公式时需要借助舍弗竖之外的如括号等其他技术性符号。

在中国表示法中，我们还可以进一步增强括号的功能，使得它不仅可以能够像舍弗函数那样表达所有二值真值联结词，而且可以同时表达全称量词和存在量词。

例如，我们可以通过适当修改定义 2.5.5 和定义 2.5.11 来实现这一点。

定义 2.5.5d　表达式$X \in Form(\mathscr{L}(Q))$，当且仅当$X$能有限次使用下面的规

则生成：

(1)$Atom(\mathscr{A}Q))\subseteq Form(\mathscr{A}Q))$；

(2)若$A(u)$、$B(u)\in Form(\mathscr{A}Q))$，且$x$不在$A(u)$、$B(u)$中出现，则$(xA(x)B(x))\in Form(\mathscr{A}Q))$。

定义 2.5.11d1　假设$V=\langle\mathfrak{M},\sigma\rangle$，$V$是一阶形式语言$\mathscr{A}$(Q)的一个赋值，$A$、$B\in Form(\mathscr{A}Q))$。在赋值$V$下$\mathscr{A}$(Q)中任一公式的值递归定义如下：

(1)$[R(t_1t_2\cdots t_n)]^V=1$，当且仅当$\langle t_1{}^Vt_2{}^V\cdots t_n{}^V\rangle\in R^{\mathfrak{M}}$；

(2)$(xA(x)B(x))^V=1$，当且仅当，对于任一$m\in M$，均有$A(u)^{V(u/m)}=0$或者$A(u)^{V(u/m)}=0$。

定义 2.5.11d2　假设$V=\langle\mathfrak{M},\sigma\rangle$，$V$是一阶形式语言$\mathscr{A}$(Q)的一个赋值，$A$、$B\in Form(\mathscr{A}Q))$。在赋值$V$下$\mathscr{A}$(Q)中任一公式的值递归定义如下：

(1)$[R(t_1t_2\cdots t_n)]^V=1$，当且仅当$\langle t_1{}^Vt_2{}^V\cdots t_n{}^V\rangle\in R^{\mathfrak{M}}$；

(2)$(xA(x)B(x))^V=1$，当且仅当，对于任一$m\in M$，均有$A(u)^{V(u/m)}=0$并且$A(u)^{V(u/m)}=0$。

在定义2.5.11d1中，定义2.5.5d中的公式$(xA(x)B(x))$表达的是通常符号表示法中的公式$\forall x(\neg A(x)\vee\neg B(x))$。

在定义2.5.11d2中，定义2.5.5d中的公式$(xA(x)B(x))$表达的是通常符号表示法中的公式$\forall x(\neg A(x)\wedge\neg B(x))$。

命题 2.5.1　中国表示法中定义2.5.5d、定义2.5.11d1中包含括号的表达式$(xA(x)B(x))$对于所有二值真值联结词、存在量词$\exists x$和全称量词$\forall x$其表达功能是完全的，即仅仅使用$(xA(x)B(x))$即可以定义出所有二值真值联结词、存在量词$\exists x$和全称量词$\forall x$。

证明：

(1)证明定义2.5.5d中括号可以表达二元真值联结词否定“¬”。

对于原子$R(t_1t_2\cdots t_n)$：

对于原子$R(t_1t_2\cdots t_n)$，根据约定我们可取不在其中出现的自由变元u，将其表示为$R(t_1t_2\cdots t_n)(u)$，根据定义2.5.5d的定义(2)，则$(xR(t_1t_2\cdots t_n)(x)R(t_1t_2\cdots t_n)(x))$是公式，根据语义定义2.5.11$d$1，有

$$(xR(t_1t_2\cdots t_n)(x)R(t_1t_2\cdots t_n)(x))=\forall x(\neg R(t_1t_2\cdots t_n)(x)\vee\neg R(t_1t_2\cdots t_n)(x))$$
$$=\forall x(\neg R(t_1t_2\cdots t_n)(x))$$

因为u不在$R(t_1t_2\cdots t_n)$中出现，因此$R(t_1t_2\cdots t_n)(x)$中也不会出现x，所以有

$$\forall x(\neg R(t_1t_2\cdots t_n)(x))=\neg R(t_1t_2\cdots t_n)$$

因此，$R(t_1t_2\cdots t_n)$的否定$\neg R(t_1t_2\cdots t_n)$可定义为：$(xR(t_1t_2\cdots t_n)(x)R(t_1t_2\cdots t_n)(x))$，其中$x$不在$R(t_1t_2\cdots t_n)(x)$中出现。

对于非原子的任一公式C：

根据约定我们可取不在其中出现的自由变元u，将其表示为$C(u)$，根据定义 2.5.5d的定义(2)，则$(xC(x)C(x))$是公式，根据语义定义 2.5.11$d1$，有

$$(xC(x)C(x))=\forall x(\neg C(x)\vee\neg C(x))=\forall x(\neg C(x))$$

因为u不在C中出现，因此$\neg C(x)$中也不会出现x，所以有

$$\forall x(\neg C(x))=\neg C$$

因此，C的否定$\neg C$可定义为：$(xC(x)C(x))$，其中x不在$C(x)$中出现。

(2)证明定义 2.5.5d中括号可以表达二元真值联结词否定“∧”。

对于任意两个公式C、D：

根据约定我们可取不在C、D中出现的自由变元u，将其表示为$C(u)$、$D(u)$，根据定义 2.5.5d的定义(2)，则$(xC(x)D(x))$是公式，根据语义定义 2.5.11$d1$，有

$$(xC(x)D(x))=\forall x(\neg C(x)\vee\neg D(x))$$

因为u不在C、D中出现，因此$\neg C(x)\vee\neg D(x)$中也不会出现x，所以有

$$\forall x(\neg C(x)\vee\neg D(x))=\neg C\vee\neg D$$

结合(1)进一步可得：

$$(x(xC(x)D(x))(xC(x)D(x)))=\neg(xC(x)D(x))=C\wedge D$$

因此，C、D的合取$C\wedge D$可定义为：$(x(xC(x)D(x))(xC(x)D(x)))$，其中$x$不在$C(x)$、$D(x)$中出现。

而联结词集合{¬，∧}其表达能力是完全的，即可以表达所有二值真值函数。

(3)证明定义 2.5.5d中括号可以表达存在量词$\exists x$。

对于任一公式$C(u)$，可取不在$C(u)$中出现的x，根据定义 2.5.5d的定义(2)，可知$(xC(x)C(x))$是公式，根据语义定义 2.5.11$d1$，有

$$(xC(x)C(x))=\forall x(\neg C(x)\vee\neg C(x))=\forall x(\neg C(x))$$

取y不在$C(x)$中出现，结合(1)进一步可得：

$$(y(xC(x)C(x))(y)(xC(x)C(x))(y))=\neg(xC(x)C(x))=\neg\forall x(\neg C(x))$$

因此，$\exists xC(x)$可定义为：$(y(xC(x)C(x))(y)(xC(x)C(x))(y))$，其中$y$不在

$C(x)$中出现。

(4)证明定义 2.5.5d中括号可以表达全称量词$\forall x$。

对于任一公式$C(u)$，可取不在$C(u)$中出现的x，根据定义 2.5.5d的定义(2)，可知$(xC(x)C(x))$是公式，根据语义定义 2.5.11d1，有

$$(xC(x)C(x))=\forall x(\neg C(x)\vee\neg C(x))=\forall x(\neg C(x))$$

取y不在$C(x)$中出现，结合(1)进一步可得：

$$\begin{aligned}(x(yC(x)(y)C(x)(y))(yC(x)(y)C(x)(y)))&=\forall x(\neg(yC(x)(y)C(x)(y)))\\&=\forall x(\neg(\neg C(x)))\\&=\forall xC(x)\end{aligned}$$

因此，$\forall xC(x)$可定义为：$(x(yC(x)(y)C(x)(y))(yC(x)(y)C(x)(y)))$，其中$y$不在$C(x)$中出现。

类似可证：

命题 2.5.2　中国表示法中定义 2.5.5d、定义 2.5.11d2 中包含括号的表达式$(xA(x)B(x))$对于所有二值真值联结词、存在量词$\exists x$和全称量词$\forall x$其表达功能是完全的，即仅仅使用$(xA(x)B(x))$即可以定义出所有二值真值联结词、存在量词$\exists x$和全称量词$\forall x$。

通过命题 2.5.1 的证明，显示了中国表示法强大的表达功能，仅仅使用一对小括号就可以表达所有二值真值联结词、存在量词$\exists x$和全称量词$\forall x$。这一研究结果是出乎研究者意料的！

第三章　基于中国表示法的三值命题逻辑

本章运用中国表示法构建三值命题逻辑系统，给出三值命题逻辑的形式语义，并证明三值命题逻辑系统的元理论性质，进一步展示中国表示法在揭示三值逻辑推理规律方面独特的表达优势。

第一节　三值命题逻辑形式语言

三值命题逻辑形式语言是经典二值命题逻辑形式语言的扩充，但也只包含两类符号：命题符号和两种括号。

定义 3.1.1　命题逻辑形式语言 $\mathscr{A}$(P)包括如下两类符号：

(1)命题符号：p_1，p_2，p_3，…；

(2)括号：左圆括号(，右圆括号)，左中括号[，右中括号]。

通常以p、q、r等表示任一命题符号。

其实，从后面的论述可以看出中括号是可以通过圆括号定义引入的，但是为了方便我们将其作为初始符号。

定义 3.1.2　由 $\mathscr{A}$(P)中符号构成的有穷序列称为表达式。

通常以X、Y、Z等表示任一 $\mathscr{A}$(P)中的表达式。

定义 3.1.3　$\mathscr{A}$(P)中的公式由下列规则递归生成：

(1)单独一个命题符号是公式；

(2)如果X是公式，那么(X)也是公式；

(3)如果X、Y是公式，那么(XY)、$[XY]$也是公式。

通常以大写字母A、B、C、D等表示 $\mathscr{A}$(P)中的任一公式，以Σ、Γ、Δ等表示任一公式的集合；由 $\mathscr{A}$(P)中的所有公式构成的集合记为 *Form*($\mathscr{A}$(P))；

单独一个命题符号称为原子，由 $\mathscr{L}$(P)中的所有原子构成的集合记为 $Atom(\mathscr{L}(\mathrm{P}))$。

第二节　三值命题逻辑自然推演系统

定义 3.2.1　从公式集Σ到公式A的推演，记为$\Sigma\vdash A$。$\{A_1, A_2, \cdots, A_{n-1}, A_n\}\vdash A$也记为$A_1, A_2, \cdots, A_{n-1}, A_n\vdash A$；$\Sigma\cup\{A_1, A_2, \cdots, A_{n-1}, A_n\}\vdash A$也记为$\Sigma, A_1, A_2, \cdots, A_{n-1}, A_n\vdash A$。

定义 3.2.2　三值命题逻辑自然推演系统 3PC 由下列 15 条推理规则构成。

规则 1　$A\vdash A$。简记为(Ref)。

规则 2　若$\Sigma\vdash A$，则$\Sigma, \Delta\vdash A$。简记为(+)。

规则 3　若$\Sigma\vdash A$，且$\Sigma, A\vdash B$，则$\Sigma\vdash B$。

规则 4　若$\Sigma\vdash A$，且$\Sigma\vdash B$，则$\Sigma\vdash(AB)$。简记为$(\ )_{2+}$。

规则 5　若$\Sigma\vdash(AB)$，则$\Sigma\vdash A$。简记为$(\ )_{2l-}$。

规则 6　若$\Sigma\vdash(AB)$，则$\Sigma\vdash B$。简记为$(\ )_{2r-}$。

规则 7　若$\Sigma\vdash A$，则$\Sigma\vdash[AB]$。简记为$[\ ]_{2l+}$。

规则 8　若$\Sigma\vdash B$，则$\Sigma\vdash[AB]$。简记为$[\ ]_{2r+}$。

规则 9　若$\Sigma\vdash[AB]$，且$\Sigma, A\vdash C$；$\Sigma, B\vdash C$，则$\Sigma\vdash C$。简记为$[\ ]_{2-}$。

规则 10　若$\Sigma, (A)\vdash B$，$\Sigma, (A)\vdash(B)$，且$\Sigma, ((A))\vdash B$，$\Sigma, ((A))\vdash(B)$，则$\Sigma\vdash A$。简记为$(\ )_{1-}$。

规则 11　若$\Sigma\vdash A$，则$\Sigma\vdash(((A)))$。简记为$(\ )_{1+}$。

规则 12　若$\Sigma\vdash((AB))$，则$\Sigma\vdash[(A)(B)]$。简记为$((\,|\,))_{-}$。

规则 13　若$\Sigma\vdash[(A)(B)]$，则$\Sigma\vdash((AB))$。简记为$[(\ )(\ )]_{-}$。

规则 14　若$\Sigma\vdash([AB])$，则$\Sigma\vdash((A)(B))$。简记为$([\,|\,])_{-}$。

规则 15　若$\Sigma\vdash((A)(B))$，则$\Sigma\vdash([AB])$。简记为$((\ )(\ ))_{-}$。

为了推演方便，自然推演系统 3PC 未考虑推理规则的独立性问题。

定义 3.2.3　一个三值命题逻辑自然推演系统 3PC 中的推演$\Sigma\vdash A$当且仅当可以有限次使用上述推理规则而得。

定义 3.2.4　一个每行中符号“$\vdash$”只出现一次的符号序列，如果其最后一行为$\Sigma\vdash A$，并且其中的任何一行都是由其在前的符号序列通过使用上述推理规则而得，则称该符号序列为推演$\Sigma\vdash A$的一个证明。这个符号序列的行数称为该证明的长度。

定义 3.2.5　如果对于任一$A\in\Delta$，均有$\Sigma\vdash A$，则称公式集Δ可由公式集Σ推演，简记为：$\Sigma\vdash\Delta$。

三值命题逻辑自然推演系统 3PC 与二值命题逻辑自然推演系统 PC3 的差别主要体现在推理规则 10、推理规则 11 上。

三值命题逻辑自然推演系统 3PC 推理规则 10 的直观意思是如果依据背景信息从(A)、$((A))$均推出不一致，则可以得出A；三值命题逻辑自然推演系统 3PC 推理规则 11 的直观意思是否定的三重引入规则，这体现了三值逻辑中否定的三值性。

二值命题逻辑自然推演系统 PC3 的推理规则 10“若Σ，$(A)\vdash B$，Σ，$(A)\vdash(B)$，则$\Sigma\vdash A$”体现的是二值的反证法；三值命题逻辑自然推演系统 3PC 推理规则 10“若Σ，$(A)\vdash B$，Σ，$(A)\vdash(B)$，且Σ，$((A))\vdash B$，Σ，$((A))\vdash(B)$，则$\Sigma\vdash A$”体现的是三值反证法。

二值命题逻辑自然推演系统 PC3 的推理规则 11“若Σ，$A\vdash B$，Σ，$A\vdash(B)$，则$\Sigma\vdash(A)$”体现的是二值的归谬法；三值命题逻辑自然推演系统 3PC 推理规则 11“若$\Sigma\vdash A$，则$\Sigma\vdash(((A)))$”体现的是三值否定引入。

导出规则 3.2.1　若$A\in\Sigma$，则$\Sigma\vdash A$。

证明：

假设$A\in\Sigma$，可设$\Sigma-\{A\}=\Delta$，则有$\Delta\cup\{A\}=\Sigma$。进而可得如下推演：

1. $A\vdash A$	Ref
2. Δ，$A\vdash A$	1，(+)
3. $\Sigma\vdash A$	2，$\Delta\cup\{A\}=\Sigma$

导出规则 3.2.1 也简记为($\in$)。

导出规则 3.2.2　若$\Sigma\vdash A$，且$\Sigma\subseteq\Delta$，则$\Delta\vdash A$。

证明：

假设$\Sigma\subseteq\Delta$，可设$\Delta-\Sigma=\Sigma'$，则有$\Sigma'\cup\Sigma=\Delta$。进而可得如下推演：

1. $\Sigma\vdash A$	假设前提
2. Σ'，$\Sigma\vdash A$	1，(+)
3. $\Delta\vdash A$	2，$\Sigma'\cup\Sigma=\Delta$

导出规则 3.2.2 也简记为($\subseteq$)。

导出规则 3.2.3　若$\Sigma\vdash A$，$A\vdash B$，则$\Sigma\vdash B$。

证明：

1. $\Sigma \vdash A$ 假设前提
2. $A \vdash B$ 假设前提
3. Σ，$A \vdash B$ 2，(+)
4. $\Sigma \vdash B$ 1、4，规则 3

导出规则 3.2.3 也简记为(Tr)。

定理 3.2.1 $(AB) \vdash (BA)$。

证明：

1. $(AB) \vdash (AB)$ Ref
2. $(AB) \vdash B$ 1，$(\,)_{2r-}$
3. $(AB) \vdash A$ 1，$(\,)_{2l-}$
4. $(AB) \vdash (BA)$ 2、3，$(\,)_{2+}$

定理 3.2.1 说明，在三值命题逻辑自然推演 3PC 中“( )”满足交换律。

命题 3.2.1 若$\Sigma \vdash A$，则$\Sigma \vdash B$，当且仅当$A \vdash B$。

证明：

假设“若$\Sigma \vdash A$，则$\Sigma \vdash B$”成立，则有：若$A \vdash A$，则$A \vdash B$。根据推理规则 1，有$A \vdash A$，所以可得：$A \vdash B$。

假设$A \vdash B$。若$\Sigma \vdash A$，根据导出规则 3 可得：$\Sigma \vdash B$。

需要说明的是，定理 3.2.1 中的“若$\Sigma \vdash A$，则$\Sigma \vdash B$”是一个推理规则（或导出规则），而“$A \vdash B$”是一个推演。该定理表明，一个形如“若$\Sigma \vdash A$，则$\Sigma \vdash B$”的推理规则，对应着一个形如“$A \vdash B$”的推演；一个形如“$A \vdash B$”的推演，也对应着一个形如“若$\Sigma \vdash A$，则$\Sigma \vdash B$”的推理规则。例如，推理规则 5“若$\Sigma \vdash (AB)$，则$\Sigma \vdash A$”对应着一个推演“$(AB) \vdash A$”；而定理 3.2.1 中的推演“$(AB) \vdash (BA)$”则对应着一个推理规则“若$\Sigma \vdash (AB)$，则$\Sigma \vdash (BA)$”。在后面的证明中，将不再区分这一点，而直接互用。

另外，需要特别指出的是，同样是获得证明的重要结果，定理 3.2.1 和命题 3.2.1 的类型是不同的。定理 3.2.1 是三值命题逻辑自然推演 3PC 中的一个推演，是系统 3PC 的一个内定理，它的证明仅仅使用三值命题逻辑自然推演 3PC 之内的推理规则；命题 3.2.1 是一个关于三值命题逻辑自然推演 3PC 的推理性质的一个陈述，是三值命题逻辑自然推演 3PC 之外的一个重要结论。

根据命题 3.2.1，对应于规则 12、规则 13、规则 14 和规则 15 立即可得如下定理：

定理 3.2.2　(1)$((AB))\vdash[(A)(B)]$

(2)$[(A)(B)]\vdash((AB))$

(3)$([AB])\vdash((A)(B))$

(4)$((A)(B))\vdash([AB])$

定理 3.2.3　(1)$(A(BC))\vdash((AB)C)$

(2)$((AB)C)\vdash(A(BC))$

证明：

(1)

1. $(A(BC))\vdash(A(BC))$　　Ref
2. $(A(BC))\vdash A$　　1，$(\ )_{2l-}$
3. $(A(BC))\vdash(BC)$　　1，$(\ )_{2r-}$
4. $(A(BC))\vdash B$　　3，$(\ )_{2l-}$
5. $(A(BC))\vdash C$　　3，$(\ )_{2r-}$
6. $(A(BC))\vdash(AB)$　　2、4，$(\ )_{2+}$
7. $(A(BC))\vdash((AB)C)$　　5、6，$(\ )_{2+}$

(2)证明与(1)类似，略。

定理 3.2.3 说明，在三值命题逻辑自然推演 3PC 中合取“( )”满足结合律。

定理 3.2.4　$[AB]\vdash[BA]$。

证明：

1. $[AB]\vdash[AB]$　　Ref
2. $[AB]$，$A\vdash A$　　$(\in)$
3. $[AB]$，$A\vdash[BA]$　　2，$[\ ]_{2r+}$
4. $[AB]$，$B\vdash B$　　$(\in)$
5. $[AB]$，$B\vdash[BA]$　　4，$[\ ]_{2l+}$
6. $[AB]\vdash[BA]$　　1、3、5，$[\ ]_{2-}$

定理 3.2.4 说明，在三值命题逻辑自然推演 3PC 中析取“[ ]”满足交换律。

定理 3.2.5　(1)$[A[BC]]\vdash[[AB]C]$

(2)$[[AB]C]\vdash[A[BC]]$

证明：

(1)

1. $[A[BC]]\vdash[A[BC]]$　　Ref

2. $[A[BC]]$，$A \vdash A$ (∈)
3. $[A[BC]]$，$A \vdash [AB]$ 2，$[\ ]_{2l+}$
4. $[A[BC]]$，$A \vdash [[AB]C]$ 3，$[\ ]_{2l+}$
5. $[A[BC]]$，$[BC] \vdash [BC]$ (∈)
6. $[A[BC]]$，$[BC]$，$B \vdash B$ (∈)
7. $[A[BC]]$，$[BC]$，$B \vdash [AB]$ 6，$[\ ]_{2r+}$
8. $[A[BC]]$，$[BC]$，$B \vdash [[AB]C]$ 7，$[\ ]_{2l+}$
9. $[A[BC]]$，$[BC]$，$C \vdash C$ (∈)
10. $[A[BC]]$，$[BC]$，$C \vdash [[AB]C]$ 9，$[\ ]_{2r+}$
11. $[A[BC]]$，$[BC] \vdash [[AB]C]$ 5、8、10，$[\ ]_{2-}$
12. $[A[BC]] \vdash [[AB]C]$ 1、4、11，$[\ ]_{2-}$

(2)证明与(1)类似，略.

定理 3.2.5 说明，在三值命题逻辑自然推演 3PC 中析取“[ ]”满足结合律。

导出规则 3.2.4 若Σ，$A \vdash C$，且Σ，$B \vdash C$，则Σ，$[AB] \vdash C$。

证明：

1. Σ，$A \vdash C$ 假设前提
2. Σ，$B \vdash C$ 假设前提
3. Σ，$[AB] \vdash [AB]$ (∈)
4. Σ，$[AB]$，$A \vdash C$ 1，(+)
5. Σ，$[AB]$，$B \vdash C$ 2，(+)
6. Σ，$[AB] \vdash C$ 3、4、5，$[\ ]_{2-}$

导出规则 3.2.5 若$\Sigma \vdash C$，且$\Sigma \vdash (C)$，则$\Sigma \vdash A$。

证明：

1. $\Sigma \vdash C$ 假设前提
2. $\Sigma \vdash (C)$ 假设前提
3. Σ，$(A) \vdash C$ 1，(+)
4. Σ，$(A) \vdash (C)$ 2，(+)
5. Σ，$((A)) \vdash C$ 1，(+)
6. Σ，$((A)) \vdash (C)$ 2，(+)
7. $\Sigma \vdash A$ 3、4、5、6，$(\ )_{1-}$

该定理说明在三值逻辑中，如果由背景信息推出了不一致，则从该背景

信息中可以推出任何结论。

定理 3.2.6　$(C(C))\vdash A$

证明：

1. $(C(C))\vdash(C(C))$　Ref
2. $(C(C))\vdash C$　1，$(\,)_{2l-}$
3. $(C(C))\vdash(C)$　1，$(\,)_{2r-}$
4. $(C(C))\vdash A$　2、3，导出规则 3.2.5

该定理说明在三值逻辑中，不一致信息可以推出任何结论。

导出规则 3.2.6　若$\Sigma\vdash(((A)))$，则$\Sigma\vdash A$。

证明：

1. $\Sigma\vdash(((A)))$　假设前提
2. Σ，$(A)\vdash(((A)))$　1，(+)
3. Σ，$(A)\vdash(A)$　$(\in)$
4. Σ，$(A)\vdash((((A))))$　3，$(\,)_{1+}$
5. Σ，$((A))\vdash((A))$　$(\in)$
6. Σ，$(((A)))\vdash(((A)))$　1，(+)
7. $\Sigma\vdash A$　2、4、5、6，$(\,)_{1-}$

该定理是三值逻辑中的三否消去定理，类似于二值的双否消去定理。

由导出规则 3.2.6，根据命题 3.2.1 可得：

定理 3.2.7　$(((A)))\vdash A$

导出规则 3.2.7　(1)若Σ，$(A)\vdash(B(B))$，Σ，$((A))\vdash(C(C))$，则$\Sigma\vdash A$。

(2)若Σ，$A\vdash(B(B))$，Σ，$((A))\vdash(C(C))$，则$\Sigma\vdash(A)$。

(3)若Σ，$A\vdash(B(B))$，Σ，$(A)\vdash(C(C))$，则$\Sigma\vdash((A))$。

证明：

(1)

1. Σ，$(A)\vdash(B(B))$　假设前提
2. Σ，$((A))\vdash(C(C))$　假设前提
3. Σ，$(A)\vdash B$　1，$(\,)_{2l-}$
4. Σ，$(A)\vdash(B)$　1，$(\,)_{2r-}$
5. Σ，$((A))\vdash C$　2，$(\,)_{2l-}$
6. Σ，$((A))\vdash(C)$　2，$(\,)_{2r-}$

7. $\Sigma \vdash A$ 3、4、5、6，( )$_{1-}$

(2)、(3)证明与(1)类似，略。

命题 3.2.2 若$\Sigma \vdash A$，则存在Σ的有限子集Σ'，$\Sigma' \vdash A$。

证明：

施归纳于推演$\Sigma \vdash A$的证明长度n。

归纳基始：当$n=1$ 时，推演$\Sigma \vdash A$只能是$A \vdash A$，即$\Sigma=\{A\}$，此时，显然存在Σ的有限子集$\Sigma_1=\Sigma=\{A\}$，$\Sigma_1 \vdash A$。

归纳步骤：假设$n \leqslant k$时命题成立，当$n=k+1$ 时则有如下 15 种情况：

(1)如果推演$\Sigma \vdash A$是由规则 1 得到，那么证明与归纳基始类似。

(2)如果推演$\Sigma \vdash A$是由规则 2 得到，那么存在Σ_1 和Σ_2，$\Sigma=\Sigma_2 \cup \Sigma_1$ 且$\Sigma_1 \vdash A$，其中推演$\Sigma_1 \vdash A$的证明长度$m \leq k$，根据归纳假设可得：存在Σ_1 的有限子集Δ，$\Delta \vdash A$。因为$\Delta \subseteq \Sigma_1$，$\Sigma_1 \subseteq \Sigma$，所以，$\Delta \subseteq \Sigma$。因此，存在$\Sigma$的有限子集$\Delta$，$\Delta \vdash A$。

(3)如果推演$\Sigma \vdash A$是由规则 3 得到，那么存在公式B，Σ，$B \vdash A$，且$\Sigma \vdash B$。其中推演Σ，$B \vdash A$和$\Sigma \vdash B$的证明长度都小于等于k，根据归纳假设可得：存在$\Sigma \cup \{B\}$的有限子集Σ_1和Σ的有限子集Σ_2，$\Sigma_1 \vdash A$并且$\Sigma_2 \vdash B$。如果$B \notin \Sigma_1$，则Σ_1 即为Σ的有限子集，命题得证；如果$B \in \Sigma_1$，令$\Sigma_1-\{B\}=\Sigma_3$，显然$\Sigma_3 \cup \{B\}=\Sigma_1$，$\Sigma_3$为$\Sigma$的有限子集，进而有$\Sigma_2 \cup \Sigma_3$为$\Sigma$的有限子集，依据推理规则，依次可得：

1. Σ_3，$B \vdash A$ 已知条件
2. $\Sigma_2 \vdash B$ 已知条件
3. Σ_2，Σ_3，$B \vdash A$ 1，(+)
4. Σ_2，$\Sigma_3 \vdash B$ 2，(+)
5. Σ_2，$\Sigma_3 \vdash A$ 3、4，规则 3

命题得证。

(4)如果推演$\Sigma \vdash A$是由规则 4 得到，那么存在公式B、C，$A=(BC)$，并且$\Sigma \vdash B$，$\Sigma \vdash C$。其中推演$\Sigma \vdash B$和$\Sigma \vdash C$的证明长度都小于等于k，根据归纳假设可得：存在Σ的有限子集Σ_1和Σ_2，$\Sigma_1 \vdash B$并且$\Sigma_2 \vdash C$。根据规则 2 可得：Σ_1，$\Sigma_2 \vdash B$且Σ_1，$\Sigma_2 \vdash C$，进而根据规则 4 可得Σ_1，$\Sigma_2 \vdash (BC)$，即Σ_1，$\Sigma_2 \vdash A$。因为$\Sigma_1 \cup \Sigma_2$为Σ的有限子集，命题得证。

(5)如果推演$\Sigma \vdash A$是由规则 5 得到，那么存在公式B，并且有证明长度小

于等于k的推演$\Sigma\vdash(AB)$。根据归纳假设可得：存在Σ的有限子集Σ_1，$\Sigma_1\vdash(AB)$，那么根据规则 5 可得$\Sigma_1\vdash A$，命题得证。

(6)如果推演$\Sigma\vdash A$是由规则 6 得到，那么存在公式B，并且有证明长度小于等于k的推演$\Sigma\vdash(BA)$。根据归纳假设可得：存在Σ的有限子集Σ_1，$\Sigma_1\vdash(BA)$，那么根据规则 6 可得$\Sigma_1\vdash A$，命题得证。

(7)如果推演$\Sigma\vdash A$是由规则 7 得到，那么存在公式B、C，$A=[BC]$，，并且有证明长度小于等于k的推演$\Sigma\vdash B$。根据归纳假设可得：存在Σ的有限子集Σ_1，$\Sigma_1\vdash B$，那么根据规则 7 可得$\Sigma_1\vdash[BC]$，此即$\Sigma_1\vdash A$。命题得证。

(8)如果推演$\Sigma\vdash A$是由规则 8 得到，那么存在公式B、C，$A=[BC]$，并且有证明长度小于等于k的推演$\Sigma\vdash C$。根据归纳假设可得：存在Σ的有限子集Σ_1，$\Sigma_1\vdash C$，那么根据规则 8 可得$\Sigma_1\vdash[BC]$，此即$\Sigma_1\vdash A$。命题得证。

(9)如果推演$\Sigma\vdash A$是由规则 9 得到，那么存在公式B、C，并且$\Sigma\vdash[BC]$，Σ，$B\vdash A$，Σ，$C\vdash A$。其中推演$\Sigma\vdash[BC]$、Σ，$B\vdash A$和Σ，$C\vdash A$的证明长度都小于等于k，根据归纳假设可得：存在Σ的有限子集Σ_1、$\Sigma\cup\{B\}$的有限子集Σ_2和$\Sigma\cup\{C\}$的有限子集Σ_3，$\Sigma_1\vdash[BC]$，$\Sigma_2\vdash A$，$\Sigma_3\vdash A$。如果$B\notin\Sigma_2$或者$C\notin\Sigma_3$，则Σ_2或者Σ_3即为Σ的有限子集，命题直接得证；如果$B\in\Sigma_2$并且$C\in\Sigma_3$，令$\Sigma_2-\{B\}=\Sigma_4$，$\Sigma_3-\{C\}=\Sigma_5$，则$\Sigma_2=\Sigma_4\cup\{B\}$，$\Sigma_3=\Sigma_5\cup\{C\}$，且$\Sigma_4$、$\Sigma_5$均为$\Sigma$的有限子集，进而$\Sigma_1\cup\Sigma_4\cup\Sigma_5$为$\Sigma$的有限子集。依据推理规则，依次可得：

1. $\Sigma_1\vdash[BC]$	已知条件
2. $\Sigma_2\vdash A$	已知条件
3. $\Sigma_3\vdash A$	已知条件
4. Σ_4，$B\vdash A$	2，Σ_4定义
5. Σ_5，$C\vdash A$	3，Σ_5定义
6. Σ_1，Σ_4，$\Sigma_5\vdash[BC]$	1，(+)
7. Σ_1，Σ_4，Σ_5，$B\vdash A$	4，(+)
8. Σ_1，Σ_4，Σ_5，$C\vdash A$	5，(+)
9. Σ_1，Σ_4，$\Sigma_5\vdash A$	6、7、8，$[\ ]_{2-}$

命题得证。

(10)如果推演$\Sigma\vdash A$是由规则 10 得到，那么存在公式B、C，Σ，$(A)\vdash B$，Σ，$(A)\vdash(B)$，且Σ，$((A))\vdash C$，Σ，$((A))\vdash(C)$。其中推演Σ，$(A)\vdash B$，Σ，

$(A)\vdash(B)$，Σ，$((A))\vdash C$和Σ，$((A))\vdash(C)$的证明长度都小于等于k，根据归纳假设可得：存在$\Sigma\cup\{(A)\}$的有限子集Σ_1、Σ_2和$\Sigma\cup\{((A))\}$的有限子集Σ_3、Σ_4，$\Sigma_1\vdash B$，$\Sigma_2\vdash(B)$，$\Sigma_3\vdash C$，$\Sigma_4\vdash(C)$。依据规则 2 可得：Σ_1，$\Sigma_2\vdash B$，Σ_1，$\Sigma_2\vdash(B)$，Σ_3，$\Sigma_4\vdash C$，Σ_3，$\Sigma_4\vdash(C)$。如果$(A)\notin\Sigma_1\cup\Sigma_2$（或$((A))\notin\Sigma_3\cup\Sigma_4$），那么$\Sigma_1\cup\Sigma_2$（或$\Sigma_3\cup\Sigma_4$）为$\Sigma$的有限子集，根据导出规则 3.2.5 可得：$\Sigma_1$，$\Sigma_2\vdash A$（或$\Sigma_3$，$\Sigma_4\vdash A$），命题得证。如果$(A)\in\Sigma_1\cup\Sigma_2$且$((A))\in\Sigma_3\cup\Sigma_4$，令$\Sigma_1\cup\Sigma_2-\{(A)\}=\Sigma_5$，$\Sigma_3\cup\Sigma_4-\{((A))\}=\Sigma_6$，则$\Sigma_1\cup\Sigma_2=\Sigma_5\cup\{(A)\}$，$\Sigma_3\cup\Sigma_4=\Sigma_6\cup\{((A))\}$，且$\Sigma_5$、$\Sigma_6$均为$\Sigma$的有限子集，进而$\Sigma_5\cup\Sigma_6$为$\Sigma$的有限子集。依据推理规则，依次可得：

1. Σ_1，$\Sigma_2\vdash B$	已知条件
2. Σ_1，$\Sigma_2\vdash(B)$	已知条件
3. Σ_3，$\Sigma_4\vdash C$	已知条件
4. Σ_3，$\Sigma_4\vdash(C)$	已知条件
5. Σ_5，$(A)\vdash B$	1，Σ_5定义
6. Σ_5，$(A)\vdash(B)$	2，Σ_5定义
7. Σ_6，$((A))\vdash C$	3，Σ_6定义
8. Σ_6，$((A))\vdash(C)$	4，Σ_6定义
9. Σ_5，Σ_6，$(A)\vdash B$	5，(+)
10. Σ_5，Σ_6，$(A)\vdash(B)$	6，(+)
11. Σ_5，Σ_6，$((A))\vdash C$	7，(+)
12. Σ_5，Σ_6，$((A))\vdash(C)$	8，(+)
13. Σ_5，$\Sigma_6\vdash A$	9、10、11、12，$()_{1-}$

命题得证。

(11)如果推演$\Sigma\vdash A$是由规则 11 得到，那么存在公式B，$A=(((B)))$，且$\Sigma\vdash B$。其中推演$\Sigma\vdash B$的证明长度小于等于k，根据归纳假设可得：存在Σ的有限子集Σ_1，$\Sigma_1\vdash B$，根据规则 11 可得$\Sigma_1\vdash(((B)))$，此即$\Sigma_1\vdash A$，命题得证。

(12)如果推演$\Sigma\vdash A$是由规则 12 得到，那么存在公式B、C，$A=[(B)(C)]$，且$\Sigma\vdash((BC))$。其中推演$\Sigma\vdash((BC))$的证明长度小于等于k，根据归纳假设可得：存在Σ的有限子集Σ_1，$\Sigma_1\vdash((BC))$。根据规则 12 可得：$\Sigma_1\vdash[(B)(C)]$，此即$\Sigma_1\vdash A$，命题得证。

(13)如果推演$\Sigma\vdash A$是由规则 13 得到，那么存在公式B、C，$A=((BC))$，

且$\Sigma \vdash [(B)(C)]$。其中推演$\Sigma \vdash [(B)(C)]$的证明长度小于等于k，根据归纳假设可得：存在Σ的有限子集Σ_1，$\Sigma_1 \vdash [(B)(C)]$。根据规则 13 可得：$\Sigma_1 \vdash ((BC))$，此即$\Sigma_1 \vdash A$，命题得证。

(14)如果推演$\Sigma \vdash A$是由规则 14 得到，那么存在公式B、C，$A= ((B)(C))$，且$\Sigma \vdash ([BC])$。其中推演$\Sigma \vdash ([BC])$的证明长度小于等于k，根据归纳假设可得：存在Σ的有限子集Σ_1，$\Sigma_1 \vdash ([BC])$。根据规则 14 可得：$\Sigma_1 \vdash ((B)(C))$，此即$\Sigma_1 \vdash A$，命题得证。

(15)如果推演$\Sigma \vdash A$是由规则 15 得到，那么存在公式B、C，$A=([BC])$，且$\Sigma \vdash ((B)(C))$。其中推演$\Sigma \vdash ((B)(C))$的证明长度小于等于k，根据归纳假设可得：存在Σ的有限子集Σ_1，$\Sigma_1 \vdash ((B)(C))$。根据规则 15 可得：$\Sigma_1 \vdash ([BC])$，此即$\Sigma_1 \vdash A$，命题得证。

综上所述，命题得证。

命题 3.2.3　若$\Sigma \vdash \Delta$，$\Delta \vdash A$，则$\Sigma \vdash A$。

证明：

如果$\Delta \vdash A$，根据命题 3.2.2 可得，存在Δ的有限子集$\{B_1, B_2, \cdots, B_{n-1}, B_n\}$，$B_1, B_2, \cdots, B_{n-1}, B_n \vdash A$；因为$\Sigma \vdash \Delta$，根据定义 3.2.3 可知，$\Sigma \vdash B_1$，$\Sigma \vdash B_2$，…，$\Sigma \vdash B_{n-1}$，$\Sigma \vdash B_n$。根据规则依次可得：

1. $B_1, B_2, \cdots, B_{n-1}, B_n \vdash A$	已知条件
2. $\Sigma \vdash B_1$	已知条件
3. $\Sigma \vdash B_2$	已知条件
……	
n. $\Sigma \vdash B_{n-1}$	已知条件
n+1. $\Sigma \vdash B_n$	已知条件
n+2. $\Sigma, B_1, B_2, \cdots, B_{n-1} \vdash B_n$	n+1 (+)
n+3. $\Sigma, B_1, B_2, \cdots, B_{n-1}, B_n \vdash A$	1，(+)
n+4. $\Sigma, B_1, B_2, \cdots, B_{n-1} \vdash A$	n+2、n+3，规则 3
n+5. $\Sigma, B_1, B_2, \cdots, B_{n-2} \vdash B_{n-1}$	n，(+)
n+6. $\Sigma, B_1, B_2, \cdots, B_{n-2} \vdash A$	n+4、n+5，规则 3
……	
3n–2. $\Sigma, B_1, B_2 \vdash A$	3n–3、3n–4，规则 3
3n–1. $\Sigma, B_1 \vdash B_2$	3，(+)

$3n.\ \Sigma$，$B_1 \vdash A$ $3n{-}2$、$3n{-}1$，规则 3

$3n{+}1.\ \Sigma \vdash A$ 2、$3n$，规则 3

该命题表明，三值逻辑中推理关系具有传递性。

导出规则 3.2.8 若Σ，$A \vdash B$，Σ，$A \vdash (B)$，且Σ，$((A)) \vdash C$，Σ，$((A)) \vdash (C)$，则$\Sigma \vdash (A)$。

证明：

1. Σ，$A \vdash B$ 假设前提
2. Σ，$A \vdash (B)$ 假设前提
3. Σ，$((A)) \vdash C$ 假设前提
4. Σ，$((A)) \vdash (C)$ 假设前提
5. Σ，$(((A))) \vdash (((A)))$ $(\in)$
6. Σ，$(((A))) \vdash A$ 5，导出规则 3.2.6
7. Σ，$(((A))) \vdash B$ 1、6，命题 3.2.3
8. Σ，$(((A))) \vdash (B)$ 2、6，命题 3.2.3
9. $\Sigma \vdash (A)$ 3、4、7、8，$(\ )_{1-}$

导出规则 3.2.9 若Σ，$A \vdash B$，Σ，$A \vdash (B)$，且Σ，$(A) \vdash C$，Σ，$(A) \vdash (C)$，则$\Sigma \vdash ((A))$。

证明：

1. Σ，$A \vdash B$ 假设前提
2. Σ，$A \vdash (B)$ 假设前提
3. Σ，$(A) \vdash C$ 假设前提
4. Σ，$(A) \vdash (C)$ 假设前提
5. Σ，$(((A))) \vdash (((A)))$ $(\in)$
6. Σ，$(((A))) \vdash A$ 5，导出规则 3.2.6
7. Σ，$(((A))) \vdash B$ 1、6，命题 3.2.3
8. Σ，$(((A))) \vdash (B)$ 2、6，命题 3.2.3
9. Σ，$((((A)))) \vdash ((((A))))$ $(\in)$
10. Σ，$((((A)))) \vdash (A)$ 9，导出规则 3.2.6
11. Σ，$((((A)))) \vdash C$ 3、10，命题 3.2.3
12. Σ，$((((A)))) \vdash (C)$ 4、10，命题 3.2.3
13. $\Sigma \vdash ((A))$ 7、8、11、12，$(\ )_{1-}$

导出规则 3.2.8、导出规则 3.2.9 和推理规则 10 一起表明，对于任一命题A，在三值逻辑中，A、(A)和$((A))$三者之中，如果其他两者均推出不一致，即其他两者不成立，则可以得出剩下的一者成立。这从一个角度很好地体现了三值逻辑的三值性。

定义 3.2.6 $A \vdash_2 B$当且仅当$A \vdash B$并且$B \vdash A$。

定理 3.2.8 $(A[BC]) \vdash_2 [(AB)(AC)]$

证明：

先证$(A[BC])\vdash[(AB)(AC)]$

1. $(A[BC])\vdash(A[BC])$　Ref
2. $(A[BC])\vdash A$　1，$(\ )_{2l-}$
3. $(A[BC])\vdash[BC]$　1，$(\ )_{2r-}$
4. $(A[BC])$，$B\vdash B$　$(\in)$
5. $(A[BC])$，$B\vdash A$　2 (+)
6. $(A[BC])$，$B\vdash(AB)$　5、4，$(\ )_{2+}$
7. $(A[BC])$，$B\vdash[(AB)(AC)]$　6，$[\ ]_{2l+}$
8. $(A[BC])$，$C\vdash C$　$(\in)$
9. $(A[BC])$，$C\vdash A$　2 (+)
10. $(A[BC])$，$C\vdash(AC)$　9、8，$(\ )_{2+}$
11. $(A[BC])$，$C\vdash[(AB)(AC)]$　10，$[\ ]_{2r+}$
12. $(A[BC])\vdash[(AB)(AC)]$　3、7、11，$[\ ]_{2-}$

再证$[(AB)(AC)]\vdash(A[BC])$

1. $[(AB)(AC)]\vdash[(AB)(AC)]$　Ref
2. $[(AB)(AC)]$，$(AB)\vdash(AB)$　$(\in)$
3. $[(AB)(AC)]$，$(AB)\vdash A$　2，$(\ )_{2l-}$
4. $[(AB)(AC)]$，$(AB)\vdash B$　2，$(\ )_{2r-}$
5. $[(AB)(AC)]$，$(AB)\vdash[BC]$　4，$[\ ]_{2l+}$
6. $[(AB)(AC)]$，$(AB)\vdash(A[BC])$　3、5，$(\ )_{2+}$
7. $[(AB)(AC)]$，$(AC)\vdash(AC)$　$(\in)$
8. $[(AB)(AC)]$，$(AC)\vdash A$　7，$(\ )_{2l-}$
9. $[(AB)(AC)]$，$(AC)\vdash C$　7，$(\ )_{2r-}$
10. $[(AB)(AC)]$，$(AC)\vdash[BC]$　9，$[\ ]_{2r+}$
11. $[(AB)(AC)]$，$(AC)\vdash(A[BC])$　8、10，$(\ )_{2+}$
12. $[(AB)(AC)]\vdash(A[BC])$　1、6、11，$[\ ]_{2-}$

该定理是合取对析取的分配律，表明在三值逻辑中，合取之于析取是可分配的。

定理 3.2.9　$[A(BC)]\vdash_2([AB][AC])$

证明：

先证$[A(BC)]\vdash([AB][AC])$

1. $[A(BC)])\vdash[A(BC)]$　Ref
2. $[A(BC)]$，$A\vdash A$　$(\in)$
3. $[A(BC)]$，$A\vdash[AB]$　2，$[\ ]_{2l+}$
4. $[A(BC)]$，$A\vdash[AC]$　2，$[\ ]_{2l+}$
5. $[A(BC)]$，$A\vdash([AB][AC])$　3、4，$(\ )_{2+}$

6. $[A(BC)]$，$(BC)\vdash(BC)$ $(\in)$
7. $[A(BC)]$，$(BC)\vdash B$ 6，$(\,)_{2l-}$
8. $[A(BC)]$，$(BC)\vdash C$ 6，$(\,)_{2r-}$
9. $[A(BC)]$，$(BC)\vdash[AB]$ 7，$[\,]_{2r+}$
10. $[A(BC)]$，$(BC)\vdash[AC]$ 8，$[\,]_{2r+}$
11. $[A(BC)]$，$(BC)\vdash([AB][AC])$ 9、10，$(\,)_{2+}$
12. $[A(BC)]\vdash([AB][AC])$ 1、5、11，$[\,]_{2-}$

再证$([AB][AC])\vdash[A(BC)]$

1. $([AB][AC])\vdash([AB][AC])$ Ref
2. $([AB][AC])\vdash[AB]$ 1，$(\,)_{2l-}$
3. $([AB][AC])\vdash[AC]$ 1，$(\,)_{2r-}$
4. $([AB][AC])$，$A\vdash A$ $(\in)$
5. $([AB][AC])$，$A\vdash[A(BC)]$ 4，$[\,]_{2r+}$
6. $([AB][AC])$，$B\vdash[AC]$ 3 (+)
7. $([AB][AC])$，B，$A\vdash A$ $(\in)$
8. $([AB][AC])$，B，$A\vdash[A(BC)]$ 7，$[\,]_{2r+}$
9. $([AB][AC])$，B，$C\vdash B$ $(\in)$
10. $([AB][AC])$，B，$C\vdash C$ $(\in)$
11. $([AB][AC])$，B，$C\vdash(BC)$ 9、10，$(\,)_{2+}$
12. $([AB][AC])$，B，$C\vdash[A(BC)]$ 11，$[\,]_{2r+}$
13. $([AB][AC])$，$B\vdash[A(BC)]$ 6、8、12，$[\,]_{2-}$
14. $([AB][AC])\vdash[A(BC)]$ 2、5、13，$[\,]_{2-}$

该定理是析取对合取的分配律，表明在三值逻辑中，析取之于合取是可分配的。

定理 3.2.10 (1)$(([(A(A))]))\vdash((A))$。
(2)$(([(A((A)))]))\vdash(A)$。
(3) $(([(A)((A))]))\vdash A$。

证明：

(1)

1. $(([(A(A))]))$，$A\vdash A$ $(\in)$
2. $(([(A(A))]))$，$A\vdash[A(A)]$ 1，$[\,]_{2l+}$
3. $(([(A(A))]))$，$A\vdash(([A(A)]))$ $(\in)$
4. $(([(A(A))]))$，$A\vdash ((([A(A)])))$ 2，$(\,)_{1+}$
5. $(([(A(A))]))$，$(A)\vdash(A)$ $(\in)$
6. $(([(A(A))]))$，$(A)\vdash[A(A)]$ 1，$[\,]_{2r+}$
7. $(([(A(A))]))$，$(A)\vdash(([A(A)]))$ $(\in)$
8. $(([(A(A))]))$，$(A)\vdash((([A(A)])))$ 6，$(\,)_{1+}$

9. $(([(A(A))]))\vdash((A))$ 3、4、7、8，导出规则 3.2.9

(2)、(3)证明与(1)类似，略。

$((A))$可以理解为在某种意义上的公式A的一种三值否定，该定理可以理解为A、(A)和$((A))$三者之中，如果不是其中的两者之一，那么就是剩下的第三者。

导出规则 3.2.10 (1)若$A\vdash B$，则$[(B)((B))]\vdash[(A)((A))]$。

(2)若$(A)\vdash(B)$，则$[B((B))\vdash[A((A))]$。

(3)若$((A))\vdash((B))$，则$[B(B)\vdash[A(A)]$。

证明：

(1)

1. $A\vdash B$ 假设前提
2. $[(B)((B))]$，$([(A)((A))])\vdash([(A)((A))])$ $(\in)$
3. $[(B)((B))]$, $([(A)((A))])\vdash(((A))(((A))))$ 2，$([\,|\,])_-$
4. $[(B)((B))]$，$([(A)((A))])\vdash(((A)))$ 定理 3.2.10
5. $[(B)((B))]$，$([(A)((A))])\vdash A$ 4，导出规则 3.2.6
6. $[(B)((B))]$，$([(A)((A))])\vdash B$ 1、5，Tr
7. $[(B)((B))]$，$([(A)((A))])\vdash[(B)((B))]$ $(\in)$
8. $[(B)((B))]$，$([(A)((A))])$，$(B)\vdash(B)$ $(\in)$
9. $[(B)((B))]$，$([(A)((A))])$，$(B)\vdash B$ 6，$(+)$
10. $[(B)((B))]$，$([(A)((A))])$，$(B)\vdash(((A))(((A))))$ 9、8，导出规则 3.2.5
11. $[(B)((B))]$，$([(A)((A))])$，$((B))\vdash((B))$ $(\in)$
12. $[(B)((B))]$，$([(A)((A))])$，$((B))\vdash B$ 6，$(+)$
13. $[(B)((B))]$，$([(A)((A))])$，$((B))\vdash(((B)))$ 12，$(\,)_{1+}$
14. $[(B)((B))]$，$([(A)((A))])$，$((B))\vdash(((A))(((A))))$ 11、13，导出规则 3.2.5
15. $[(B)((B))]$，$([(A)((A))])\vdash(((A))(((A))))$ 7、10，14，$[\,]_{2-}$
16. $[(B)((B))]\vdash[(A)((A))]$ 3、15，导出规则 3.2.7

(2)、(3)证明与(1)类似，略。

该定理是三值逻辑的假言易位律。

导出规则 3.2.11 (1)若$A\vdash B$，则$[AC]\vdash[BC]$。

(2)若$A\vdash B$，则$[CA]\vdash[CB]$。

(3)若$A\vdash B$，则$(AC)\vdash(BC)$。

(4)若$A\vdash B$，则$(CA)\vdash(CB)$。

证明：

(1)

1. $[AC]\vdash[AC]$ Ref
2. $A\vdash B$ 前提假设
3. $[AC]$，$A\vdash B$ 2，$(+)$

4. $[AC]$，$A\vdash[BC]$ 3，$[\ ]_{2l+}$
5. $[AC]$，$C\vdash C$ $(\in)$
6. $[AC]$，$C\vdash[BC]$ 5，$[\ ]_{2r+}$
7. $[AC]\vdash[BC]$ 1、4、6，$[\ ]_{2-}$

(2)

1. $A\vdash B$ 前提假设
2. $[AC]\vdash[BC]$ 根据本定理之(1)
3. $[CA]\vdash[AC]$ 定理 3.2.4
4. $[CA]\vdash[BC]$ 2、3，命题 3.2.3
5. $[CA]\vdash[CB]$ 4，定理 3.2.4

(3)

1. $(AC)\vdash A$ $(\ )_{2l-}$
2. $A\vdash B$ 前提假设
3. $(AC)\vdash B$ 1、2，命题 3.2.3
4. $(AC)\vdash C$ $(\ )_{2r-}$
5. $(AC)\vdash(BC)$ 3、4，$(\ )_{2+}$

(4)

1. $A\vdash B$ 前提假设
2. $(CA)\vdash A$ $(\ )_{2r-}$
3. $(CA)\vdash B$ 1、2，命题 3.2.3
4. $(CA)\vdash C$ $(\ )_{2l-}$
5. $(CA)\vdash(CB)$ 3、4，$(\ )_{2+}$

定理 3.2.11 $\vdash[[A(A)]((A))]$

证明：

1. $([[A(A)]((A))])\vdash([[A(A)]((A))])$ $([\,|\,])_{-}$
2. $([[A(A)]((A))])\vdash([A(A)])$ 1，$(\ )_{2l-}$
3. $([[A(A)]((A))])\vdash((A)((A)))$ 2，$([\,|\,])_{-}$
4. $(([[A(A)]((A))]))$，$A\vdash A$ $(\in)$
5. $(([[A(A)]((A))]))$，$A\vdash[A(A)]$ 4，$[\ ]_{2l+}$
6. $(([[A(A)]((A))]))$，$A\vdash[[A(A)]((A))]$ 5，$[\ ]_{2l+}$
7. $(([[A(A)]((A))]))$，$A\vdash((([[A(A)]((A))])))$ 6，$(\ )_{1+}$
8. $(([[A(A)]((A))]))$，$A\vdash(([[A(A)]((A))]))$ 7 $(\in)$
9. $(([[A(A)]((A))]))$，$(A)\vdash(A)$ $(\in)$
10. $(([[A(A)]((A))]))$，$(A)\vdash[A(A)]$ 9，$[\ ]_{2r+}$
11. $(([[A(A)]((A))]))$，$(A)\vdash[[A(A)]((A))]$ 10，$[\ ]_{2l+}$
12. $(([[A(A)]((A))]))$，$(A)\vdash((([[A(A)]((A))])))$ 11，$(\ )_{1+}$
13. $(([[A(A)]((A))]))$，$(A)\vdash(([[A(A)]((A))]))$ 12 $(\in)$
14. $(([[A(A)]((A))]))$，$((A))\vdash((A))$ $(\in)$

15. $(([[A(A)]((A))]))$，$((A))\vdash[(A)((A))]$ 14，$[\ ]_{2r+}$
16. $(([[A(A)]((A))]))$，$((A))\vdash[[A(A)]((A))]$ 15，$[\ ]_{2r+}$
17. $(([[A(A)]((A))]))$，$((A))\vdash((([[A(A)]((A))])))$ 16，$(\ )_{1+}$
18. $(([[A(A)]((A))]))$，$((A))\vdash(([[A(A)]((A))]))$ 17 $(\in)$
19. $(([[A(A)]((A))]))\vdash(A)$ 7、8、17、18，导出规则 3.2.8
20. $(([[A(A)]((A))]))\vdash((A))$ 7、8、12、13，导出规则 3.2.9
21. $(([[A(A)]((A))]))\vdash((A)((A)))$ 19、20，$(\ )_{2+}$
22. $\vdash A\vee(A)\vee((A))$ 3、21，$(\ )_{1-}$

定理 3.2.11 是三值逻辑的排中律。更准确地说，是三值逻辑的排四律。

定理 3.2.12　(1)$(A)\vdash((AB))$。

(2)$(A)\vdash((BA))$。

证明：

(1)

1. $(A)\vdash(A)$ Ref
2. $(A)\vdash[(A)(B)]$ 1，$[\ ]_{2l+}$
3. $(A)\vdash((AB))$ 2，$[(\ )(\ )]_{-}$

(2)证明与(1)类似，略。

定理 3.2.13　$\vdash(A(A)((A)))$。

证明：

1. $(A(A)((A)))\vdash(A(A)((A)))$ Ref
2. $(A(A)((A)))\vdash(A\wedge(A))$ 1，$(\ )_{2l-}$
3. $((A(A)((A))))$，$A\vdash A$ $(\in)$
4. $((A(A)((A))))$，$A\vdash(((A)))$ 3，$(\ )_{1+}$
5. $((A(A)((A))))$，$A\vdash(A(A)((A)))$ 4，定理 3.2.12
6. $((A(A)((A))))$，$A\vdash((A(A)((A))))$ $(\in)$
7. $((A(A)((A))))$，$(A)\vdash(A)$ $(\in)$
8. $((A(A)((A))))$，$(A)\vdash(A(A)((A)))$ 7，定理 3.2.12
9. $((A(A)((A))))$，$(A)\vdash((A(A)((A))))$ $(\in)$
10. $((A(A)((A))))$，$((A))\vdash((A))$ $(\in)$
11. $((A(A)((A))))$，$((A))\vdash(A(A)((A)))$ 10，定理 3.2.12
12. $((A(A)((A))))$，$((A))\vdash((A(A)((A))))$ $(\in)$
13. $((A(A)((A))))\vdash A$ 8、9、11、12，$(\ )_{1-}$
14. $((A(A)((A))))\vdash(A)$ 5、6、11、12，导出规则 3.2.8
15. $((A(A)((A))))\vdash(A(A))$ 13、14，$(\ )_{2+}$
16. $\vdash(A(A)((A)))$ 2、15，导出规则 3.2.7

定理 3.2.13 是三值逻辑不矛盾律的主要形式之一。

导出规则 3.2.12　(1)若$\Sigma\vdash[AB]$，则Σ，$(A)\vdash B$。

(2)若$\Sigma\vdash[AB]$，则Σ，$((A))\vdash B$。

证明：

(1)

1. $\Sigma\vdash[AB]$ 假设前提
2. Σ，(A)，$(B)\vdash[AB]$ 1，(+)
3. Σ，(A)，$(B)\vdash(A)$ ($\in$)
4. Σ，(A)，$(B)\vdash(B)$ ($\in$)
5. Σ，(A)，$(B)\vdash((A)(B))$ 3、4，$(\,)_{2+}$
6. Σ，(A)，$(B)\vdash([AB])$ 5，$((\,|\,))_{-}$
7. Σ，(A)，$(B)\vdash(C(C))$ 2、6，定理 3.2.6
8. Σ，(A)，$((B))\vdash[AB]$ 1，(+)
9. Σ，(A)，$((B))$，$A\vdash A$ ($\in$)
10. Σ，(A)，$((B))$，$A\vdash(A)$ ($\in$)
11. Σ，(A)，$((B))$，$A\vdash(C(C))$ 9、10，导出规则 3.2.5
12. Σ，(A)，$((B))$，$B\vdash B$ ($\in$)
13. Σ，(A)，$((B))$，$B\vdash\sim((B))$ 12，$(\,)_{1+}$
14. Σ，(A)，$((B))$，$B\vdash((B))$ ($\in$)
15. Σ，(A)，$((B))$，$B\vdash(C(C))$ 13、14，导出规则 3.2.5
16. Σ，(A)，$((B))\vdash(C(C))$ 8、11、15，导出规则 3.2.5
17. Σ，$(A)\vdash B$ 7、16，导出规则 3.2.7

(2)证明与(1)类似，略。

该定理是相容选言推理的否定肯定式。

导出规则 3.2.13 (1)若Σ，$(A)\vdash B$，且Σ，$((A))\vdash B$，则$\Sigma\vdash[AB]$。

(2)若Σ，$A\vdash B$，且Σ，$(A)\vdash B$，则$\Sigma\vdash[((A))B]$。

(3)若Σ，$A\vdash B$，且Σ，$((A))\vdash B$，则$\Sigma\vdash[(A)B]$。

(4)若Σ，$A\vdash B$，则$\Sigma\vdash[[(A)((A))]B]$。

(5)若Σ，$(A)\vdash B$，则$\Sigma\vdash[[A((A))]B]$。

(6)若Σ，$((A))\vdash B$，则$\Sigma\vdash[[A(A)]B]$。

证明：

(1)

1. Σ，$(A)\vdash B$ 假设前提
2. Σ，$((A))\vdash B$ 假设前提
3. $[[A(A)]((A))]$ 定理 3.2.11
4. Σ，$A\vdash A$ ($\in$)
5. Σ，$A\vdash[AB]$ 4，$[\,]_{2l+}$
6. Σ，$(A)\vdash[AB]$ 1，$[\,]_{2r+}$
7. Σ，$[A(A)]\vdash[AB]$ 5、6，导出规则 3.2.4
8. Σ，$((A))\vdash[AB]$ 2，$[\,]_{2r+}$

9. $\Sigma \vdash [AB]$ 　3、7、8，$[\,]_{2-}$

(2)、(3)证明与(1)类似，略。

(4)

1. Σ，$A \vdash B$ 　假设前提
2. $\Sigma \vdash [[A(A)]((A))]$ 　定理 3.2.11
3. $\Sigma \vdash [A[(A)((A))]]$ 　2，定理 3.2.5
4. Σ，$A \vdash [[(A)((A))]B]$ 　1，$[\,]_{2r+}$
5. Σ，$[(A)((A))] \vdash [[(A)((A))]B]$ 　$[\,]_{2l+}$
6. $\Sigma \vdash [[(A)((A))]B]$ 　3、4、5，$[(\,)(\,)]_{-}$

(5)、(6)证明与(4)类似，略。

定理 3.2.14　(1)$(((A))((B))) \vdash (((AB)))$。

(2)$(((A))((B))) \vdash (([AB]))$。

(3)$(((AB))) \vdash [((A))((B))]$。

(4)$(([AB])) \vdash [((A))((B))]$。

(5)$(((A))((B))) \vdash [((A))((B))]$。

证明：

(1)

1. $(((A))((B)))$，$(AB) \vdash (AB)$ 　Ref
2. $(((A))((B)))$，$(AB) \vdash A$ 　1，$(\,)_{2l-}$
3. $(((A))((B)))$，$(AB) \vdash (((A)))$ 　2，$(\,)_{1+}$
4. $(((A))((B)))$，$(AB) \vdash (((A))((B)))$ 　$(\in)$
5. $(((A))((B)))$，$(AB) \vdash ((A))$ 　4，$(\,)_{2l-}$
6. $(((A))((B)))$，$(AB) \vdash (((A))(((A))))$ 　3、5，$(\,)_{2+}$
7. $(((A))((B)))$，$((AB)) \vdash ((AB))$ 　$(\in)$
8. $(((A))((B)))$，$((AB)) \vdash [(A)(B)]$ 　7，$((\,|\,))_{-}$
9. $(((A))((B)))$，$((AB))$，$(A) \vdash (A)$ 　$(\in)$
10. $(((A))((B)))$，$((AB))$，$(A) \vdash (((A))((B)))$ 　$(\in)$
11. $(((A))((B)))$，$((AB))$，$(A) \vdash ((A))$ 　10，$(\,)_{2l-}$
12. $(((A))((B)))$，$((AB))$，$(A) \vdash (((A))(((A))))$ 　9、11，导出规则 3.2.5
13. $(((A))((B)))$，$((AB))$，$(B) \vdash (B)$ 　$(\in)$
14. $(((A))((B)))$，$((AB))$，$(B) \vdash (((A))((B)))$ 　$(\in)$
15. $(((A))((B)))$，$((AB))$，$(B) \vdash ((B))$ 　10，$(\,)_{2r-}$
16. $(((A))((B)))$，$((AB))$，$(B) \vdash (((A))(((A))))$ 　14、15，导出规则 3.2.5
17. $(((A))((B)))$，$((AB)) \vdash (((A))(((A))))$ 　8、12、16，$[\,]_{2-}$
18. $(((A))((B))) \vdash (((AB)))$ 　6、17，导出规则 3.2.9

(2)

1. $(((A))((B)))$，$A \vdash A$ 　$(\in)$
2. $(((A))((B)))$，$A \vdash (((A)))$ 　1，$(\,)_{1+}$

3. $(((A))((B)))$，$A\vdash(((A))((B)))$ $(\in)$
4. $(((A))((B)))$，$A\vdash((A))$ 3，$(\ )_{2l-}$
5. $(((A))((B)))$，$A\vdash(C(C))$ 2、4，定理 3.2.6
6. $(((A))((B)))$，$B\vdash B$ $(\in)$
7. $(((A))((B)))$，$B\vdash(((B)))$ 6，$(\ )_{1+}$
8. $(((A))((B)))$，$B\vdash(((A))((B)))$ $(\in)$
9. $(((A))((B)))$，$B\vdash((B))$ 8，$(\ )_{2r-}$
10. $(((A))((B)))$，$B\vdash(C(C))$ 7、9，定理 3.2.6
11. $(((A))((B)))$，$[AB]\vdash(C(C))$ 5、10，导出规则 3.2.4
12. $(((A))((B)))$，$([AB])\vdash([AB])$ $(\in)$
13. $(((A))((B)))$，$([AB])\vdash((A)(B))$ 12，$([\ |\ ])_{-}$
14. $(((A))((B)))$，$([AB])\vdash(A)$ 13，$(\ )_{2l-}$
15. $(((A))((B)))$，$([AB])\vdash(((A))((B)))$ $(\in)$
16. $(((A))((B)))$，$([AB])\vdash((A))$ 13，$(\ )_{2l-}$
17. $(((A))((B)))$，$([AB])\vdash(C(C))$ 14、16，定理 3.2.6
18. $(((A))((B)))\vdash(([AB]))$ 11、17，导出规则 3.2.9

(3)

1. $(((AB)))$，A，$B\vdash A$ $(\in)$
2. $(((AB)))$，A，$B\vdash B$ $(\in)$
3. $(((AB)))$，A，$B\vdash(AB)$ 1、2，$(\ )_{2+}$
4. $(((AB)))$，A，$B\vdash((((AB))))$ 3，$(\ )_{1+}$
5. $(((AB)))$，A，$B\vdash(((AB)))$ $(\in)$
6. $(((AB)))$，A，$(B)\vdash(B)$ $(\in)$
7. $(((AB)))$，A，$(B)\vdash((AB))$ 6，定理 3.2.12
8. $(((AB)))$，A，$(B)\vdash(((AB)))$ $(\in)$
9. $(((AB)))$，$A\vdash((B))$ 4、5、7、8，导出规则 3.2.9
10. $(((AB)))$，$(A)\vdash((AB))$ 9，定理 3.2.12
11. $(((AB)))$，$(A)\vdash(((AB)))$ $(\in)$
12. $(((AB)))$，$(A)\vdash((B))$ 10，11，定理 3.2.6
13. $(((AB)))\vdash[((A))((B))]$ 9、12，导出规则 3.2.13

(4)

1. $(([AB]))$，$A\vdash A$ $(\in)$
2. $(([AB]))$，$A\vdash[AB]$ 1，$[\ ]_{2l+}$
3. $(([AB]))$，$A\vdash((([AB])))$ 2，$(\ )_{1+}$
4. $(([AB]))$，$A\vdash(([AB]))$ $(\in)$
5. $(([AB]))$，$A\vdash((B))$ 3、4，定理 3.2.6
6. $(([AB]))$，(A)，$B\vdash B$ $(\in)$
7. $(([AB]))$，(A)，$B\vdash[AB]$ 6，$[\ ]_{2r+}$

8. $(([AB])), (A), B \vdash ((([AB])))$　　7，$(\,)_{1+}$
9. $(([AB])), (A), B \vdash (([AB]))$　　$(\in)$
10. $(([AB])), (A), (B) \vdash (A)$　　$(\in)$
11. $(([AB])), (A), (B) \vdash (B)$　　$(\in)$
12. $(([AB])), (A), (B) \vdash ((A)(B))$　　10，11，$(\,)_{2+}$
13. $(([AB])), (A), (B) \vdash ([AB])$　　12，$((\,)(\,))_{-}$
14. $(([AB])), (A), (B) \vdash (([AB]))$　　$(\in)$
15. $(([AB])), (A) \vdash ((B))$　　9、8、13、14，导出规则 3.2.9
16. $(([AB])) \vdash [((A))((B))]$　　5、15，导出规则 3.2.13

(5)

1. $(((A))((B))) \vdash (([AB]))$　　定理 3.2.14(2)
2. $(([AB])) \vdash [((A))((B))]$　　定理 3.2.14(4)
3. $((A)) \wedge ((B)) \vdash [((A))((B))]$　　1、2，Tr

第三节　三值命题逻辑语义及元理论

本节给出基于中国表示法的三值命题逻辑形式语言的语义，以期能更加清晰、直观地理解中国表示法所展示的三值逻辑的三值特性，并进而证明三值命题逻辑自然推演系统 3PC 的元理论。

定义 3.3.1　假设A、$B \in Form(\mathscr{L}(\mathrm{P}))$，一个 PC3 真值赋值$\sigma$是一个由$Form(\mathscr{L}(\mathrm{P}))$到{2，1，0}的函数，并满足下列条件：

(1)$(A)^\sigma=2$，当且仅当，$A^\sigma=0$；$(A)^\sigma=1$，当且仅当，$A^\sigma=2$；$(A)^\sigma=0$，当且仅当，$A^\sigma=1$；

(2)$(AB)^\sigma=2$，当且仅当，$A^\sigma= B^\sigma=2$；$(AB)^\sigma=0$，当且仅当，$A^\sigma= 0$或者$B^\sigma=0$；其他情况下，$(AB)^\sigma=1$。

(3)$[AB]^\sigma=2$，当且仅当，$A^\sigma= 2$或者$B^\sigma=2$；$[AB]^\sigma=0$，当且仅当，$A^\sigma= B^\sigma=0$；其他情况下，$[AB]^\sigma=1$。

使用真值表矩阵可以直观地将定义 3.3.1 中的三值真值联结词表示如下：

A	(A)
0	2
1	0
2	1

(AB)	0	1	2
0	0	0	0
1	0	1	1
2	0	1	2

$[AB]$	0	1	2
0	0	1	2
1	1	1	2
2	2	2	2

定义 3.3.2　假设$A \in Form(\mathscr{L}(\mathrm{P}))$，$\Sigma \subseteq Form(\mathscr{L}(\mathrm{P}))$。如果存在赋值$\sigma$，使

得$A^\sigma=2$，则称公式A是可满足的；如果存在赋值σ，对于Σ中的任一公式A，均有$A^\sigma=2$，记为$\Sigma^\sigma=2$，则称公式集Σ是可满足的。

定义 3.3.3 假设$A\in Form(\mathscr{L}(\mathrm{P}))$，$\Sigma\subseteq Form(\mathscr{L}(\mathrm{P}))$。如果对任一赋值$\sigma$，均有$A^\sigma=2$，则称公式$A$是有效式；否则，则称公式$A$为非有效式。

定义 3.3.4 假设$A\in Form(\mathscr{L}(\mathrm{P}))$，$\Sigma\subseteq Form(\mathscr{L}(\mathrm{P}))$。如果对任一赋值$\sigma$，均有若$\Sigma^\sigma=2$，则$A^\sigma=2$，则称公式$A$是$\Sigma$的语义后承，记作$\Sigma\vDash A$。特别地，$\varnothing\vDash A$简记为$\vDash A$。

显然，对于任一公式A，A是有效式当且仅当$\vDash A$。

定理 3.3.1 假设$A\in Form(\mathscr{L}(\mathrm{P}))$，$\Sigma\subseteq Form(\mathscr{L}(\mathrm{P}))$。

(1)$A\vDash A$。

(2)若$\Sigma\vDash A$，则Σ，$\Delta\vDash A$。

(3)若$\Sigma\vDash A$，且Σ，$A\vDash B$，则$\Sigma\vDash B$。

(4)若$\Sigma\vDash A$，且$\Sigma\vDash B$，则$\Sigma\vDash (AB)$。

(5)若$\Sigma\vDash (AB)$，则$\Sigma\vDash A$。

(6)若$\Sigma\vDash (AB)$，则$\Sigma\vDash B$。

(7)若$\Sigma\vDash A$，则$\Sigma\vDash [AB]$。

(8)若$\Sigma\vDash B$，则$\Sigma\vDash [AB]$。

(9)若$\Sigma\vDash [AB]$，且Σ，$A\vDash C$；Σ，$B\vDash C$，则$\Sigma\vDash C$。

(10)若Σ，$(A)\vDash B$，Σ，$(A)\vDash (B)$，且Σ，$((A))\vDash B$，Σ，$((A))\vDash (B)$，则$\Sigma\vDash A$。

(11)若$\Sigma\vDash A$，则$\Sigma\vDash (((A)))$。

(12)若$\Sigma\vDash ((AB))$，则$\Sigma\vDash [(A)(B)]$。

(13)若$\Sigma\vDash [(A)(B)]$，则$\Sigma\vDash ((AB))$。

(14)若$\Sigma\vDash ([AB])$，则$\Sigma\vDash ((A)(B))$。

(15)若$\Sigma\vDash ((A)(B))$，则$\Sigma\vDash ([AB])$。

证明：

(1)根据定义 3.3.4，显然有$A\vDash A$。

(2)假设有任一赋值σ，使得$(\Sigma\cup\Delta)^\sigma=2$，则对于$\Sigma\cup\Delta$中的任一公式$C$，均有$C^\sigma=2$，因而$\Sigma^\sigma=2$。因为$\Sigma\vDash A$，所以有$A^\sigma=2$。因此，若$\Sigma\vDash A$，则$\Sigma$，$\Delta\vDash A$。

(3)假设有任一赋值σ，使得$\Sigma^\sigma=2$，因为$\Sigma\vDash A$，所以有$A^\sigma=2$，因此有$(\Sigma\cup\{A\})^\sigma=2$；因为$\Sigma$，$A\vDash B$，所以有$B^\sigma=2$。因此，若$\Sigma\vDash A$，且$\Sigma$，$A\vDash B$，

则$\Sigma \vDash B$。

(4)假设有任一赋值σ，使得$\Sigma^{\sigma}=2$，因为$\Sigma \vDash A$且$\Sigma \vDash B$，所以有$A^{\sigma}=B^{\sigma}=2$，根据定义 3. 3.1 有$(AB)^{\sigma}=2$。因此，若$\Sigma \vDash A$，且$\Sigma \vDash B$，则$\Sigma \vDash (AB)$。

(5)假设有任一赋值σ，使得$\Sigma^{\sigma}=2$，因为$\Sigma \vDash (AB)$，所以有$(AB)^{\sigma}=2$。根据定义 3.3.1 有$A^{\sigma}=B^{\sigma}=2$。因此若$\Sigma \vDash (AB)$，则$\Sigma \vDash A$。

(6)假设有任一赋值σ，使得$\Sigma^{\sigma}=2$，因为$\Sigma \vDash (AB)$，所以有$(AB)^{\sigma}=2$。根据定义 3.3.1 有$A^{\sigma}=B^{\sigma}=2$。因此，若$\Sigma \vDash (AB)$，则$\Sigma \vDash B$。

(7)假设有任一赋值σ，使得$\Sigma^{\sigma}=2$，因为$\Sigma \vDash A$，所以有$A^{\sigma}=2$。根据定义 3.3.1 有$[AB]^{\sigma}=2$。因此，若$\Sigma \vDash A$，则$\Sigma \vDash [AB]$。

(8)假设有任一赋值σ，使得$\Sigma^{\sigma}=2$，因为$\Sigma \vDash B$，所以有$B^{\sigma}=2$。根据定义 3.3.1 有$[AB]^{\sigma}=2$。因此，若$\Sigma \vDash B$，则$\Sigma \vDash [AB]$。

(9)假设有任一赋值σ，使得$\Sigma^{\sigma}=2$，因为$\Sigma \vDash [AB]$，所以有$[AB]^{\sigma}=2$。根据定义 3.3.1 有$A^{\sigma}=2$ 或者$B^{\sigma}=2$。如果$A^{\sigma}=2$，因此有$(\Sigma \cup \{A\})^{\sigma}=2$，因为$\Sigma$，$A \vDash C$，所以有$C^{\sigma}=2$；如果$B^{\sigma}=2$，因此有$(\Sigma \cup \{B\})^{\sigma}=2$，因为$\Sigma$，$B \vDash C$，所以有$C^{\sigma}=2$。总之，均有$C^{\sigma}=2$。因此，若$\Sigma \vDash [AB]$，且$\Sigma$，$A \vDash C$；$\Sigma$，$B \vDash C$，则$\Sigma \vDash C$。

(10)假设有任一赋值σ，使得$\Sigma^{\sigma}=2$，但是使得$A^{\sigma}\neq 2$，则$A^{\sigma}=1$ 或者$A^{\sigma}=0$。如果$A^{\sigma}=1$，根据定义 3.3.1 有$((A))^{\sigma}=2$，因此有$(\Sigma \cup \{((A))\})^{\sigma}=2$，这与“$\Sigma$，$((A)) \vDash B$，$\Sigma$，$((A)) \vDash (B)$”矛盾；如果$A^{\sigma}=0$，根据定义 3.3.1 有$(A)^{\sigma}=2$，因此有$(\Sigma \cup \{(A)\})^{\sigma}=2$，这与“$\Sigma$，$(A) \vDash B$，$\Sigma$，$(A) \vDash (B)$”矛盾。因此如果有任一赋值$\sigma$，使得$\Sigma^{\sigma}=2$，则$A^{\sigma}=2$。因此，若$\Sigma$，$(A) \vDash B$，$\Sigma$，$(A) \vDash (B)$，且$\Sigma$，$((A)) \vDash B$，$\Sigma$，$((A)) \vDash (B)$，则$\Sigma \vDash A$。

(11)假设有任一赋值σ，使得$\Sigma^{\sigma}=2$，因为$\Sigma \vDash A$，所以有$A^{\sigma}=2$。根据定义 3.3.1 有$(((A)))^{\sigma}=2$。因此，若$\Sigma \vDash A$，则$\Sigma \vDash (((A)))$。

(12)假设有任一赋值σ，使得$\Sigma^{\sigma}=2$，因为$\Sigma \vDash ((AB))$，因此有$((AB))^{\sigma}=2$。根据定义 3.3.1 有$(AB)^{\sigma}=0$，进而有$A^{\sigma}=0$ 或者$B^{\sigma}=0$，进一步有$(A)^{\sigma}=2$ 或者$(B)^{\sigma}=2$，因而$[(A)(B)]^{\sigma}=2$。因此，若$\Sigma \vDash ((AB))$，则$\Sigma \vDash [(A)(B)]$。

(13)假设有任一赋值σ，使得$\Sigma^{\sigma}=2$，因为$\Sigma \vDash [(A)(B)]$，因此有$[(A)(B)]^{\sigma}=2$。根据定义 3.3.1 有$(A)^{\sigma}=2$ 或者$(B)^{\sigma}=2$，进而有$A^{\sigma}=0$ 或者$B^{\sigma}=0$，进一步有$(AB)^{\sigma}=0$，因而$((AB))^{\sigma}=2$。因此，若$\Sigma \vDash [(A)(B)]$，则$\Sigma \vDash ((AB))$。

(14)假设有任一赋值σ，使得$\Sigma^{\sigma}=2$，因为$\Sigma \vDash ([AB])$，因此有$([AB])^{\sigma}=2$。

根据定义 3.3.1 有$[AB]^\sigma=0$，进而有$A^\sigma=0$ 并且$B^\sigma=0$，进一步有$(A)^\sigma=2$ 并且$(B)^\sigma=2$，因而$((A)(B))^\sigma=2$。因此，若$\Sigma\vDash([AB])$，则$\Sigma\vDash((A)(B))$。

(15)假设有任一赋值σ，使得$\Sigma^\sigma=2$，因为$\Sigma\vDash((A)(B))$，因此有$((A)(B))^\sigma=2$。根据定义 3.3.1 有$(A)^\sigma=2$ 并且$(B)^\sigma=2$，进而有$A^\sigma=0$ 并且$B^\sigma=0$，进一步有$[AB]^\sigma=0$，因而$([AB])^\sigma=2$。因此，若$\Sigma\vDash((A)(B))$，则$\Sigma\vDash([AB])$。

定理 3.3.1 表明，三值命题逻辑自然推演系统 3PC 的推理规则具有保真性。

定理 3.3.2　假设$A\in Form(\mathscr{L}(\mathrm{P}))$，$\Sigma\subseteq Form(\mathscr{L}(\mathrm{P}))$。

(1)若$\Sigma\vdash A$，则$\Sigma\vDash A$；

(2)若$\vdash A$，则$\vDash A$。

证明：

(1)若$\Sigma\vdash A$，则存在$\Sigma\vdash A$的一个证明，施归纳于$\Sigma\vdash A$的证明长度n，根据定理 3.3.1，不难证明$\Sigma\vDash A$。

(2)是(1)的特殊情形。

定义 3.3.5　一个公式集Σ是协调的，当且仅当不存在公式A，使得$\Sigma\vdash A$并且$\Sigma\vdash(A)$。

定义 3.3.6　一个公式集Σ是极大协调的，当且仅当

(1)Σ是协调的；

(2)如果$A\notin\Sigma$，则$\Sigma\cup\{A\}$不协调。

定理 3.3.3　如果公式集Σ是极大协调的，则$A\in\Sigma$当且仅当$\Sigma\vdash A$。

证明：

假设$A\in\Sigma$，根据导出规则 3.2.1 可得$\Sigma\vdash A$。

假设$A\notin\Sigma$，因为公式集Σ是极大协调的，所以$\Sigma\cup\{A\}$不协调，即存在公式B，使得$\Sigma\cup\{A\}\vdash B$并且$\Sigma\cup\{A\}\vdash(B)$，即Σ，$A\vdash B$并且Σ，$A\vdash(B)$，假设$\Sigma\vdash A$，根据推理规则 3，进一步可得$\Sigma\vdash B$并且$\Sigma\vdash(B)$，这与Σ是极大协调的矛盾，因此假设不成立，即$\Sigma\nvdash A$。

定理 3.3.4　如果公式集Σ是极大协调的，则

(1)A、(A)、$((A))$三者有且仅有一个属于Σ；

(2)$(AB)\in\Sigma$当且仅当$A\in\Sigma$且$B\in\Sigma$；

(3)$[AB]\in\Sigma$当且仅当$A\in\Sigma$或$B\in\Sigma$。

证明：

(1)假设A和(A)均属于Σ，根据导出规则 3.2.1 可得：$\Sigma\vdash A$并且$\Sigma\vdash(A)$，

这与Σ是极大协调集相矛盾，因此，A和(A)不可能均属于Σ。类似可证，A和$((A))$不可能均属于Σ，(A)和$((A))$不可能均属于Σ。进而亦知，A、(A)和$((A))$也不可能均属于Σ。故A、(A)和$((A))$至多有一个属于Σ。

假设A、(A)和$((A))$均不属于Σ。因为Σ是极大协调集，所以可得：$\Sigma\cup\{A\}$、$\Sigma\cup\{(A)\}$和$\Sigma\cup\{((A))\}$均不协调。那么存在公式B_1、B_2和B_3，Σ，$A\vdash B_1$且Σ，$A\vdash(B)_1$，Σ，$(A)\vdash B_2$且Σ，$(A)\vdash(B)_2$，Σ，$((A))\vdash B_3$且Σ，$((A))\vdash(B)_3$，根据规则 10 可得：$\Sigma\vdash A$；根据导出规则 3.2.8 可得：$\Sigma\vdash(A)$，这与Σ是极大协调集相矛盾。故A、(A)和$((A))$至少有一个属于Σ。

综上所述，A、(A)、$((A))$三者有且仅有一个属于Σ。

(2)假设$(AB)\in\Sigma$，根据导出规则 3.2.1 可得：$\Sigma\vdash(AB)$。再由规则 5 和规则 6 分别可得：$\Sigma\vdash A$，$\Sigma\vdash B$。根据定理 3.3.3 可得：$A\in\Sigma$且$B\in\Sigma$。

假设$A\in\Sigma$且$B\in\Sigma$，根据导出规则 3.2.1 可得：$\Sigma\vdash A$且$\Sigma\vdash B$。由规则 4 可得：$\Sigma\vdash(AB)$。再由定理 3.3.3 可得：$(AB)\in\Sigma$。

(3)假设$[AB]\in\Sigma$，但是$A\notin\Sigma$且$B\notin\Sigma$。因为Σ是极大协调集，所以可得：$\Sigma\vdash[AB]$，$\Sigma\cup\{A\}$和$\Sigma\cup\{B\}$均不协调。那么存在公式C_1和C_2，Σ，$A\vdash C_1$且Σ，$A\vdash(C_1)$，Σ，$B\vdash C_2$且Σ，$B\vdash(C_2)$，根据导出规则 3.2.5 可得：Σ，$A\vdash(C_3(C_3))$且Σ，$B\vdash(C_3(C_3))$。根据规则 9 可得：$\Sigma\vdash(C_3(C_3))$，这与Σ是极大协调集相矛盾。所以，如果$[AB]\in\Sigma$，则$A\in\Sigma$或$B\in\Sigma$。

假设$A\in\Sigma$，根据导出规则 3.2.1 可得：$\Sigma\vdash A$。由规则 7 可得：$\Sigma\vdash[AB]$。再由定理 3.3.3 可得：$[AB]\in\Sigma$。类似可证，如果$B\in\Sigma$，则$[AB]\in\Sigma$。

定理 3.3.5　任一协调公式集都可以扩充为一个极大协调公式集。

证明：

假设Σ是任一协调公式集。令

$$A_1,\ A_2,\ A_3,\ \ldots,\ A_{n-1},\ A_n,\ \ldots$$

是三值逻辑所有公式的一个排列。

定义一个公式集序列如下：

$$\Sigma_0,\ \Sigma_1,\ \Sigma_2,\ \Sigma_3,\ \ldots,\ \Sigma_{n-1},\ \Sigma_n,\ \ldots$$

其中(1)$\Sigma_0=\Sigma$；

(2)

$\Sigma_n=$	$\Sigma_{n-1}\cup\{A_n\}$。如果$\Sigma_{n-1}\cup\{A_n\}$是协调的。
	Σ_{n-1}。否则。

显然，对于任一正整数 n，公式集序列中的Σ_n都是协调的。

令$\Sigma^*=\Sigma_0\cup\Sigma_1\cup\Sigma_2\cup\ldots\cup\Sigma_{n-1}\cup\Sigma_n\cup\ldots$

下面证明Σ^*是极大协调的。

先证Σ^*是协调的。假设Σ^*不是协调的，则存在公式B，使得$\Sigma^*\vdash B$并且$\Sigma^*\vdash(B)$，进而根据规则 6 可得$\Sigma^*\vdash(B(B))$。根据 3.2.2 可知：存在Σ^*的有限子集Σ'，$\Sigma'\vdash(B(B))$。根据上述公式集的构造可知，必定存在一个 $i\in$N，$\Sigma'\subseteq\Sigma_i$，根据导出规则 3.2.2 可知，$\Sigma_i\vdash(B(B))$。这样，Σ_i不协调。但是对于任一正整数 n，公式集序列中的Σ_n都是协调的，矛盾。因此，假设不成立，Σ^*是协调的。

再证Σ^*是极大协调的。假设$B\notin\Sigma^*$。因为B是一公式，则B必定在公式序列A_1，A_2，A_3，…，A_{n-1}，A_n，…中出现。假定B是A_j，则$\Sigma_{j-1}\cup\{A_j\}$是不协调的；否则$A_j\in\Sigma_j$，进而有$A_j\in\Sigma^*$，即$B\in\Sigma_j$，这与假设相矛盾。由$\Sigma_{j-1}\cup\{A_j\}$是不协调的可得：存在公式C，使得Σ_{j-1}，$A_j\vdash C$并且Σ_{j-1}，$A_j\vdash(C)$。因为$\Sigma_{j-1}\subseteq\Sigma^*$，进而有：$\Sigma_{j-1}\cup\{A_j\}\subseteq\Sigma^*\cup\{A_j\}$，根据导出规则 3.2.2 可得：$\Sigma^*$，$A_j\vdash C$并且$\Sigma^*$，$A_j\vdash(C)$，即$\Sigma^*$，$B\vdash C$并且$\Sigma^*$，$B\vdash(C)$。因此，$\Sigma^*\cup\{B\}$不协调。根据定义可得，$\Sigma^*$是极大协调的。

定理 3.3.6　假设Σ^*是一极大协调公式集，构造一个赋值σ^*，对于任意的命题变元p_n，令

$p_n^{\sigma^*}=$	2，若 $p_n\in\Sigma^*$
	0，若$(p_n)\in\Sigma^*$
	1，若$((p_n))\in\Sigma^*$

那么对于任意公式A，均有：

$A^{\sigma^*}=$	2，若$A\in\Sigma^*$
	0，若$(A)\in\Sigma^*$
	1，若$((A))\in\Sigma^*$

证明：

施归纳于公式的结构。

1.若A为原子公式。根据定义，定理显然成立。

2.若A为(B)，则

(1)如果$A\in\Sigma^*$，即$(B)\in\Sigma^*$，根据归纳假设可得：$B^{\sigma^*}=0$，根据(B)的基本

语义定义可得：$(B)^{\sigma^*}=2$，即$A^{\sigma^*}=2$。

(2)如果$(A)\in\Sigma^*$，即$((B))\in\Sigma^*$，根据归纳假设可得：$B^{\sigma^*}=1$，根据(B)的基本语义定义可得：$(B)^{\sigma^*}=0$，即$A^{\sigma^*}=0$。

(3)如果$((A))\in\Sigma^*$，即$(((B)))\in\Sigma^*$，根据导出规则 3.2.1 可得：$\Sigma^*\vdash(((B)))$，因为$(((B)))\vdash B$，根据导出规则 3.2.3 可得$\Sigma^*\vdash B$。根据定理 3.3.3 可得$B\in\Sigma^*$。根据归纳假设可得：$B^{\sigma^*}=2$，根据(B)的基本语义定义可得：$(B)^{\sigma^*}=1$，即$A^{\sigma^*}=1$。

3.若A为(BC)，则

(1)如果$A\in\Sigma^*$，即$(BC)\in\Sigma^*$，根据导出规则 3.2.1 可得：$\Sigma^*\vdash(BC)$，根据规则 5 和规则 6 分别可得：$\Sigma^*\vdash B$，$\Sigma^*\vdash C$。根据归纳假设可得：$B^{\sigma^*}=2$ 并且$C^{\sigma^*}=2$，根据(BC)的基本语义定义可得：$(BC)^{\sigma^*}=2$，即$A^{\sigma^*}=2$。

(2)如果$(A)\in\Sigma^*$，即$((BC))\in\Sigma^*$，根据导出规则 3.2.1 可得：$\Sigma^*\vdash((BC))$，根据规则 12 可得：$\Sigma^*\vdash[(B)(C)]$。根据定理 3.3.3 可得：$[(B)(C)]\in\Sigma^*$。因为Σ^*是极大协调集，根据定理 3.3.4 可得：$(B)\in\Sigma^*$或者$(C)\in\Sigma^*$。

如果$(B)\in\Sigma^*$，根据归纳假设可得：$B^{\sigma^*}=0$，根据BC的基本语义定义可得：$(BC)^{\sigma^*}=0$，即$A^{\sigma^*}=0$。

如果$(C)\in\Sigma^*$，根据归纳假设可得：$C^{\sigma^*}=0$，根据BC的基本语义定义可得：$(BC)^{\sigma^*}=0$，即$A^{\sigma^*}=0$。

总之，不论哪种情况，均有$A^{\sigma^*}=0$。

(3)如果$((A))\in\Sigma^*$，即$(((BC)))\in\Sigma^*$，根据导出规则 3.2.1 可得：$\Sigma^*\vdash(((BC)))$。

首先，$B\in\Sigma^*$和$C\in\Sigma^*$不同时成立。否则根据导出规则 3.2.1 可得：$\Sigma^*\vdash B$且$\Sigma^*\vdash C$，根据规则 4 可得：$\Sigma^*\vdash(BC)$，根据规则 11 进一步可得：$\Sigma^*\vdash((((BC))))$。这与Σ^*是极大协调集相矛盾。根据归纳假设可知，$B^{\sigma^*}=2$ 和$C^{\sigma^*}=2$ 不同时成立，因而$(BC)^{\sigma^*}\neq 2$，即$A^{\sigma^*}\neq 2$。

假设$(B)\in\Sigma^*$，根据导出规则 3.2.1 可得：$\Sigma^*\vdash(B)$，根据 3.2.12 可得：$\Sigma^*\vdash((BC))$。这与Σ^*是极大协调集相矛盾。因此，$(B)\notin\Sigma^*$。根据归纳假设可知，$B^{\sigma^*}\neq 0$。

同理可证，$C^{\sigma^*}\neq 0$。

综上所述，根据(BC)的基本语义定义可得：$(BC)^{\sigma^*}=1$，即$A^{\sigma^*}=1$。

4.若A为$[BC]$，则

(1)如果$A\in\Sigma^*$，即$[BC]\in\Sigma^*$，根据定理 3.3.4 可得：$B\in\Sigma^*$或者$C\in\Sigma^*$。

根据归纳假设可得：$B^{\sigma^*}=2$ 或者$C^{\sigma^*}=2$，根据[*BC*]的基本语义定义可得：$[BC]^{\sigma^*}=2$，即$A^{\sigma^*}=2$。

(2)如果$(A)\in\Sigma^*$，即$([BC])\in\Sigma^*$，根据导出规则 3.2.1 可得：$\Sigma^*\vdash([BC])$，根据规则 14 可得：$\Sigma^*\vdash((B)(C))$。进一步由规则 5 和规则 6 分别可得：$\Sigma^*\vdash(B)$，$\Sigma^*\vdash(C)$。根据定理 3.3.3 可得：$(B)\in\Sigma^*$且$(C)\in\Sigma^*$。根据归纳假设可得：$B^{\sigma^*}=0$且$C^{\sigma^*}=0$，根据[*BC*]的基本语义定义可得：$[BC]^{\sigma^*}=0$，即$A^{\sigma^*}=0$。

(3) 如果$((A))\in\Sigma^*$，即$(([BC]))\in\Sigma^*$，根据导出规则 3.2.1 可得：$\Sigma^*\vdash(([BC]))$。

若$B\in\Sigma^*$，根据导出规则 3.2.1 可得：$\Sigma^*\vdash B$，根据规则 7 可得：$\Sigma^*\vdash[BC]$。进一步由规则 11 可得：$\Sigma^*\vdash((([BC])))$，这与Σ^*是极大协调集相矛盾。所以，$B\notin\Sigma^*$。根据归纳假设可得：$B^{\sigma^*}\neq2$。

类似可证$C^{\sigma^*}\neq2$。

假设$(B)\in\Sigma^*$且$(C)\in\Sigma^*$，根据导出规则 3.2.1 可得：$\Sigma^*\vdash(B)$且$\Sigma^*\vdash(C)$。根据规则 4 可得：$\Sigma^*\vdash((B)(C))$。根据规则 15 进一步可得：$\Sigma^*\vdash([BC])$。这与Σ^*是极大协调集相矛盾。所以假设不成立，根据归纳假设可得：$B^{\sigma^*}=0$ 和$C^{\sigma^*}=0$ 不同时成立。

综上所述，根据[*BC*]的基本语义定义可得：$[BC]^{\sigma^*}=1$，即$A^{\sigma^*}=1$。

定理 3.3.7　如果公式集Σ是协调的，那么Σ是可满足的。

证明

假设A是协调公式集Σ中的任一公式，那么根据定理 3.3.5 可得：Σ可扩充为一个极大协调公式集Σ^*，再根据定理 3.3.6 可知，存在一个赋值σ^*，使得$A^{\sigma^*}=2$。所以，Σ是可满足的。

定理 3.3.8　对于任意公式A和任意公式集Σ，

(1)如果$\Sigma\vDash A$，那么$\Sigma\vdash A$。

(2)如果$\vDash A$，那么$\vdash A$。

证明：

(1)根据规则 10 可知，如果$\Sigma\vdash A$不成立，则$\Sigma\cup\{(A)\}$是协调的，或者$\Sigma\cup\{((A))\}$是协调的。如果$\Sigma\cup\{(A)\}$是协调的，那么根据定理 3.3.7 可知$\Sigma\cup\{(A)\}$是可满足的，即存在赋值σ，使得$\Sigma^\sigma=2$ 且$(A)^\sigma=2$。根据语义基本定义，由$(A)^\sigma=2$ 可得$A^\sigma=0$。即存在赋值σ，使得$\Sigma^\sigma=2$ 且$A^\sigma=0$，因此$\Sigma\vDash A$不成立。如果$\Sigma\cup\{((A))\}$是协调的，那么根据定理 3.3.7 可知$\Sigma\cup\{((A))\}$是可满足

的，即存在赋值σ，使得$\Sigma^{\sigma}=2$ 且$((A))^{\sigma}=2$。根据语义基本定义，由$((A))^{\sigma}=2$可得$A^{\sigma}=1$。即存在赋值σ，使得$\Sigma^{\sigma}=2$ 且$A^{\sigma}=1$，因此$\Sigma\vDash A$也不成立。

(2)由(1)中Σ取为空集$\varnothing$即可得到证明。

第四章　三值逻辑系统 3PC 与 LPC 关系研究

中国表示法可以规范各种不同三值逻辑系统的表示方法。本章基于中国表示法对卢卡西维茨的三值逻辑系统 LPC 进行重新表述。在此基础上，进一步探讨了我们在第三章中构建的三值逻辑自然推演系统 3PC 和 LPC 的关系，给出三值逻辑公理系统 LPC 是三值逻辑推理系统 3PC 的一个子系统的构造性证明。

第一节　三值逻辑系统 LPC

卢卡西维茨曾经构造了一个三值逻辑系统，其特征矩阵是：

$$\mathfrak{M}\text{LPC}=\langle\{0,1,2\},\{2\},\sim,\Rightarrow\rangle.$$

其中的两个初始联结词的真值表如下：

x	$\sim x$
0	2
1	1
2	0

$x\Rightarrow y$	0	1	2
0	2	2	2
1	1	2	2
2	0	1	2

其他三值算子通过定义引入：

(1)$\alpha\wedge\beta=def\sim(\alpha\Rightarrow\sim\beta)$;

(2)$\alpha\vee\beta=def(\alpha\Rightarrow\beta)\Rightarrow\beta$;

(3)$\alpha\Leftrightarrow\beta=def(\alpha\Rightarrow\beta)\wedge(\beta\Rightarrow\alpha)$;

根据两个初始联结词的真值表可以推知上述 3 个三值算子的真值表为：

$x \wedge y$	0	1	2
0	0	0	0
1	0	1	1
2	0	1	2

$x \vee y$	0	1	2
0	0	1	2
1	1	1	2
2	2	2	2

$x \Leftrightarrow y$	0	1	2
0	2	1	0
1	1	2	1
2	0	1	2

Wajsberg 于 1931 年构造了 $\mathfrak{M}$LPC 的三值逻辑公理系统，该系统包括四条公理和一条推理规则：

公理模式：

(a_1)　$(\alpha \Rightarrow (\beta \Rightarrow \alpha)$

(a_2)　$(\alpha \Rightarrow \beta) \Rightarrow ((\beta \Rightarrow \gamma) \Rightarrow (\alpha \Rightarrow \gamma))$

(a_3)　$(\sim \alpha \Rightarrow \sim \beta) \Rightarrow (\beta \Rightarrow \alpha)$

(a_4)　$((\alpha \Rightarrow \sim \alpha) \Rightarrow \alpha) \Rightarrow \alpha$

推理规则(rd)：由 $\alpha \Rightarrow \beta$ 和 α 可得 β。

将上述三值逻辑公理系统简称为 LPC。

第二节　基于中国表示法的 LPC

基于中国表示法可以针对第一节中所涉三值逻辑的形式语言进行构建，进而对相关问题进行分析。

定义 4.2.1　三值逻辑形式语言 $\mathscr{L}$(LP)包括如下符号：

(1)命题符号：p_1，p_2，p_3，…；

(2)两对括号：【，】，「，」。

通常以 p、q、r 等表示任一命题符号。

定义 4.2.2　由 $\mathscr{L}$(LP)中符号构成的有穷序列称为表达式。

通常以 X、Y、Z 等表示任一 $\mathscr{L}$(P)中的表达式。

定义 4.2.3　$\mathscr{L}$(LP)中的公式由下列规则递归生成：

(1)单独一个命题符号是公式；

(2)如果 X 是公式，那么【X】也是公式；

(3)如果 X、Y 是公式，那么「XY」也是公式。

初始符号"【X】""「XY」"的直观语义是：

X	【X】
0	2
1	1
2	0

「XY」	0	1	2
0	2	2	2
1	1	2	2
2	0	1	2

对照第一节，可以看出，在中国表示法中，分别以“【X】”“「XY」”来表示卢卡西维茨的三值算子“~”“⇒”。

根据上述定义，三值逻辑公理系统 LPC 的公理和推理规则可表示为：

公理模式：

(a_1) 「α「$\beta\alpha$」」

(a_2) 「「$\alpha\beta$」「「$\beta\gamma$」「$\alpha\gamma$」」」

(a_3) 「「【α】【β】」「$\beta\alpha$」」

(a_4) 「「「α【α】」α」α」

推理规则(rd)：由「$\alpha\beta$」和α可得β。

其语义参照上节取其直观语义。

根据第一节对三值算子的真值定义，可以看出，算子集合{~，⇒}，即【】和「」的表达能力并不是完全的，一个比较明显的特征是这两个算子关于{0，2}运算是封闭的，即当其中的命题变元取值为 0 或者 2 时，算子~和⇒的运算结果仍然是 0 或者 2，这样由这两个算子无论如何复合，都无法定义出以下算子：

x	(x)
0	2
1	0
2	1

$\{xy\}$	0	1	2
0	2	0	1
1	0	0	0
2	1	0	1

所以，对于表达三值逻辑推理规律而言，三值逻辑公理系统 LPC 是不充分的。而我们在第三章构建的三值逻辑推理系统 3PC，其中括号所表达的算子其表达能力是完全的，即可以表达出所有三值算子（可参考后面相关章节的证明），因此，三值逻辑推理系统 3PC 可以表达所有的三值逻辑命题逻辑推理规律，因而从理论上说，三值逻辑公理系统 LPC 是三值逻辑推理系统 3PC 的一个子系统，当然这只是一个非构造性证明的结论。

为了更有说服力地阐明这一点，下一节我们对此给出严格的构造性证明。

第三节 作为 3PC 子系统的 LPC

本节我们给出三值逻辑公理系统 LPC 是三值逻辑推理系统 3PC 的一个子系统的构造性证明。该证明以第三章的形式语言为基础，根据证明需要，将适当引入以下定义联结词。

首先，我们基于第三章中定义 3.1.1 中的命题逻辑形式语言 $\mathscr{L}$(P)给出卢卡西维茨三值逻辑两个初始真值算子的定义。

定义 4.3.1 设A、$B\in Form(\mathscr{L}(P))$，

(1) 【A】$=def(((A(A)))[A(A)])$

(2) 「AB」$=def([((A(A))B][[A(A)][B((B))]])$

定义 4.3.2 设A、$B\in Form(\mathscr{L}(P))$，〖$A$〗$=def((A(A)))$。

其实，根据卢卡西维茨三值逻辑两个初始真值算子的真值表，可以从不同角度来定义它们。如：

【A】$=def($〖A〗$[A(A)])$

「AB」$=def([$〖A〗$B][[A(A)][B((B))]])$

「AB」$=def[((([A((A))]))B]((([A(A)]))((B)))]$

「AB」$=def[[$【A】$B](([[A(A)][B(B)]]))]$

「AB」$=def[[$【A】$B](((A(A)))(B((B))))]$

定理 4.3.1 Σ，【A】$\vdash$〖A〗

证明：

1. Σ，【A】$\vdash$【A】
2. Σ，【A】$\vdash(((A(A)))[A(A)])$ 1 【】的定义
3. Σ，【A】$\vdash((A(A)))$ 2
4. Σ，【A】$\vdash$〖A〗 3 〖〗的定义

定理 4.3.2 Σ，【A】$\vdash(A)$

证明：

1. Σ，【A】$\vdash$【A】
2. Σ，【A】$\vdash(((A(A)))[A(A)])$ 1 【】的定义
3. Σ，【A】$\vdash[A(A)]$ 2
4. Σ，【A】$\vdash((A(A)))$ 2

5. Σ，【A】，$A\vdash ((A(A)))$ 4

6. Σ，【A】，$A\vdash [(A)((A))]$ 5

7. Σ，【A】，A，$(A)\vdash (A)$

8. Σ，【A】，A，$((A))\vdash A$

9. Σ，【A】，A，$((A))\vdash (((A)))$ 8

10. Σ，【A】，A，$((A))\vdash (A)$ 9、10

11. Σ，【A】，$A\vdash (A)$ 6、7、11

12. Σ，【A】，$(A)\vdash (A)$

13. Σ，【A】$\vdash (A)$ 3、12、13[①]

定理 4.3.3 Σ，$(A)\vdash$【A】

证明：

1. Σ，$(A)\vdash [(A)((A))]$

2. Σ，$(A)\vdash ((A(A)))$ 1

3. Σ，$(A)\vdash [A(A)]$

4. Σ，$(A)\vdash (((A(A)))(A(A)])$ 2、3

5. Σ，$(A)\vdash$【A】 4 【】的定义

定理 4.3.4 Σ，【【A】】$\vdash A$

证明：

1. Σ，【【A】】$\vdash$ (【A】)

2. Σ，【【A】】$\vdash ((((A(A)))[A(A)]))$ 1 【】的定义

3. Σ，【【A】】$\vdash [(((A(A))))([A(A)])]$ 2

4. Σ，【【A】】，$(((A(A))))$，$(A)\vdash ((A(A)))$

5. Σ，【【A】】，$(((A(A))))$，$(A)\vdash (((A(A))))$

6. Σ，【【A】】，$(((A(A))))$，$((A))\vdash ((A(A)))$

7. Σ，【【A】】，$(((A(A))))$，$((A))\vdash (((A(A))))$

8. Σ，【【A】】，$(((A(A))))\vdash A$ 4、5、6、7

---

① 在接下来的定理证明中，只给出关键的或者主要的步骤的证明理由，并不每行都给出证明理由。

9. Σ，【【A】】，$([A(A)])\vdash ((A)((A)))$

10. Σ，【【A】】，$([A\vee(A)])\vdash A$　9

11. Σ，【【A】】$\vdash A$　3、8、10

定理 4.3.5　Σ，$A\vdash$【【A】】

证明：

1. Σ，A，【A】$\vdash (A)$

2. Σ，A，【A】$\vdash A$

3. Σ，A，【A】$\vdash (A(A))$　1、2

4. Σ，A，((【A】)) $\vdash$ ((【A】))

5. Σ，A，((【A】)) $\vdash (((((A(A)))[A(A)])))$　4、【】的定义

6. Σ，A，((【A】)) $\vdash [(((((A(A)))))(([A(A)]))]$　5

7. Σ，A，((【A】))，$((((A(A)))))\vdash (A(A))$

8. Σ，A，((【A】))，$(([A(A)]))\vdash A$

9. Σ，A，((【A】))，$(([A(A)]))\vdash [A(A)]$　8

10. Σ，A，((【A】))，$(([A(A)]))\vdash ((([A(A)])))$　9

11. Σ，A，((【A】))，$(([A(A)]))\vdash (([A(A)]))$

12. Σ，A，((【A】))，$(([A(A)]))\vdash (A(A))$　10、11

13. Σ，A，((【A】)) $\vdash (A(A))$　6、7、12

14. Σ，$A\vdash$ (【A】)　13

15. Σ，$A\vdash$【【A】】　14

定理 4.3.6　Σ，(A【A】) $\vdash B$

证明：

1. Σ，(A【A】) $\vdash A$

2. Σ，(A【A】) $\vdash$【A】

3. Σ，(A【A】) $\vdash (A)$

4. Σ，(A【A】) $\vdash B$

定理 4.3.7　「A「BA」」

证明：

1. $(A(A)) \vdash ([((B(B))A][[[B(B)]A]((A))])$

2. $(((A(A))))$，$(A) \vdash (A)$

3. $(((A(A))))$，$(A) \vdash ((A(A)))$　2

4. $(((A(A))))$，$(A) \vdash (((A(A))))$

5. $(((A(A))))$，$((A)) \vdash ((A))$

6. $(((A(A))))$，$((A)) \vdash ((A(A)))$　5

7. $(((A(A))))$，$((A)) \vdash (((A(A))))$

8. $(((A(A)))) \vdash A$　3、4、6、7

9. $(((A(A)))) \vdash [((B(B))A]$　8

10. $(((A(A)))) \vdash [((A))(((A)))]$

11. $(((A))) \vdash A$

12. $[((A))(((A)))] \vdash [((A))A]$　11

13. $(((A(A)))) \vdash [((A))A]$　10、12

14. $(((A(A)))) \vdash [A((A))]$　13

15. $(((A(A)))) \vdash [[[B(B)]A]((A))]$　14

16. $(((A(A)))) \vdash ([((B(B))A][[[B(B)]A]((A))])$　9、15

17. $\vdash [((A(A)))([((B(B))A]][[[B(B)]A]((A))]]$　1、16

18. $(([((B(B))A][[[B(B)]A]((A))])) \vdash [((((B(B))A])(([[B(B)]A]((A))])]$

19. $([((B(B))A]) \vdash ((((B(B))(A))))$

20. $([((B(B))A]) \vdash (A)$　19

21. $([((B(B))A]) \vdash [A(A)]$　20

22. $([[[B(B)]A]((A))]) \vdash (A)$

23. $([[[B(B)]A]((A))]) \vdash [A(A)]$　22

24. $(([((B(B))A][[[B(B)]A]((A))])) \vdash [A(A)]$　18、21、23

25. $\vdash [[[([((B(B))A][[[B(B)]A]((A))])((([((B(B))A]$
$[[[B(B)]A]((A))])))]A](A)]$　24

26. $\vdash [[[A(A)]([((B(B))A][[[B(B)]A]((A))])]((([((B(B))A]$

[[[B(B)]A]((A))]))] 25

27. ⊢ [[[A(A)]「BA」]((「BA」))] 26「」的定义

28. ⊢ ((((A(A)))([((B(B)))A][[[B(B)]A]((A))]])]([[A(A)]「BA」]
((「BA」))]]) 17、27

29. ⊢ ([((A(A)))「BA」][[[A(A)]「BA」]((「BA」))]]) 28「」的定义

30. ⊢「A「BA」」 29「」的定义

定理 4.3.8　「「AB」「「BC」「AC」」」

证明：

1. ((「BC」)((「BC」)))(「AC」))(((「AC」)))) ⊢ ((「BC」)((「BC」)))

2. ((「BC」)((「BC」)))(「AC」))(((「AC」)))) ⊢ [「AB」
(「AB」)] 1

3. (([[「BC」(「BC」)]「AC」]((「AC」))]])⊢ ((「BC」)((「BC」)))
(「AC」))(((「AC」))))

4. (([[「BC」(「BC」)]「AC」]((「AC」))]]) ⊢ ⊢[「AB」
(「AB」)] 2、3

5. (((〖〖B〗〗)(〖C〗)]([[(〖B〗)(〖(B)〗)](〖C〗)](〖((C))〗)]]),
((〖A〗)(C))⊢ ((〖A〗)(C))

6. (((〖〖B〗〗)(〖C〗)]([[(〖B〗)(〖(B)〗)](〖C〗)](〖((C))〗)]]),
((〖A〗)(C))⊢ (〖A〗)

7. (((〖〖B〗〗)(〖C〗)]([[(〖B〗)(〖(B)〗)](〖C〗)](〖((C))〗)]]),
((〖A〗)(C)) ⊢ (C)

8. (((〖〖B〗〗)(〖C〗)]([[(〖B〗)(〖(B)〗)](〖C〗)](〖((C))〗)]])
⊢ [(〖〖B〗〗)(〖C〗)]

9. (((〖〖B〗〗)(〖C〗)]([[(〖B〗)(〖(B)〗)](〖C〗)](〖((C))〗)]]),
((〖A〗)(C))⊢ [(〖〖B〗〗)(〖C〗)] 8

10. 〖〖B〗〗⊢B

11. (〖〖B〗〗) ⊢ (B) 10

12. (((〖〖B〗〗)(〖C〗)]([[(〖B〗)(〖(B)〗)](〖C〗)](〖((C))〗)]]),
((〖A〗)(C))，(〖〖B〗〗) ⊢ (B) 11

13. (C)⊢ ((C(C)))

14. (C)⊢ 〖C〗　　2 〖〗的定义

15. (((〖〖B〗〗)(〖C〗)]([[(〖B〗)(〖(B)〗)](〖C〗)](〖((C))〗)]), ((〖A〗)(C)) ⊢ 〖C〗　　7、14

16. (((〖〖B〗〗)(〖C〗)]([[(〖B〗)(〖(B)〗)](〖C〗)](〖((C))〗)]), ((〖A〗)(C)), (〖C〗) ⊢ (〖C〗)

17. (((〖〖B〗〗)(〖C〗)]([[(〖B〗)(〖(B)〗)](〖C〗)](〖((C))〗)]), ((〖A〗)(C)), (〖C〗) ⊢ (B)　　15、16

18. (((〖〖B〗〗)(〖C〗)]([[(〖B〗)(〖(B)〗)](〖C〗)](〖((C))〗)]), ((〖A〗)(C)) ⊢ (B)　　9、12、17

19. (((〖〖B〗〗)(〖C〗)]([[(〖B〗)(〖(B)〗)](〖C〗)](〖((C))〗)]), ((〖A〗)(C)) ⊢ ((〖A〗)(B))　　6、18

20. (((〖〖B〗〗)(〖C〗)]([[(〖B〗)(〖(B)〗)](〖C〗)](〖((C))〗)]), ((〖A〗)(C)) ⊢ [((〖A〗)(B))((((A)((A)))(B))(((B))))]

21. ((〖A〗)(B)) ⊢ ((〖A〗 B])

22. ((〖A〗)(B)) ⊢ [((〖A〗 B])(([[A(A)]B]((B))])]

23. ((((A)((A)))(B))(((B))))⊢ (([[A(A)]B]((B))])

24. ((((A)((A)))(B))(((B))))⊢ [((〖A〗 B])(([[A(A)]B]((B))])]

25. (((〖〖B〗〗)(〖C〗)]([[(〖B〗)(〖(B)〗)](〖C〗)](〖((C))〗)]), ((〖A〗)(C)) ⊢ [((〖A〗 B])(([[A(A)]B]((B))])]

26. (((〖〖B〗〗)(〖C〗)][[[(〖B〗)(〖(B)〗)](〖C〗)](〖((C))〗)]), ((〖A〗)(C)) ⊢ (((〖A〗 B]([[A(A)]B]((B))]))

27. (((〖〖B〗〗)(〖C〗)][[[(〖B〗)(〖(B)〗)](〖C〗)](〖((C))〗)]), ((〖A〗)(C)) ⊢ (「AB」)

28. (((〖〖B〗〗)(〖C〗)][[[(〖B〗)(〖(B)〗)](〖C〗)](〖((C))〗)]), ((〖A〗)(C)) ⊢ [「AB」(「AB」)]

29. ((〖「BC」〗「AC」]) ⊢ ((〖「BC」〗)(「AC」))

30. ((〖「BC」〗)(「AC」))⊢ ((〖((〖B〗 C]([[B(B)]C]((C))])〗)

(((〖A〗 C]([[A(A)]C]((C))])))

31. ((〖((〖B〗 C]([[B(B)]C]((C))])〗)(((〖A〗 C]([[A(A)]C]((C))])))
⊢ (〖((〖B〗 C]([[B(B)]C]((C))])〗)

32. 〖(〖B〗 C]〗 〖([[B(B)]C]((C))]〗 ⊢ 〖((〖B〗 C]([[B(B)]C]((C))])〗

33. (〖((〖B〗C]([[B(B)]C]((C))])〗) ⊢ ((〖(〖B〗C]〗〖([[B(B)]C]((C))]〗])

34. ((〖((〖B〗 C]([[B(B)]C]((C))])〗)(((〖A〗 C]([[A(A)]C]((C))])))
⊢ ((〖(〖B〗 C]〗 〖([[B(B)]C]((C))]〗])

35. ((〖((〖B〗 C]([[B(B)]C]((C))])〗)(((〖A〗 C]([[A(A)]C]((C))])))
⊢ ((〖(〖B〗 C]〗)(〖([[B(B)]C]((C))]〗))

36. ((〖((〖B〗 C]([[B(B)]C]((C))])〗)(((〖A〗 C]([[A(A)]C]((C))])))
⊢ (〖(〖B〗 C]〗)　35

37. (〖 〖B〗 〗 〖C〗) ⊢ 〖(〖B〗 C]〗

38. (〖(〖B〗 C]〗) ⊢ ((〖 〖B〗 〗 〖C〗))

39. ((〖((〖B〗 C]([[B(B)]C]((C))])〗)(((〖A〗 C]([[A(A)]C]((C))])))
⊢ ((〖 〖B〗 〗 〖C〗))

40. ((〖((〖B〗 C]([[B(B)]C]((C))])〗)(((〖A〗 C]([[A(A)]C]((C))])))
⊢ (〖([[B(B)]C]((C))]〗)　35

41. (((〖B〗 〖(B)〗) 〖C〗) 〖((C))〗) ⊢ 〖([[B(B)]C]((C))]〗

42. (〖([[B(B)]C]((C))]〗) ⊢ ((((〖B〗 〖(B)〗) 〖C〗) 〖((C))〗))

43. ((〖((〖B〗 C]([[B(B)]C]((C))])〗)(((〖A〗 C]([[A(A)]C]((C))])))
⊢ ((((〖B〗 〖(B)〗) 〖C〗) 〖((C))〗))

44. ((〖((〖B〗 C]([[B(B)]C]((C))])〗)(((〖A〗 C]([[A(A)]C]((C))])))
⊢ [[[(〖B〗)(〖(B)〗)](〖C〗)] (〖((C))〗)]

45. ((〖「BC」〗 「AC」]) ⊢ ((〖 〖B〗 〗 〖C〗))　29、30、35

46. ((〖「BC」〗 「AC」])
⊢ [[[(〖B〗)(〖(B)〗)](〖C〗)](〖((C))〗)]　9、30、44

47. ((〖「BC」〗「AC」])⊢ (((〖〖B〗〗〖C〗))[[[(〖B〗)(〖(B)〗)](〖C〗)]
(〖((C))〗)])　29、30、44

48. ((〖「BC」〗「AC」]), ((〖A〗)(C))⊢ (((〖〖B〗〗〖C〗))
([[(〖B〗)(〖(B)〗)](〖C〗)](〖((C))〗)]) 47

49. ((〖「BC」〗「AC」]), ((〖A〗)(C)) ⊢ ((〖A〗)(C))

50. ((〖「BC」〗「AC」]), ((〖A〗)(C))⊢ [「AB」
(「AB」)] 28、48、49

51. ((〖((〖B〗 C]([[B(B)]C]((C))])〗)(((〖A〗 C]([[A(A)]C]((C))])))
⊢ (((〖A〗 C])([[A(A)]C]((C))])

52. ((〖「BC」〗「AC」]) ⊢ (((〖A〗 C]([[A(A)]C]
((C))])) 29、30、51

53. ((〖「BC」〗「AC」]) ⊢ [((〖A〗 C])(([[A(A)]C]((C))])] 52

54. ((〖A〗 C])⊢ ((〖A〗)(C))

55. ((〖A〗 C])⊢ ((〖A〗)(C))(((A)((A)))(C))(((C))))

56. (([[A(A)]C]((C))])⊢ ((((A)((A)))(C))(((C))))

57. (([[A(A)]C]((C))])⊢ ((〖A〗)(C))(((A)((A)))(C))(((C))))

58. ((〖「BC」〗「AC」]) ⊢ [((〖A〗)(C))(((A)((A)))(C))
(((C))))] 53、55、57

59. ((((A)((A)))(C))(((C))))⊢ ((A)((A)))

60. ((((A)((A)))(C))(((C))))⊢ [「AB」(「AB」)] 60

61. ((〖「BC」〗「AC」]), ((((A)((A)))(C))(((C))))⊢ [「AB」
(「AB」)] 61

62. ((〖「BC」〗「AC」]) ⊢ [「AB」(「AB」)] 8、50、61 定理4.3.1

63. (((〖「BC」〗「AC」]([[「BC」(「BC」)]「AC」]((「AC」))])))
⊢ [((〖「BC」〗「AC」])(([[「BC」(「BC」)]「AC」]((「AC」))])]

64. (「「BC」「AC」」) ⊢ [((〖「BC」〗「AC」])(([[「BC」(「BC」)]
「AC」]((「AC」))])]

65. (「「BC」「AC」」) ⊢ [「AB」(「AB」)] 64、62、4

66. ⊢ [[[「AB」(「AB」)]「「BC」「AC」」]((「「BC」
「AC」」))] 65

67. $((((A(A)))(C))\vdash(((A(A))))$

68. $(A)\vdash((A(A)))$

69. $(((A(A))))$，$(A)\vdash((A(A)))$　68

70. $(((A(A))))$，$(A)\vdash(((A(A))))$

71. $((A))\vdash((A(A)))$

72. $(((A(A))))$，$((A))\vdash((A(A)))$　71

73. $(((A(A))))$，$((A))\vdash(((A(A))))$

74. $(((A(A))))\vdash A$　69、70、72、73

75. $((((A(A)))(C))\vdash A$　67、74

76. $((((〖B〗C]([[B(B)]C]((C))])))$，$((((A(A)))(C))$，$(((B(B))))$
$\vdash((((A(A)))(C))$

77. $((((〖B〗C]([[B(B)]C]((C))])))$，$((((A(A)))(C))$，$(((B(B))))$
$\vdash(C)$　76

78. $((((〖B〗C]([[B(B)]C]((C))]))),((((A(A)))(C)),(((B(B))))\vdash(((B(B))))$

79. $((((〖B〗C]([[B(B)]C]((C))])))$，$((((A(A)))(C))$，$(((B(B))))$
$\vdash((((B(B)))(C))$　77、78

80. $((((B(B)))(C))\vdash((((B(B)))C])$

81. $((((B(B)))(C))\vdash((〖B〗C])$　80、〖〗的定义

82. $((〖B〗C])\vdash(((〖B〗C]([[B(B)]C]((C))]))$

83. $((((B(B)))(C))\vdash(((〖B〗C]([[B(B)]C]((C))]))$　81、82

84. $((((〖B〗C]([[B(B)]C]((C))])))$，$((((A(A)))(C))$，$(((B(B))))$
$\vdash(((〖B〗C]([[B(B)]C]((C))]))$　79、83

85. $((((〖B〗C]([[B(B)]C]((C))])))$，$((((A(A)))(C))$，$(((B(B))))$
$\vdash((((〖B〗C]([[B(B)]C]((C))])))$

86. $((((〖B〗C]([[B(B)]C]((C))])))$，$((((A(A)))(C))$，$(((B(B))))$
$\vdash(B(B))$　84、85

87. $((((〖B〗C]([[B(B)]C]((C))])))$，$((((A(A)))(C))$，$(B(B))\vdash(B(B))$

88. $((((〖B〗C]([[B(B)]C]((C))])))$，$((((A(A)))(C))\vdash((B(B)))$　86、87

89. ((((〖B〗 C]([[B(B)]C]((C))]))), ((((A(A))))(C))
⊢〖B〗 88、〖〗的定义

90. ((((〖B〗 C]([[B(B)]C]((C))]))), ((((A(A))))(C))⊢A 75

91. ((((〖B〗 C]([[B(B)]C]((C))]))), ((((A(A))))(C))⊢(A〖B〗) 75

92. ((((〖B〗 C]([[B(B)]C]((C))]))), ((((A(A))))(C))
⊢[(A〖B〗)〖([[A (A)]B]((B))]〗] 91

93. (([[A(A)]C]((C))])⊢((((A)((A)))(C))(((C))))

94. ((((A)((A)))(C))(((C))))⊢((A)((A)))

95. ((((A)((A)))(C))(((C))))⊢[(A〖B〗)〖([[A (A)]B]((B))]〗] 94

96. (([[A(A)]C]((C))])⊢[(A〖B〗)〖([[A (A)]B]((B))]〗] 93、95

97. ((((〖B〗 C]([[B(B)]C]((C))]))), (([[A(A)]C]((C))])
⊢[(A〖B〗)〖([[A (A)]B]((B))]〗] 96

98. (((〖A〗 C]([[A(A)]C]((C))]))⊢[((〖A〗 C])(([[A(A)]C]((C))])]

99. ((〖A〗 C])⊢((〖A〗)(C))

100. ((〖A〗 C])⊢((((A(A))))(C)) 99、〖〗的定义

101. [((〖A〗 C])(([[A(A)]C]((C))])]⊢[((((A(A))))(C))(([[A(A)]C]
((C))])] 100

102. (((〖A〗 C]([[A(A)]C]((C))]))⊢[((((A(A))))(C))(([[A(A)]C]
((C))])] 98、101

103. ((((〖B〗 C]([[B(B)]C]((C))]))), (((〖A〗 C]([[A(A)]C]((C))]))
⊢[((((A(A))))(C))(([[A(A)]C]((C))])]

104. ((((〖B〗 C]([[B(B)]C]((C))]))), (((〖A〗 C]([[A(A)]C]((C))])),
((((A(A))))(C))⊢[(A〖B〗)〖([[A (A)]B]((B))]〗] 92

105. ((((〖B〗 C]([[B(B)]C]((C))]))), (((〖A〗 C]([[A(A)]C]((C))])),
(([[A(A)]C]((C))])⊢[(A〖B〗)〖([[A (A)]B]((B))]〗] 97

106. ((((〖B〗 C]([[B(B)]C]((C))]))), (((〖A〗 C]([[A(A)]C]((C))]))
⊢[(A〖B〗)〖([[A (A)]B]((B))]〗] 103、104、105

107. ((「BC」)), (「AC」)⊢[(A〖B〗)〖([[A (A)]B]

((B))]〗] 106、「」的定义

108. ((「BC」)) ⊢ [[[(A〖B〗)〖([[A (A)]B]((B))]〗]「AC」]
((「AC」))] 107

109. ⊢ [[[[[(A〖B〗)〖([[A (A)]B]((B))]〗]「AC」]((「AC」))]「BC」]
(「BC」)] 108

110. ⊢ [[[[[(A〖B〗)〖([[A (A)]B]((B))]〗]「BC」](「BC」)]「AC」]
((「AC」))] 109

111. ⊢ [((A〖B〗)〖([[A (A)]B]((B))]〗]([[「BC」(「BC」)]「AC」]
((「AC」))]] 110

112. [[[A(A)]B]((B))], ((A)), (C), (B)⊢ [[[A(A)]B]((B))]

113. [[[A(A)]B]((B))], ((A)), (C), (B), A⊢A

114. [[[A(A)]B]((B))], ((A)), (C), (B), A⊢ [AB] 113

115. [[[A(A)]B]((B))], ((A)), (C), (B), (A)⊢ (A)

116. [[[A(A)]B]((B))], ((A)), (C), (B), (A)⊢ ((A))

117. [[[A(A)]B]((B))], ((A)), (C), (B), (A)⊢ [AB] 115、116

118. [[[A(A)]B]((B))], ((A)), (C), (B), B⊢B

119. [[[A(A)]B]((B))], ((A)), (C), (B), B⊢ [AB]

120. [[[A(A)]B]((B))], ((A)), (C), (B), ((B))⊢ ((B))

121. [[[A(A)]B]((B))], ((A)), (C), (B), ((B))⊢ (B)

122. [[[A(A)]B]((B))], ((A)), (C), (B), ((B))⊢ [AB] 119、120

123. [[[A(A)]B]((B))], ((A)), (C), (B)
⊢ [AB] 112、114、117、119、122

124. [[[A(A)]B]((B))], ((A)), (C), [[[B(B)]C]((C))],
(B)⊢ [AB] 123

125. [[[A(A)]B]((B))], ((A)), (C), [[[B(B)]C]((C))]⊢ [[[B(B)C]((C))]

126. [[[A(A)]B]((B))], ((A)), (C), [[[B(B)]C]((C))], B⊢B

127. [[[A(A)]B]((B))], ((A)), (C), [[[B(B)]C]((C))], B⊢ [AB] 126

128. [[[A(A)]B]((B))], ((A)), (C), [[[B(B)]C]((C))], C⊢C

129. $[[[A(A)]B]((B))]$，$((A))$，(C)，$[[[B(B)]C]((C))]$，$C\vdash (C)$

130. $[[[A(A)]B]((B))]$，$((A))$，(C)，$[[[B(B)]C]((C))]$，
$C\vdash [AB]$ 128、129

131. $[[[A(A)]B]((B))]$，$((A))$，(C)，$[[[B(B)]C]((C))]$，$((C))\vdash (C)$

132. $[[[A(A)]B]((B))]$，$((A))$，(C)，$[[[B(B)]C]((C))]$，$((C))\vdash ((C))$

133. $[[[A(A)]B]((B))]$，$((A))$，(C)，$[[[B(B)]C]((C))]$，
$((C))\vdash [AB]$ 131、132

134. $[[[A(A)]B]((B))]$，$((A))$，(C)，$[[[B(B)]C]((C))]$
$\vdash [AB]$ 125、124、127、130、133

135. $[[[A(A)]B]((B))]$，$((A))$，(C)，$[[[B(B)]C]((C))]\vdash (C)$

136. $(C)\vdash ((C(C)))$

137. $(C)\vdash$ 〖C〗 136、¬的定义

138. $[[[A(A)]B]((B))]$，$((A))$，(C)，$[[[B(B)]C]((C))]$
$\vdash$ 〖C〗 135、137

139. $[[[A(A)]B]((B))]$，$((A))$，(C)，$[[[B(B)]C]((C))]$
$\vdash [A$ 〖C〗$]$ 138

140. $[[[A(A)]B]((B))]$，$((A))$，(C)，$[[[B(B)]C]((C))]$
$\vdash [$ 〖B〗 〖C〗 $]$ 138

141. $\vdash[$ 〖B〗 $B]$

142. $[[[A(A)]B]((B))]$，$((A))$，(C)，$[[[B(B)]C]((C))]\vdash [$ 〖B〗 $B]$ 141

143. $[[[A(A)]B]((B))]$，$((A))$，(C)，$[[[B(B)C]((C))]$
$\vdash ((((AB](A$ 〖C〗 $])($ 〖B〗 $B])($ 〖B〗 〖C〗 $])$ 134、139、142、140

144. $((((AB](A$ 〖C〗 $])($ 〖B〗 $B])($ 〖B〗 〖C〗 $])\vdash ((AB](A$ 〖C〗 $])$

145. $((AB](A$ 〖C〗 $])\vdash [A(B$ 〖C〗 $)]$

146. $((((AB](A$ 〖C〗 $])($ 〖B〗 $B])($ 〖B〗 〖C〗 $])$
$\vdash [A(B$ 〖C〗 $)]$ 144、145

147. $((((AB](A$ 〖C〗 $])($ 〖B〗 $B])($ 〖B〗 〖C〗 $])\vdash (($ 〖B〗 $B]($ 〖B〗
〖C〗 $])$

148. ((〖B〗B](〖B〗〖C〗]) ⊢ [〖B〗(B〖C〗]

149. ((((AB](A〖C〗])(〖B〗B])(〖B〗〖C〗])
⊢ [〖B〗(B〖C〗]　147、148

150. ((((AB](A〖C〗])(〖B〗B])(〖B〗〖C〗]) ⊢ ([A(B〖C〗)]
[〖B〗(B〖C〗])　146、149

151. ((A(B〖C〗)](〖B〗(B〖C〗]) ⊢ [(A〖B〗)(B〖C〗)]

152. ((((AB](A〖C〗])(〖B〗B])(〖B〗〖C〗])
⊢ [(A〖B〗)(B〖C〗)]　150、151

153. [[[A(A)]B]((B))]，((A))，(C)，[[[B(B)]C]((C))]⊢ [(A〖B〗)
(B〖C〗)]　143、152

154. [[[A(A)]B]((B))]，(C)，[[[B(B)]C]((C))]⊢ [[(A〖B〗)(B〖C〗)]
[A(A)]]　153

155. [[[A(A)]B]((B))]，[[[B(B)]C]((C))]
⊢ [[[(A〖B〗)(B〖C〗)](A(A)]](C((C))]]　154

156. [[[A(A)]B]((B))]，[[[B(B)]C]((C))]
⊢ [[(A〖B〗)(B〖C〗)]([[A(A)]C]((C))]]　155

157. [[[A(A)]B]((B))]
⊢ [[(A〖B〗)(B〖C〗)]([[A(A)]C]((C))]]〖[[[B(B)]C]((C))]〗]　156

158. ⊢ [[[[(A〖B〗)(B〖C〗)]([[A(A)]C]((C))]]
〖([[B(B)]C]((C))]〗]〖([[A(A)]B]((B))]〗]　157

159. ⊢ [[[[(A〖B〗)〖([[A(A)]B]((B))]〗](B〖C〗)]
〖([[B(B)]C]((C))]〗][[[A(A)]C]((C))]]　158

160. [[[A(A)]B]((B))]，[[[B(B)]C]((C))]，A⊢A

161. [[[A(A)]B]((B))]，[[[B(B)]C]((C))]，A⊢ [AB]　160

162. [[[A(A)]B]((B))]，[[[B(B)]C]((C))]，A⊢ [[AB]C]　161

163. ⊢ [〖C〗C]

164. ⊢ [[A〖C〗]C]　163

165. [[[A(A)]B]((B))]，[[[B(B)]C]((C))]，A⊢ [[A〖C〗]C]　164

166. ⊢ [[〖B〗〖C〗]C] 163

167. [[[A(A)]B]((B))]，[[[B(B)]C]((C))]，A⊢ [[〖B〗〖C〗]C] 166

168. ⊢ [〖B〗B]

169. ⊢ [[〖B〗B]C] 168

170. [[[A(A)]B]((B))]，[[[B(B)]C]((C))]，A⊢ [[〖B〗B]C] 169

171. [[[A(A)]B]((B))]，[[[B(B)]C]((C))]，A⊢ (((([AB]C]([A〖C〗]C])
([〖B〗B]C])([〖B〗〖C〗]C]) 161、165、170、167

172. (((([AB]C]([A〖C〗]C])([〖B〗B]C])([〖B〗〖C〗]C]) ⊢ (([AB]C]([A
〖C〗]C])

173. (([AB]C]([A〖C〗]C]) ⊢ [((AB](A〖C〗])C]

174. ((AB](A〖C〗]) ⊢ [A(B〖C〗)]

175. [((AB](A〖C〗])C] ⊢ [(A(B〖C〗)]C] 174

176. (((([AB]C]([A〖C〗]C])([〖B〗B]C])([〖B〗〖C〗]C])
⊢ [(A(B〖C〗)]C] 172、173、175

177. (((([AB]C]([A〖C〗]C])([〖B〗B]C])([〖B〗〖C〗]C])
⊢ (([〖B〗B]C]([〖B〗〖C〗]C])

178. (([〖B〗B]C]([〖B〗〖C〗]C]) ⊢ [((〖B〗B](〖B〗〖C〗])C]

179. ((〖B〗B](〖B〗〖C〗]) ⊢ [〖B〗(B〖C〗)]

180. [((〖B〗B](〖B〗〖C〗])C] ⊢ [(〖B〗(B〖C〗)]C] 179

181. (((([AB]C]([A〖C〗]C])([〖B〗B]C])([〖B〗〖C〗]C])
⊢ [(〖B〗(B〖C〗)]C] 177、178、180

182. (((([AB]C]([A〖C〗]C])([〖B〗B]C])([〖B〗〖C〗]C])
⊢ (([A(B〖C〗)]C]((〖B〗(B〖C〗)]C]) 176、181

183. (([A(B〖C〗)]C]((〖B〗(B〖C〗)]C])
⊢ [((A(B〖C〗)](〖B〗(B〖C〗])∨C]

184. ((A(B〖C〗)](〖B〗(B〖C〗)]) ⊢ [(A〖B〗)(B〖C〗)]

185. [((A(B〖C〗)](〖B〗(B〖C〗)])C]
⊢ [((A〖B〗)(B〖C〗)]C] 184

186. (((([AB]C]([A 〖C〗]C])([〖B〗 B]C])([〖B〗 〖C〗]C])
⊢ [((A 〖B〗)(B 〖C〗)]C]　182、183、185

187. [[[A(A)]B]((B))]，[[[B(B)]C]((C))]，A⊢ [((A 〖B〗)
(B 〖C〗)]C]　171、186

188. [[[A(A)]B]((B))]，[[[B(B)]C]((C))]⊢ [(((A 〖B〗)(B 〖C〗)]
C] 〖A〗]　187

189. [[[A(A)]B]((B))]，[[[B(B)]C]((C))]⊢ [((A 〖B〗)(B 〖C〗)]
(C 〖A〗]]　188

190. [[[A(A)]B]((B))]，[[[B(B)]C]((C))]⊢ [((A 〖B〗)(B 〖C〗)]
(〖A〗 C]]　189

191. [[[A(A)]B]((B))]⊢ [[((A 〖B〗)(B 〖C〗)](〖A〗 C]]
〖([[B(B)]C]((C))]〗]　190

192. ⊢ [[[((A 〖B〗)(B 〖C〗)](〖A〗 C]] 〖([[B(B)]C]((C))]〗]
〖([[A(A)]B]((B))]〗]　191

193. ⊢ [[[[(A 〖B〗) 〖([[A(A)]B] ((B))]〗](B 〖C〗)]
〖([[B(B)]C]((C))]〗](〖A〗 C]]　192

194. ⊢ (([[[(A〖B〗)〖([[A(A)]B] ((B))]〗](B〖C〗)]〖([[B(B)]C]((C))]〗]
(〖A〗 C]]([[[(A 〖B〗) 〖([[A(A)]B]
((B))]〗](B 〖C〗)] 〖([[B(B)]C]((C))]〗][[[A(A)]C]((C))]])　93、159

195. ⊢ [([[[(A 〖B〗) 〖([[A(A)]B] ((B))]〗](B 〖C〗)]
〖([[B(B)]C]((C))]〗]((〖A〗 C]([[A(A)]C]((C))])]　194

196. ⊢ [([[[(A 〖B〗) 〖([[A(A)]B] ((B))]〗](B 〖C〗)]
〖([[B(B)]C]((C))]〗]「AC」]　195「」的定义

197. ⊢ [[[(A 〖B〗) 〖([[A(A)]B] ((B))]〗]((B 〖C〗)
〖([[B(B)]C]((C))]〗]]「AC」]　196

198. B⊢ 〖 〖B〗 〗

199. (B 〖C〗) ⊢ (〖 〖B〗 〗 〖C〗)　198

200. (〖 〖B〗 〗 〖C〗) ⊢ 〖(〖B〗 C]〗

201. (B 〖C〗) ⊢ 〖(〖B〗 C]〗　199、200

202. [(*B* 〖*C*〗) 〖[[[*B*(*B*)]*C*]((*C*))]〗] ⊢ [〖(〖*B*〗*C*]〗 〖[[[*B*(*B*)]*C*]((*C*))]〗] 201

203. [〖(〖*B*〗*C*]〗〖[[[*B*(*B*)]*C*]((*C*))]〗] ⊢〖((〖*B*〗*C*]([[*B*(*B*)]*C*]((*C*))])〗

204. [〖(〖*B*〗*C*]〗 ∨ 〖[[[*B*(*B*)]*C*]((*C*))]〗]
⊢〖「*BC*」〗 203「」的定义

205. [(*B* 〖*C*〗) 〖[[[*B*(*B*)]*C*]((*C*))]〗] ⊢〖「*BC*」〗 202、204

206. [[[(*A* 〖*B*〗) 〖([[*A*(*A*)]*B*]((*B*))]〗]((*B* 〖*C*〗) 〖[[[*B*(*B*)]*C*]((*C*))]〗]]
「*AC*」]⊢ [[[(*A* 〖*B*〗) 〖([[*A*(*A*)]*B*]((*B*))]〗] 〖「*BC*」〗]
「*AC*」] 205

207. ⊢ [[[(*A* 〖*B*〗) 〖([[*A*(*A*)]*B*]((*B*))]〗] 〖「*BC*」〗]
「*AC*」] 197、206

208. ⊢ (([[(*A*〖*B*〗)〖([[*A*(*A*)]*B*]((*B*))]〗]〖「*BC*」〗]「*AC*」](((*A*〖*B*〗)
〖([[*A*(*A*)]*B*]((*B*))]〗]([[「*BC*」(「*BC*」)]「*AC*」]
((「*AC*」))]]) 207、111

209. ⊢ [((*A* 〖*B*〗) 〖([[*A*(*A*)]*B*]((*B*))]〗]((〖「*BC*」〗「*AC*」]
([[「*BC*」(「*BC*」)]「*AC*」]((「*AC*」))])] 208

210. ⊢ [((*A* 〖*B*〗) 〖([[*A*(*A*)]*B*]((*B*))]〗]「「*BC*」
「*AC*」」] 209「」的定义

211. *A*⊢〖〖*A*〗〗

212. (*A* 〖*B*〗) ⊢ (〖〖*A*〗〗〖*B*〗) 211

213. (*A* 〖*B*〗) ⊢〖(〖*A*〗*B*]〗 212

214. [(*A* 〖*B*〗) 〖([[*A*(*A*)]*B*]((*B*))]〗]
⊢ [〖(〖*A*〗*B*]〗 〖([[*A*(*A*)]*B*]((*B*))]〗] 213

215. [(*A* 〖*B*〗) 〖([[*A*(*A*)]*B*]((*B*))]〗] ⊢〖((〖*A*〗*B*]([[*A*(*A*)]*B*]
((*B*))])〗 214

216. [(*A* 〖*B*〗) 〖([[*A*(*A*)]*B*]((*B*))]〗] ⊢〖「*AB*」〗 215「」的定义

217. [((*A* 〖*B*〗) 〖([[*A*(*A*)]*B*]((*B*))]〗]「「*BC*」「*AC*」」]
⊢ [〖「*AB*」〗「「*BC*」「*AC*」」] 216

218. ⊢ [〖「AB」〗「「BC」「AC」」]　210、217

219. ⊢ ((〖「AB」〗「「BC」「AC」」]([[「AB」(「AB」)]
「「BC」「AC」」](((「「BC」「AC」」))])　218、66

220. ⊢「「AB」「「BC」「AC」」」　219「」的定义

定理 4.3.9　⊢「「【A】【B】」「BA」」

证明：

1. [【【A】】【B】], [[[【A】(【A】)]【B】](((【B】))], B⊢ [[[【A】(【A】)]【B】](((【B】))]

2. 【B】⊢【B】

3. [【A】】【B】]⊢[【A】】【B】]　2

4. [【【A】】【B】], [[[【A】(【A】)]【B】](((【B】))], B, 【A】⊢[【【A】】【B】]　3

5. [【【A】】【B】], [[[【A】(【A】)]【B】](((【B】))], B, 【A】⊢B

6. [【【A】】【B】], [[[【A】(【A】)]【B】](((【B】))], B, 【A】⊢【【A】】　4、5

7. [【【A】】【B】], [[[【A】(【A】)]【B】](((【B】))], B, 【A】⊢【A】

8. [【【A】】【B】], [[[【A】(【A】)]【B】](((【B】))], B, 【A】⊢A　6、7

9. (【A】)⊢(【A】)

10. (【A】)⊢(((A(A)))(A(A)])　9【】的定义

11. (【A】)⊢[(((A(A)))((A(A)])]　10

12. (【A】), (((A(A)))), (A)⊢((A(A)))

13. (【A】), (((A(A)))), (A)⊢(((A(A))))

14. (【A】), (((A(A)))), ((A))⊢((A(A)))

15. (【A】), (((A(A)))), ((A))⊢(((A(A))))

16. (【A】), (((A(A))))⊢A　12、13、14、15

17. ((A(A)])⊢((A)((A)))

18. ((A(A)])⊢A　17

19. (【A】), ((A(A)])⊢A　18

20. (【A】)⊢A　　11、16、19

21. [【【A】】【B】], [[[【A】(【A】)]【B】]((【B】))], B, (【A】)⊢A　　20

22. 【B】⊢(B)

23. [【【A】】【B】], [[[【A】(【A】)]【B】]((【B】))], B, 【B】⊢(B)　　22

24. [【【A】】【B】], [[[【A】(【A】)]【B】]((【B】))], B, 【B】⊢B　　22

25. [【【A】】【B】], [[[【A】(【A】)]【B】]((【B】))], B, 【B】⊢A　　23、24

26. [【【A】】【B】], [[[【A】(【A】)]【B】]((【B】))], B, ((【B】))⊢((【B】))

27. [【【A】】【B】], [[[【A】(【A】)]【B】]((【B】))], B, ((【B】))⊢(((((B(B)))(B(B)])))　　26【】的定义

28. [【【A】】【B】], [[[【A】(【A】)]【B】]((【B】))], B, ((【B】))⊢ [((((B(B)))))(((B(B)]))]　　27

29. [【【A】】【B】], [[[【A】(【A】)]【B】]((【B】))], B, ((【B】)), ((((B(B)))))⊢ (B(B))

30. [【【A】】【B】], [[[【A】(【A】)]【B】]((【B】))], B, ((【B】)), ((((B(B)))))⊢A　　29

31. [【【A】】【B】], [[[【A】(【A】)]【B】]((【B】))], B, ((【B】)), (((B(B)]))⊢ (((B(B)]))

32. [【【A】】【B】], [[[【A】(【A】)]【B】]((【B】))], B, ((【B】)), (((B(B)]))⊢B

33. [【【A】】【B】], [[[【A】(【A】)]【B】]((【B】))], B, ((【B】)), (((B(B)]))⊢ [B(B)]　　32

34. [【【A】】【B】], [[[【A】(【A】)]【B】]((【B】))], B, ((【B】)), (((B(B)]))⊢ ((((B(B)])))　　33

35. [【【A】】【B】], [[[【A】(【A】)]【B】]((【B】))], B, ((【B】)), (((B(B)]))⊢A　　31、34

36. [【【A】】【B】], [[[【A】(【A】)]【B】]((【B】))], B,

((【B】))⊢A　28、30、35

37. [【【A】】【B】], [[[【A】(【A】)]【B】]((【B】))], B⊢A　1、8、21、25、36

38. [【【A】】【B】], [[[【A】(【A】)]【B】]⊢[【B】A]　37

39. [【【A】】【B】]⊢[[【([[【A】(【A】)]【B】]((【B】))]】【B】] A]　38

40. ⊢[[[((【【A】】【B】])【([[【A】(【A】)]【B】]((【B】))]】【B】] A]　39

41. ⊢[[[((【【A】】【B】])【([[【A】(【A】)]【B】]((【B】))]】(【B】A]　40

42. (A)⊢【A】

43. [【【A】】【B】], ((B)), (A)⊢【A】　42

44. [【【A】】【B】], ((B)), (A)⊢[【【A】】【B】]

45. [【【A】】【B】], ((B)), (A)⊢【B】　43、44

46. [【【A】】【B】], ((B)), (A)⊢(B)　45

47. [【【A】】【B】], ((B)), (A)⊢((B))

48. [【【A】】【B】], ((B)), (A)⊢【([[【A】(【A】)]【B】]((【B】))】　46、47

49. [【【A】】【B】], ((B))⊢[【([[【A】(【A】)]【B】]((【B】))】(A((A))]]　48

50. [【【A】】【B】]⊢[[【([[【A】(【A】)]【B】]((【B】))】(A((A))]](B((B))]]　49

51. ⊢[[[【([[【A】(【A】)]【B】]((【B】))]】(【A】((【A】))]](B(B)]]【(【【A】】【B】]】]　50

52. ⊢[[[【(【【A】】【B】]】【([[【A】(【A】)]【B】]((【B】))]]】(A((A))]]∨(B(B)]]　51

53. ⊢[[[【(【【A】】【B】]】【([[A】(【A】)]【B】]((【B】))]]】(B(B)]](A((A))]]　52

54. ⊢[[[【(【【A】】【B】]】【([[【A】(【A】)]【B】]((【B】))]]】([[B(B)]A]((A))]]　53

55. ⊢ (([【(【【A】】【B】]】【([[【A】(【A】)]【B】]((【B】))]】

(【B】A]]]([【(【A】】
【B】]】【([【A】(【A】)]【B】]((【B】))]]】
([[B(B)]A]((A))]) 41、54

56. ⊢ [(【(【【A】】【B】]【([[【A】(【A】)]【B】]((【B】))]]】
((【B】A]([[B(B)]A]((A))])] 55

57. ⊢ [(【(【【A】】【B】]】【([[【A】(【A】)]【B】]((【B】))]】]
「BA」] 56「」的定义

58. [【(【A】】【B】]】【([[【A】(【A】)]【B】]((【B】))]】]
⊢【((【【A】】【B】]([[B(B)]A]((A))])】

59. [【(【【A】】【B】]】【([[【A】(【A】)]【B】]((【B】))]]】
⊢【「【A】【B】」】 58「」的定义

60. [[【(【【A】】【B】]】【([[【A】(【A】)]【B】]((【B】))]】]「BA」]
⊢ [【「【A】【B】」】「BA」] 59

61. ⊢ [【「【A】【B】」】「BA」] 57、60

62. ((「【A】【B】」)),(「BA」)⊢(「BA」)

63. ((「【A】【B】」)),(「BA」)⊢((【B】A]([[B(B)]A]
((A))]) 62「」的定义

64. ((「【A】【B】」)),(「BA」)⊢ [((【B】A])(([[B(B)]A]
((A))])] 63

65. ((「【A】【B】」)),(「BA」),((【B】A])⊢((【B】)(A))

66. ((「【A】【B】」)),(「BA」),((【B】A])⊢((「【A】【B】」))

67. ((「【A】【B】」)),(「BA」),((【B】A])⊢((((【【A】】【B】]
([[【A】(【A】)]【B】]((【B】))]))) 66「」的定义

68. ((「【A】【B】」)),(「BA」),((【B】A])⊢ [(((【〖A〗】【B】]))
((([[【A】(【A】)]【B】]((【B】))]))] 67

69. ((「【A】【B】」)),(「BA」),((【B】A]),(((【〖A〗】【B】]))
⊢ [((【〖A〗】))((【B】))]

70. ((「【A】【B】」)),(「BA」),((【B】A]),(((【〖A〗】【B】])),
((【〖A〗】))⊢((【〖A〗】))

71. ((「【A】【B】」)),(「BA」),((【B】A]),(((【〖A〗】【B】])),
((【〖A〗】))⊢((((【A】(【A】))))) 70 〖〗的定义

72. ((「【A】【B】」)), (「BA」), ((【B】A]), (((【〖A〗】【B】])), ((【〖A〗】))⊢(【A】(【A】)) 71
73. ((「【A】【B】」)), (「BA」), ((【B】A]), (((【〖A〗】【B】])), ((【〖A〗】))⊢「BA」 72
74. ((「【A】【B】」)), (「BA」), ((【B】A]), (((【〖A〗】【B】])), ((【B】))⊢((【B】)(A)) 65
75. ((「【A】【B】」)), (「BA」), ((【B】A]), (((【〖A〗】【B】])), ((【B】))⊢(【B】) 74
76. ((「【A】【B】」)), (「BA」), ((【B】A]), (((【〖A〗】【B】])), ((【B】))⊢(((B(B)))) 75 〖〗的定义
77. ((「【A】【B】」)), (「BA」), ((【B】A]), (((【〖A〗】【B】])), ((【B】))⊢(((B(B))(B(B))) 76
78. ((「【A】【B】」)), (「BA」), ((【B】A]), (((【〖A〗】【B】])), ((【B】))⊢(【B】) 77 【】的定义
79. ((「【A】【B】」)), (「BA」), ((【B】A]), (((【〖A〗】【B】])), ((【B】))⊢((【B】))
80. ((「【A】【B】」)), (「BA」), ((【B】A]), (((【〖A〗】【B】])), ((【B】))⊢「BA」 78、79
81. ((「【A】【B】」)), (「BA」), ((【B】A]), (((【〖A〗】【B】])) ⊢「BA」 69、73、80
82. ((「【A】【B】」)), (「BA」), ((【B】A]), ((([[【A】(【A】)]【B】]((【B】))])) ⊢((【B】)(A)) 65
83. ((「【A】【B】」)), (「BA」), ((【B】A]), ((([[【A】(【A】)]【B】]((【B】))]))⊢(A) 82
84. ((「【A】【B】」)), (「BA」), ((【B】A]), ((([[【A】(【A】)]【B】]((【B】))]))⊢【A】 83
85. ((「【A】【B】」)), (「BA」), ((【B】A]), ((([[【A】(【A】)]【B】]((【B】))]))⊢[[[【A】(【A】)]【B】((【B】))] 84
86. ((「【A】【B】」)), (「BA」), ((【B】A]), ((([[【A】(【A】)]【B】]((【B】))]))⊢((((【[[【A】(【A】)]【B】]((【B】))]))) 85

87. ((「【A】【B】」)), (「BA」), ((【B】A]), ((([[【A】(【A】)]【B】]((【B】))]))⊢ ((([[【A】(【A】)]【B】]((【B】))]))

88. ((「【A】【B】」)), (「BA」), ((【B】A]), ((([[【A】(【A】)]【B】]((【B】))])) ⊢「BA」 86、87

89. ((「【A】【B】」)), (「BA」), ((【B】A])⊢「BA」 68、81、88

90. ((「【A】【B】」)), (「BA」), (([[【A】(【A】)]【B】](【B】))]) ⊢ ((((B)((B)))(A))(((A))))

91. ((「【A】【B】」)), (「BA」), ((([[【A】(【A】)]【B】]((【B】))])) ⊢ ((B)((B))) 90

92. ((「【A】【B】」)), (「BA」), ((([[【A】(【A】)]【B】]((【B】))])) ⊢「BA」 91

93. ((「【A】【B】」)), (「BA」) ⊢「BA」 64、89、92

94. ((「【A】【B】」)) ⊢[「BA」(「BA」((「BA」]))] 93

95. ((「【A】【B】」)) ⊢[(「BA」「BA」]((「BA」))] 94

96. [「BA」「BA」] ⊢「BA」

97. [(「BA」「BA」]((「BA」))] ⊢[「BA」((「BA」))] 96

98. ((「【A】【B】」)) ⊢[「BA」((「BA」))] 95、97

99. ⊢[[[「【A】【B】」(「【A】【B】」)]「BA」]((「BA」))] 98

100. ⊢ ((〖「【A】【B】」〗「BA」]([[「【A】【B】」(「【A】【B】」)]「BA」]((「BA」]))) 61、99

101. ⊢「「【A】【B】」「BA」」 100「」的定义

定理 4.3.10 「「「A【A】」A」A」

证明：

1. 「「A【A】」A」⊢「「A【A】」A」

2. 「「A【A】」A」⊢ ((¬「A【A】」A]([[「A【A】」(「A【A】」)]A]((A))]) 1「」的定义

3. 「「A【A】」A」⊢[(「A【A】」)A] 2

4. 「「A【A】」A」, (「A【A】」) ⊢〖「A【A】」〗

5. 「「*A*【*A*】」*A*」，(「*A*【*A*】」)⊢〖(【*A*】【*A*】]
([[*A*(*A*)]【*A*】]((【*A*】))]〗　　4「」的定义

6. 「「*A*【*A*】」*A*」，(「*A*【*A*】」)⊢[【(【*A*】【*A*】]【([[*A*【*A*】]
A【*A*】]((【*A*】))]*A*】】]　　5

7. 「*A*【*A*】」*A*」，(「*A*【*A*】」)，〖(〖*A*〗〖*A*〗]〗
⊢(〖〖*A*〗〗〖【*A*】〗)

8. 「「*A*【*A*】」*A*」，(「*A*【*A*】」)，〖(〖*A*〗〖*A*〗]〗⊢〖〖*A*〗〗

9. 「「*A*【*A*】」*A*」，(「*A*【*A*】」)，〖(〖*A*〗〖*A*〗]〗⊢*A*

10. 「「*A*【*A*】」*A*」，(「*A*【*A*】」)，(([[*A*(*A*)]【*A*】]((【*A*】))]),
(*A*)⊢[*A*(*A*)]

11. 「「*A*【*A*】」*A*」，(「*A*【*A*】」)，(([[*A*(*A*)]【*A*】]((【*A*】))]),
(*A*)⊢[[[*A*(*A*)]【*A*】]((【*A*】))]　　10

12. 「「*A*【*A*】」*A*」，(「*A*【*A*】」)，(([[*A*(*A*)]【*A*】]((【*A*】))]),
(*A*)⊢(([[*A*(*A*)]【*A*】]((【*A*】))])

13. 「「*A*【*A*】」*A*」，(「*A*【*A*】」)，(([[*A*(*A*)]【*A*】]((【*A*】))]),
(*A*)⊢(*B*(*B*))　　11、120

14. ((*A*))，【*A*】⊢【*A*】

15. ((*A*))，【*A*】⊢(((*A*(*A*)))(*A*(*A*)])　　14　【】的定义

16. ((*A*))，【*A*】⊢[*A*(*A*)]　　15

17. ((*A*))，【*A*】，*A*⊢*A*

18. ((*A*))，【*A*】，*A*⊢(((*A*)))　　17

19. ((*A*))，【*A*】，*A*⊢((*A*))

20. ((*A*))，【*A*】，*A*⊢(*B*(*B*))　　18、19

21. ((*A*))，【*A*】，(*A*)⊢(*A*)

22. ((*A*))，【*A*】，(*A*)⊢((*A*))

23. ((*A*))，【*A*】，(*A*)⊢(*B*(*B*))　　21、22

24. ((*A*))，【*A*】⊢(*B*(*B*))　　16、20、23

25. ((*A*))，【*A*】⊢(【*A*】)

26. ((A)),（【A】）⊢ (((A (A)))(A(A)])　　25 【】的定义

27. ((A)),（【A】）⊢ [(((A(A)))((A(A)])]

28. ((A)),（【A】）, (((A(A)))⊢ ((A))

29. ((A)),（【A】）, (((A(A)))⊢ (((A (A))))　　28

30. ((A)),（【A】）, (((A(A)))⊢ (((A(A))))

31. ((A)),（【A】）, (((A(A)))⊢ (B (B))　　29、30

32. ((A)),（【A】）, ((A(A)])⊢ ((A)((A)))　　31

33. ((A)),（【A】）, ((A(A)])⊢ (B (B))　　32

34. ((A)),（【A】）⊢ (B (B))　　27、31、33

35. ((A))⊢（【A】）　　24、34

36. ((A))⊢ [【A】((【A】))]　　35

37. ((A))⊢ [[[(A (A)] 【A】]((【A】))]　　36

38. 「A【A】」A」,【「A【A】」】,【([[A(A)]【A】]((【A】))]】, ((A))⊢ [[[A【A】]【A】]((【A】))]　　37

39. 「「A【A】」A」,【「A【A】」】,【([[A(A)]【A】]((【A】))]】, ((A))⊢【([[A(A)]【A】]((【A】))]】

40. 「「A【A】」A」,【「A【A】」】,【([[A(A)]【A】]((【A】))]】, ((A))⊢ (B (B))　　38、39

41. 「「A【A】」A」,【「A【A】」】, 【([[A(A)]【A】]((【A】))]】⊢A　　13、40

42. 「「A【A】」A」,【「A【A】」】⊢A　　6、9、41

43. 「「A【A】」A」, A⊢A

44. 「「A【A】」A」⊢A　　3、42、43

45. ⊢ [【「「A【A】」A」】A]　　44

46. ((「「A【A】」A」)), (A)⊢ ((「「A【A】」A」))

47. ((「「A【A】」A」)), (A)⊢ ((((【「A【A】」A]】([[「A【A】」(「A【A】」)]A] ((A))]))))　　46「」的定义

48. ((「「A【A】」A」)), (A)⊢ [(((【「A【A】」】A]))

((([[「A【A】」(「A【A】」)]A]((A))]))]　47

49. ((「「A【A】」A」)), (A), (((【「A【A】」】A]))⊢ [((【「A【A】」】))((A))]

50. ((「「A【A】」A」)), (A), (((【「A【A】」】A])), ((【「A【A】」】))
⊢ ((【「A【A】」】))

51. ((「「A【A】」A」)), (A), (((【「A【A】」】A])), ((【「A【A】」】))
⊢ ((((「A【A】」(「A【A】」)))))　50 【】的定义

52. ((「「A【A】」A」)), (A), (((【「A【A】」】A])), ((【「A【A】」】))
⊢ (「A【A】」(「A【A】」))

53. ((「「A【A】」A」)), (A), (((【「A【A】」】A])),
((【「A【A】」】)) ⊢ (B(B))　52

54. ((「「A【A】」A」)), (A), (((【「A【A】」】A])), ((A))⊢ (A)

55. ((「「A【A】」A」)), (A), (((【「A【A】」】A])), ((A))⊢ ((A))

56. ((「「A【A】」A」)), (A), (((【「A【A】」】A])), ((A))
⊢ (B(B))　54、55

57. ((「「A【A】」A」)), (A), (((【「A【A】」】A]))
⊢ (B(B))　49、53、56

58. (A)⊢【A】

59. (A)⊢ [【A】【A】]　58

60. (A)⊢ [[[A(A)]【A】]((【A】))]

61. (A)⊢ ((【A】【A】]([[A(A)]【A】]((【A】))])　9、60

62. (A)⊢「A【A】」　61「」的定义

63. (A)⊢ [「A【A】」(「A【A】」)　62

64. (A)⊢ [[[「A【A】」(「A【A】」]A]((A))])　63

65. (A)⊢ ([[「A【A】」(「A【A】」]A]((A))])　64

66. ((「「A【A】」A」)), (A), ((([[「A【A】」]](「A【A】」]A]((A))])
⊢ (((([[「A【A】」(「A【A】」)]A]((A))])))　65

67. ((「「A【A】」A」)), (A), ((([[「A【A】」]](「A【A】」])A]((A))]
⊢ ((([[「A【A】」]](「A【A】」])A]((A))]

68. ((「「A【A】」A」)), (A), (((([[「A【A】」(「A【A】」)]A]((A))]))
⊢ (B (B)) 66、67

69. ((「「A【A】」A」)), (A)⊢ (B (B)) 48、57、68

70. ((「「A【A】」A」)), (A)⊢A 69

71. ((「「A【A】」A」)) ⊢ [A(A((A))] 70

72. [A(A((A))]]⊢ [(AA]((A))]

73. ((「「A【A】」A」)) ⊢ [(AA]((A))] 71、72

74. [AA] ⊢A

75. [(AA]((A))]⊢ [A((A))] 74

76. ((「「A【A】」A」)) ⊢ [A((A))] 73、75

77. ⊢ [[[「「A【A】」A」(「「A【A】」A」]A]((A)))] 76

78. ⊢ ((〖「「A【A】」A」〗A]([[「「A【A】」A」
(「「A【A】」)A」]A]((A)))] 45、77

79. ⊢「「「A【A】」A」A」 78「」的定义

定理 4.3.11　若Σ⊢「AB」，且Σ⊢A，则Σ⊢B。

证明：

1. Σ⊢「AB」 假设前提

2. Σ⊢A 假设前提

3. Σ⊢ ((((A(A)))B]([[A~A)]B]((B))]) 1「」的定义

4. Σ⊢ [((A(A)))B]

5. Σ, ((A(A)))⊢ [(A)((A))]

6. Σ, ((A(A))), (A)⊢A 2

7. Σ, ((A(A))), (A)⊢ (A)

8. Σ, ((A(A))), (A)⊢ (A(A)) 6、7

9. Σ, ((A(A))), (A)⊢A 2

10. Σ, ((A(A))), ((A))⊢ (((A))) 9

11. Σ, ((A(A))), ((A))⊢ ((A))

12. Σ, ((A(A))), ((A))⊢ (A(A)) 10、11

13. Σ, ((A(A)))⊢ (A(A)) 5、8、12

14. Σ，$((A(A)))\vdash B$　　13

15. Σ，$B\vdash B$

16. $\Sigma\vdash B$　　4、14、15

定理 4.3.7、定理 4.3.8、定理 4.3.9、定理 4.3.10 以及定理 4.3.11 正是卢卡西维茨三值逻辑公理系统 LPC 的 4 条公理模式和推理规则。

这样，我们就证明了：

命题 4.3.1　三值逻辑公理系统 LPC 是三值逻辑推理系统 3PC 的一个子系统。

第五章　三值逻辑与二值逻辑关系研究

有些观点认为，三值逻辑是经典二值逻辑的限制，本章基于中国表示法对这一问题重新进行探究。首先厘清了逻辑系统之间可能存在的五种关系，然后通过中国表示法将不同逻辑系统置于同一形式语言下进行分析，接着从语形上严格证明了三值逻辑系统 3PC 是经典二值逻辑系统 PC 的扩充，最后从语义上对此进行了进一步的分析和探讨。

第一节　逻辑系统之间的关系比较

至少可以追溯到卢卡西维茨那里，就存在一种观点认为，三值逻辑是经典二值逻辑的限制，因为卢卡西维茨受亚里士多德关于“明天将发生海战”有关思想的启发，他认为未来偶然命题，例如：

> 我在明年 12 月 21 日中午将在华沙。

这样的语句在表达它的时刻，是既不真也不假的。因为如果在表达它的时刻，未来偶然命题是真的，那么就说明它是必然真的，这与“偶然”属性不一致；如果在表达它的时刻，未来偶然命题是假的，那么就说明它是必然假的，这也与“偶然”属性不一致。

基于这样的考虑，他对基本联结词的理解是：

α	$-\alpha$
0	2
1	1
2	0

$\alpha\vee\beta$	0	1	2
0	0	1	2
1	1	1	2
2	2	2	2

$\alpha\wedge\beta$	0	1	2
0	0	0	0
1	0	1	1
2	0	1	2

$\alpha\to\beta$	0	1	2
0	2	2	2
1	1	2	2
2	0	1	2

其中，“$-\alpha$”表示“α的否定”，“$\alpha\vee\beta$”表示“α和β的析取”，“$\alpha\wedge\beta$”表示“α和β的合取”；“2”表示“真”，“0”表示“假”，“1”表示“真假不定”。

根据上述对逻辑联结词的解释，一些经典二值逻辑的有效式在其中就不再有效了。尤其是二值逻辑中的排中律“$\alpha\vee-\alpha$”和矛盾律“$-(\alpha\wedge-\alpha)$”都不再是有效式。因为当其中的α真假不定的时候，“$\alpha\vee-\alpha$”和“$-(\alpha\wedge-\alpha)$”也都真假不定。

α	$\alpha\vee-\alpha$
0	2
1	1
2	2

α	$-(\alpha\wedge-\alpha)$
0	0
1	1
2	0

除此之外，甚至一些逻辑系统的公理也不再有效，例如经典二值逻辑中的公理$(\alpha\to(\beta\to\gamma))\to((\alpha\to\beta)\to(\alpha\to\gamma))$，当其中的$\alpha$、$\beta$为真假不定，$\gamma$为假时，其真值也真假不定。

因为存在经典二值逻辑的有效式在三值逻辑中不再有效，而所有三值逻辑的有效式在经典二值逻辑中都有效（因为如果公式中的变元在三值 0、1、2 的情况下均为真，那么其中的变元在二值 0、2 的情况下当然也均为真），因此有观点认为，三值命题逻辑是经典二值命题逻辑的限制。

下面我们将基于中国表示法严格证明这一观点是错误的。

要讨论两个逻辑系统A与B之间的关系，一个基本的做法是对这两个系统之间的定理集$Th(A)$和$Th(B)$进行比较。它们之间的关系，可以分为如下 5 种：

(1)$Th(A)=Th(B)$。即两个系统的定理集相等，这种情况下，称这两个系统是等价的，例如罗素、怀特海等人建立的命题逻辑推演系统和希尔伯特等人建立的命题逻辑系统就是相互等价的。

(2)$Th(A)\subset Th(B)$。即逻辑系统A的定理集是逻辑系统B的定理集的真子集，亦即逻辑系统A的定理都是逻辑系统B的定理，但是逻辑系统B的有些定理不是逻辑系统A的定理。这种情况下，称系统A是系统B的真扩充。例如经典命题逻辑系统就是直觉主义命题逻辑系统的真扩充，正规时态命题逻辑系统就是经典命题逻辑系统的真扩充。

(3)$Th(A)\supset Th(B)$。即逻辑系统B的定理集是逻辑系统A的定理集的真子集，亦即逻辑系统B的定理都是逻辑系统A的定理，但是逻辑系统A的有些定理不是逻辑系统B的定理。这种情况下，称系统B是系统A的严格限制。例如某些弗协调逻辑系统就是经典命题逻辑系统的严格限制。

(4)$Th(A)\cap Th(B)=\emptyset$。即逻辑系统$A$的定理集与逻辑系统$B$的定理集无交叉，两个系统的定理集完全不同。这种情况下，称系统A与系统B是全异的。

(5)$Th(A)\not\subset Th(B)$，$Th(A)\not\supset Th(B)$，$Th(A)\neq Th(B)$并且$Th(A)\cap Th(B)\neq\emptyset$。即逻辑系统$A$的定理集与逻辑系统$B$的定理集有交叉，但是不互相包含，也不相等。这种情况下，称系统A与系统B是交叉关系。例如弗协调命题逻辑系统和直觉主义命题逻辑系统，它们在合取等方面的推理规则是相同的，但是在涉及否定等方面的推理规则则存在很大差异。

因为通常情况下，一个系统的定理集是由系统的公理和推理规则决定的，因此对于两个系统的比较，在实际的证明过程中，是对两个系统的公理集合和规则集合进行比较。在后面的讨论中，我们也将这样进行。

尤其值得注意的是对于逻辑系统定理集的比较不能囿于写法记号的差异，即不是语形的写法，而是符号表示的模式，特别是逻辑常项公理模式和推理规则，它们给出了这些逻辑常项的隐性定义和操作模式。例如对于公式“$(\alpha\rightarrow\beta)\rightarrow((\beta\rightarrow\gamma)\rightarrow(\alpha\rightarrow\gamma))$”“$(\alpha\supset\beta)\supset((\beta\supset\gamma)\supset(\alpha\supset\gamma))$”，不能因为其中符号的不同而认为它们表达的推理规律不同。但是在二值逻辑和三值逻辑等不同的逻辑系统中，不同符号表达相同推理规律以及相同符号表达不同推理规律的情况，确实给系统之间关系的比较造成了一定的困扰，而中国表示法恰好可以作为进行不同系统之间关系比较的良好表达工具。

第二节　语形证明

在第三章中的三值逻辑系统3PC中，我们通过定义引入一些其他真值函数，可以进一步获得关于这些真值函数的若干推理规律，由此可以进一步看清其和经典二值命题逻辑的关系。

定义 5.2.1　设A、$B\in Form(\mathscr{L}(P))$，〖$A$〗$=def((A(A)))$。

根据定义和第三章中联结词的基本定义，〖A〗的真值表是：

A	(A)	$(A(A))$	〖A〗$=def((A(A)))$
0	2	0	2
1	0	0	2
2	1	1	0

对照A和〖A〗的语义，可以看出，〖A〗和三值循环否定(A)一样，是对A的另外一种否定。

定理 5.2.1　Σ，$(A)\vdash$〖A〗

证明：

1. Σ，$(A)\vdash(A)$
2. Σ，$(A)\vdash[(A)((A))]$　　1
3. Σ，$(A)\vdash((A(A)))$　　2
4. Σ，$(A)\vdash$〖A〗　　3〖〗的定义

定理 5.2.2　Σ，$((A))\vdash$〖A〗

证明：

1. Σ，$((A))\vdash((A))$
2. Σ，$((A))\vdash[(A)((A))]$　　1
3. Σ，$((A))\vdash((A(A)))$　　2
4. Σ，$((A))\vdash$〖A〗　　3〖〗的定义

定理 5.2.3　Σ，$A\vdash$〖〖A〗〗

证明：

1. Σ，A，$(((A(A)))(((A(A)))))\vdash(((A(A)))(((A(A)))))$
2. Σ，A，$(((((A(A)))(((A(A)))))))\vdash[((((A(A)))))(((((A(A))))))]$　　1
3. Σ，A，$(((((A(A)))(((A(A)))))))$，$((((A(A)))))\vdash(A(A))$

4. Σ，A，(((((A(A)))(((A(A))))))), (((((A(A))))))⊢(((((A(A))))))
5. Σ，A，(((((A(A)))(((A(A))))))), (((((A(A))))))⊢((A(A))) 4
6. Σ，A，(((((A(A)))(((A(A))))))), (((((A(A))))))⊢[(A)((A))] 5
7. Σ，A，(((((A(A)))(((A(A))))))), (((((A(A)))))), (A)⊢(A)
8. Σ，A，(((((A(A)))(((A(A))))))), (((((A(A)))))), (A)⊢A
9. Σ，A，(((((A(A)))(((A(A))))))), (((((A(A)))))), (A)⊢(A(A)) 7、8
10. Σ，A，(((((A(A)))(((A(A))))))), (((((A(A)))))), ((A))⊢A
11. Σ，A，(((((A(A)))(((A(A))))))), (((((A(A)))))), ((A))⊢(((A))) 10
12. Σ，A，(((((A(A)))(((A(A))))))), (((((A(A)))))), ((A))⊢((A))
13. Σ，A，(((((A(A)))(((A(A))))))), (((((A(A)))))), ((A))⊢(A(A))11、12
14. Σ，A，(((((A(A)))(((A(A))))))), (((((A(A))))))⊢(A(A)) 6、9、13
15. Σ，A，(((((A(A)))(((A(A)))))))⊢(A(A)) 2、3、14
16. Σ，A，((((A(A)))(((A(A)))))) 1、15.
17. Σ，A⊢((〖A〗(〖A〗))) 16〖〗的定义
18. Σ，A⊢〖〖A〗〗 17〖〗的定义

该定理表明，否定“〖〗”满足双重否定引入律。

定理 5.2.4 Σ，〖〖A〗〗⊢A

证明：

1. Σ，〖〖A〗〗⊢〖〖A〗〗
2. Σ，〖〖A〗〗⊢((((A(A))((A(A))))) 1〖〗的定义
3. Σ，〖〖A〗〗⊢[(((A(A)))((((A(A))))))] 2
4. Σ，〖〖A〗〗，(((A(A)))), (A)⊢((A(A)))
5. Σ，〖〖A〗〗，(((A(A)))), (A)⊢(((A(A))))
6. Σ，〖〖A〗〗，(((A(A)))), ((A))⊢((A(A)))
7. Σ，〖〖A〗〗，(((A(A)))), ((A))⊢(((A(A))))
8. Σ，〖〖A〗〗，(((A(A))))⊢A 4、5、6、7
9. Σ，〖〖A〗〗，((((A(A)))))⊢(A(A))
10. Σ，〖〖A〗〗，((((A(A)))))⊢A 9
11. Σ，〖〖A〗〗⊢A 3、8、10

该定理表明，否定“〖〗”满足双重否定消去律。

定理 5.2.5 Σ，〖A〗⊢〖(AB)〗

证明：

1\. Σ，〖A〗，$((AB)((AB)))\vdash(C(C))$

2\. Σ，〖A〗，$((((AB)((AB)))))$，$(AB)\vdash$〖A〗

3\. Σ，〖A〗，$((((AB)((AB)))))$，$(AB)\vdash((A(A)))$　　2〖〗的定义

4\. Σ，〖A〗，$((((AB)((AB)))))$，$(AB)\vdash[(A)((A))]$　　3

5\. Σ，〖A〗，$((((AB)((AB)))))$，(AB)，$(A)\vdash(A)$

6\. Σ，〖A〗，$((((AB)((AB)))))$，(AB)，$(A)\vdash(AB)$

7\. Σ，〖A〗，$((((AB)((AB)))))$，(AB)，$(A)\vdash A$　　6

8\. Σ，〖A〗，$((((AB)((AB)))))$，(AB)，$(A)\vdash(C(C))$　　5、7

9\. Σ，〖A〗，$((((AB)((AB)))))$，(AB)，$((A))\vdash((A))$

10\. Σ，〖A〗，$((((AB)((AB)))))$，(AB)，$((A))\vdash(AB)$

11\. Σ，〖A〗，$((((AB)((AB)))))$，(AB)，$((A))\vdash A$　　10

12\. Σ，〖A〗，$((((AB)((AB)))))$，(AB)，$((A))\vdash(((A)))$　　11

13\. Σ，〖A〗，$((((AB)((AB)))))$，(AB)，$((A))\vdash(C(C))$　　9、12

14\. Σ，〖A〗，$((((AB)((AB)))))$，$(AB)\vdash(C(C))$　　4、8、13

15\. Σ，〖A〗，$((((AB)((AB)))))$，$((AB))\vdash(((AB)((AB))))$

16\. Σ，〖A〗，$((((AB)((AB)))))$，$((AB))\vdash((((AB)((AB)))))$

17\. Σ，〖A〗，$((((AB)((AB)))))$，$((AB))\vdash(C(C))$　　15、16

18\. Σ，〖A〗，$((((AB)((AB)))))$，$(((AB)))\vdash(((AB)((AB))))$

19\. Σ，〖A〗，$((((AB)((AB)))))$，$(((AB)))\vdash((((AB)((AB)))))$

20\. Σ，〖A〗，$((((AB)((AB)))))$，$(((AB)))\vdash(C(C))$　　18、19

21\. Σ，〖A〗，$((((AB)((AB)))))\vdash(((AB)))$　　14、17

22\. Σ，〖A〗，$((((AB)((AB)))))\vdash((AB))$　　14、20

23\. Σ，〖A〗，$((((AB)((AB)))))\vdash(C(C))$　　21、22

24\. Σ，〖A〗$\vdash(((AB)((AB))))$　　1、23

25\. Σ，〖A〗$\vdash$〖(AB)〗　　24〖〗的定义

定理 5.2.6　Σ，〖B〗$\vdash$〖(AB)〗

证明：与上述定理 5.2.5 类似。

定理 5.2.7　Σ，[〖A〗〖B〗]$\vdash$〖(AB)〗

证明：

1\. Σ，〖A〗$\vdash$〖(AB)〗

2. Σ，[〖A〗〖B〗]，〖A〗$\vdash$〖(AB)〗 1

3. Σ，〖B〗$\vdash$〖(AB)〗

4. Σ，[〖A〗〖B〗]，〖B〗$\vdash$〖(AB)〗 3

5. Σ，[〖A〗〖B〗]$\vdash$[〖A〗〖B〗]

6. Σ，[〖A〗〖B〗]$\vdash$〖(AB)〗 2、4、5

定理 5.2.8 $\Sigma\vdash$[A〖A〗]

证明：

1. Σ，$(A)\vdash((A(A)))$

2. Σ，$((A))\vdash((A(A)))$

3. $\Sigma\vdash[A((A(A)))]$ 1、2

4. $\Sigma\vdash$[A〖A〗] 3〖〗的定义

该定理表明，否定“〖〗”满足排中律。

定理 5.2.9 $\Sigma\vdash$〖(A〖A〗)〗

证明：

1. $\Sigma\vdash$[〖A〗〖〖A〗〗]

2. [〖A〗〖〖A〗〗]$\vdash$〖(A〖A〗)〗

3. $\Sigma\vdash$〖(A〖A〗)〗 1、2

该定理表明，否定“〖〗”满足矛盾律。

定理 5.2.10

(1)〖A〗$\vdash[(A)((A))]$

(2)〖(A)〗$\vdash[A((A))]$

(3)〖$((A))$〗$\vdash[A(A)]$

证明：

(1)

1. 〖A〗$\vdash$〖A〗 Ref

2. 〖A〗$\vdash((A(A)))$ 1〖〗的定义

3. 〖A〗$\vdash[(A)((A))]$ 2

(2)

1. 〖(A)〗$\vdash$〖(A)〗 Ref

2. 〖(A)〗$\vdash(((A)((A))))$ 1〖〗的定义

3. 〖(A)〗$\vdash[((A))(((A)))]$ 2

4. (((A)))⊢A

5. [((A))(((A)))]⊢[((A))A]　3、4

6. 〖(A)〗⊢[((A))A]　5

7. 〖(A)〗⊢[A((A))]　6

(3)

1. 〖((A))〗⊢〖((A))〗　Ref

2. 〖((A))〗⊢((((A))(((A)))))　1〖〗的定义

3. 〖((A))〗⊢[(((A))((((A))))]　2

4. 〖((A))〗，(((A)))⊢A

5. 〖((A))〗，(((A)))⊢[A(A)]　4

6. 〖((A))〗，((((A))))⊢(A)

7. 〖((A))〗，((((A))))⊢[A(A)]　6

8. 〖((A))〗⊢[A(A)]　3、5、7

定义 5.2.2　『AB』=def[〖A〗〖〖B〗〗]。

根据定义和第三章中联结词的基本定义，[〖A〗〖〖B〗〗]的真值表是：

[〖A〗〖〖B〗〗]	0	1	2
0	2	2	2
1	2	2	2
2	0	0	2

可以看出，[〖A〗〖〖B〗〗]可以看作一种A、B之间的蕴涵关系。

定理 5.2.11　⊢『A『BA』』

证明：

1. ⊢[〖A〗〖〖A〗〗]

2. [〖A〗〖〖A〗〗]⊢[[〖A〗〖〖A〗〗]〖B〗]

3. ⊢[[〖A〗〖〖A〗〗]〖B〗]　1、2

4. ⊢[〖A〗[〖〖A〗〗〖B〗]]　3

5. 〖A〗⊢[〖A〗〖〖[〖B〗〖〖A〗〗]〗〗]

6. [〖〖A〗〗〖B〗]⊢[〖B〗〖〖A〗〗]

7. [〖〖A〗〗〖B〗]⊢〖〖[〖B〗〖〖A〗〗]〗〗　6

8. [〖〖A〗〗〖B〗]⊢[〖A〗〖〖[〖B〗〖〖A〗〗]〗〗]

9. ⊢[〖A〗〖〖[〖B〗〖〖A〗〗]〗〗] 4、5、8.

10. ⊢『A『BA』』 9 ⊃的定义

定理 5.2.12 〖(AB)〗⊢[〖A〗〖B〗]

证明：

1. 〖(AB)〗，(A(A))⊢(A(A))
2. 〖(AB)〗，(A(A))⊢((B(B))) 1.
3. 〖(AB)〗，(((A(A)))，(B(B))⊢ (B (B))
4. (((AB)((AB)))，(((A(A)))，(((B(B)))，(AB)⊢(((AB)((AB))))
5. (((AB)((AB)))，(((A(A)))，(((B(B)))，(AB)⊢[((AB))(((AB)))] 4
6. (((AB)((AB)))，(((A(A)))，(((B(B)))，(AB)，((AB))⊢(AB)
7. (((AB)((AB)))，(((A(A)))，(((B(B)))，(AB)，((AB))⊢((AB))
8. (((AB)((AB)))，(((A(A)))，(((B(B)))，(AB)，((AB))⊢(C(C))6、7
9. (((AB)((AB)))，(((A(A)))，(((B(B)))，(AB)，(((AB)))⊢(AB)
10. (((AB)((AB)))，(((A(A)))，(((B(B)))，(AB)，(((AB)))⊢((((AB)))) 9
11. (((AB)((AB)))，(((A(A)))，(((B(B)))，(AB)，(((AB)))⊢(((AB)))
12. (((AB)((AB)))，(((A(A)))，(((B(B)))，(AB)，(((AB)))⊢(C(C)) 10、11
13. (((AB)((AB)))，(((A(A)))，(((B(B)))，(AB)⊢(C(C)) 5、8、12
14. (((AB)((AB)))，(((A(A)))，(((B(B)))，((AB))⊢((AB))
15. (((AB)((AB)))，(((A(A)))，(((B(B)))，((AB))⊢[(A)(B)] 14
16. (((AB)((AB)))，(((A(A)))，(((B(B)))，((AB))，(A)⊢(A)
17. (((AB)((AB)))，(((A(A)))，(((B(B)))，((AB))，(A)⊢((A(A)) 16
18. (((AB)((AB)))，(((A(A)))，(((B(B)))，((AB))，(A)⊢(((A(A)))
19. (((AB)((AB)))，(((A(A)))，(((B(B)))，((AB))，(A)⊢(C(C))17、18
20. (((AB)((AB)))，(((A(A)))，(((B(B)))，((AB))，(B)⊢(B)
21. (((AB)((AB)))，(((A(A)))，(((B(B)))，((AB))，(B)⊢((B(B))) 20
22. (((AB)((AB)))，(((A(A)))，(((B(B)))，((AB))，(B)⊢(((B(B)))
23. (((AB)((AB)))，(((A(A)))，(((B(B)))，((AB))，(B)⊢(C(C))21、22
24. (((AB)((AB)))，(((A(A)))，(((B(B)))，((AB))⊢(C(C))15、19、23
25. (((AB)((AB)))，(((A(A)))，(((B(B)))，(((AB)))⊢(((AB)))

26. $(((AB)((AB))))$，$(((A(A))))$，$(((B(B))))$，$(((AB)))\vdash[((A))((B))]$　25

27. $(((AB)((AB))))$，$(((A(A))))$，$(((B(B))))$，$(((AB)))$，$((A))\vdash((A(A))$

28. $(((AB)((AB))))$，$(((A(A))))$，$(((B(B))))$，$(((AB)))$，$((A))\vdash(((A(A))))$

29. $(((AB)((AB))))$，$(((A(A))))$，$(((B(B))))$，$(((AB)))$，$((A))\vdash(C(C))$　27、28

30. $(((AB)((AB))))$，$(((A(A))))$，$(((B(B))))$，$(((AB)))$，$((B))\vdash((B(B))$

31. $(((AB)((AB))))$，$(((A(A))))$，$(((B(B))))$，$(((AB)))$，$((B))\vdash(((B(B))))$

32. $(((AB)((AB))))$，$(((A(A))))$，$(((B(B))))$，$(((AB)))$，$((B))\vdash(C(C))$　30、31

33. $(((AB)((AB))))$，$(((A(A))))$，$(((B(B))))$，$(((AB)))\vdash(C(C))$　26、29、32

34. $(((AB)((AB))))$，$(((A(A))))$，$(((B(B))))\vdash(AB)$　24、33

35. $(((AB)((AB))))$，$(((A(A))))$，$(((B(B))))\vdash((AB))$　13、33

36. $(((AB)((AB))))$，$(((A(A))))$，$(((B(B))))$，$\vdash(C(C))$　34、35

37. $(((AB)((AB))))$，$(((A(A))))$，$\vdash((B(B)))$　3、36

38. $(((AB)((AB))))\vdash[((A(A)))((B(B)))]$　2、37

39. $((AB))\vdash[$〖A〗〖B〗$]$　38〖〗的定义

定理 5.2.13　若$A\vdash B$，则〖B〗$\vdash$〖A〗

证明：

1. $A\vdash B$

2. $((B(B)))$，$(A(A))\vdash(A(A))$

3. $((B(B)))$，$(((A(A))))$，$A\vdash((B(B)))$

4. $((B(B)))$，$(((A(A))))$，$A\vdash[(B)((B))]$

5. $((B(B)))$，$(((A(A))))$，A，$(B)\vdash(B)$

6. $((B(B)))$，$(((A(A))))$，A，$(B)\vdash B$　1

7. $((B(B)))$，$(((A(A))))$，A，$(B)\vdash(C(C))$　6、7

8. $((B(B)))$，$(((A(A))))$，A，$((B))\vdash B$　1

9. $((B(B)))$，$(((A(A))))$，A，$((B))\vdash(((B)))$　8

10. $((B(B)))$，$(((A(A))))$，A，$((B))\vdash((B))$

11. $((B(B)))$，$(((A(A))))$，A，$((B))\vdash(C(C))$　9、10

12. $((B(B)))$，$(((A(A))))$，$A\vdash(C(C))$　4、7、11

13. $((B(B)))$，$(((A(A))))$，$(A)\vdash((A(A)))$

14. $((B(B)))$，$(((A(A))))$，$(A)\vdash(((A(A))))$

15. $((B(B)))$，$(((A(A))))$，$(A)\vdash(C(C))$ 13、14

16. $((B(B)))$，$(((A(A))))$，$((A))\vdash((A(A)))$

17. $((B(B)))$，$(((A(A))))$，$((A))\vdash(((A(A))))$

18. $((B(B)))$，$(((A(A))))$，$((A))\vdash(C(C))$ 16、17

19. $((B(B)))$，$(((A(A))))\vdash A$ 15、18

20. $((B(B)))$，$(((A(A))))\vdash(A)$ 12、18

21. $((B(B)))$，$(((A(A))))\vdash(A(A))$ 19、20

22. $((B(B)))\vdash((A(A)))$ 21

23. 〖B〗$\vdash$〖A〗 22

定理 5.2.14　若$A\vdash$〖B〗，则$B\vdash$〖A〗

证明：

1. $A\vdash$〖B〗

2. 〖〖B〗〗$\vdash$〖A〗 1

3. $B\vdash$〖〖B〗〗

4. $B\vdash$〖A〗 2、3

定理 5.2.15　若〖A〗$\vdash B$，则〖B〗$\vdash A$

证明：

1. 〖A〗$\vdash B$

2. 〖B〗$\vdash$〖〖A〗〗 1

3. 〖〖A〗〗$\vdash A$

4. 〖B〗$\vdash A$ 2、3

定理 5.2.16　若〖A〗$\vdash$〖B〗，则$B\vdash A$

证明：

1. 〖A〗$\vdash$〖B〗

2. 〖〖B〗〗$\vdash$〖〖A〗〗 1

3. $B\vdash$〖〖B〗〗

4. $B\vdash$〖〖A〗〗 2、3

5. $B\vdash A$ 4

定理 5.2.13、定理 5.2.14、定理 5.2.15 和定理 5.2.16 构成了关于否定词“〖〗”

的假言易位定律。

定理 5.2.17　若Σ，$A\vdash B$，则$\Sigma\vdash$[〖A〗B]

证明：

1. $\Sigma\vdash$[A〖A〗]
2. Σ，$A\vdash B$
3. Σ，$A\vdash$[〖A〗B]　　2
4. Σ，〖A〗$\vdash$[〖A〗B]
5. $\Sigma\vdash$[〖A〗B]　　1、3、4

定理 5.2.18　若Σ，〖A〗$\vdash B$，则$\Sigma\vdash$[AB]

证明：

1. $\Sigma\vdash$[A〖A〗]
2. Σ，$A\vdash$[AB]
3. Σ，〖A〗$\vdash B$
4. Σ，〖A〗$\vdash$[AB]　　3
5. $\Sigma\vdash$[AB]　　1、2、4

定理 5.2.19　〖[AB]〗$\vdash$(〖A〗〖B〗)

证明：

1. $A\vdash$ [AB]
2. 〖[AB]〗$\vdash$〖A〗　　1
3. $B\vdash$[AB]
4. 〖[AB]〗$\vdash$〖B〗　　3
5. 〖[AB]〗$\vdash$(〖A〗〖B〗)　　2、4

定理 5.2.20　(〖A〗〖B〗)$\vdash$〖[AB]〗

证明：

1. [AB]$\vdash$[AB]
2. $A\vdash$〖〖A〗〗
3. $A\vdash$[〖〖A〗〗〖〖B〗〗]　　2
4. $B\vdash$〖〖B〗〗
5. $B\vdash$[〖〖A〗〗〖〖B〗〗]　　4
6. [AB]$\vdash$[〖〖A〗〗〖〖B〗〗]　　1、3、5
7. [AB]$\vdash$〖(〖A〗〖B〗)〗　　6

8. (〖A〗 〖B〗)⊢ 〖[AB]〗 7

定理 5.2.21 ⊢『『A『BC』』『『AB』『AC』』』

证明：

1. ⊢[(A〖〖(B〖C〗)〗〗)〖(A〖〖(B〖C〗)〗〗)〗]
2. (A〖〖(B〖C〗)〗〗)⊢〖〖(A〖〖(B〖C〗)〗〗)〗〗
3. [〖A〗 〖〖〖(B〖C〗)〗〗〗]⊢〖(A〖〖(B〖C〗)〗〗)〗
4. 〖〖(A〖〖(B〖C〗)〗〗)〗〗⊢〖[〖A〗 〖〖〖(B〖C〗)〗〗〗]〗 3
5. [〖B〗 〖〖C〗〗]⊢〖(B〖C〗)〗
6. 〖〖[〖B〗 〖〖C〗〗]〗〗⊢[〖B〗 〖〖C〗〗]
7. 〖(B〖C〗)〗⊢〖〖〖(B〖C〗)〗〗〗
8. 〖〖[〖B〗 〖〖C〗〗]〗〗⊢〖〖〖(B〖C〗)〗〗〗 6、5、7
9. [〖A〗 〖〖[〖B〗 〖〖C〗〗]〗〗]⊢[〖A〗 〖〖〖(B〖C〗)〗〗〗] 8
10. 〖[〖A〗 〖〖〖[〖B〗 〖C〗]〗〗〗]〗
⊢〖[〖A〗 〖〖[〖B〗 〖〖C〗〗]〗〗]〗 9
11. 〖〖(A〖〖(B〖C〗)〗〗)〗〗
⊢〖[〖A〗 〖〖[〖B〗 〖〖C〗〗]〗〗]〗 4、10
12. (A〖〖(B〖C〗)〗〗)⊢〖[〖A〗 〖〖[〖B〗 〖〖C〗〗]〗〗]〗 2、11
13. 〖(A〖〖(B〖C〗)〗〗)〗⊢[〖A〗 〖〖〖(B〖C〗)〗〗〗]
14. 〖〖〖(B〖C〗)〗〗〗⊢〖(B〖C〗)〗
15. 〖〖〖(B〖C〗)〗〗〗⊢[〖B〗 〖〖C〗〗] 14
16. [〖A〗 〖〖〖[〖B〗 〖C〗]〗〗〗]⊢[〖A〗[〖B〗 〖〖C〗〗]] 15
17. [〖A〗 〖〖[〖B〗 〖〖C〗〗]⊢[[〖A〗 〖B〗] 〖〖C〗〗] 16
18. 〖(A〖〖(B〖C〗)〗〗)〗⊢[[〖A〗 〖B〗]〖〖C〗〗] 13、17
19. [〖A〗 〖B〗]⊢[〖A〗 〖B〗]
20. ⊢[A〖A〗]
21. ⊢[〖A〗A] 20
22. [〖A〗 〖B〗]⊢[〖A〗A] 21
23. [〖A〗 〖B〗]⊢([〖A〗A][〖A〗 〖B〗]) 19、22
24. ([〖A〗A][〖A〗 〖B〗])⊢[〖A〗(A〖B〗)]
25. ([〖A〗A][〖A〗 〖B〗])⊢[(A)〖B〗 〖A〗] 24
26. [〖A〗 〖B〗]⊢[(A〖B〗)〖A〗] 23、25

27. [〖A〗〖B〗〖〖C〗〗]⊢[[(A)〖B〗〖A〗]〖〖C〗〗]　26

28. [〖A〗〖B〗〖〖C〗〗]⊢[(A〖B〗)[〖A〗〖〖C〗〗]]　27

29. 〖(A〖〖(B〖C〗)〗〗)〗⊢[(A〖B〗)[〖A〗〖〖C〗〗]]　18、28

30. [〖A〗〖〖B〗〗]⊢〖(A〖B〗)〗

31. 〖〖(A〖B〗)〗〗⊢〖[〖A〗〖〖B〗〗]〗　30

32. (A〖B〗)⊢〖〖(A〖B〗)〗〗

33. (A〖B〗)⊢〖[〖A〗〖B〗]〗　31、32

34. [〖A〗〖〖C〗〗]⊢〖〖[〖A〗〖〖C〗〗]〗〗

35. 〖(A〖〖(B〖C〗)〗〗)〗，(A〖B〗)，⊢〖[〖A〗〖〖B〗〗]〗　33

36. 〖(A〖〖(B〖C〗)〗〗)〗，(A〖B〗)，
⊢〖[[〖A〗〖〖B〗〗]〖〖[〖A〗〖〖C〗〗]〗〗]〗　35

37. 〖(A〖〖(B〖C〗)〗〗)〗，[〖A〗〖〖C〗〗]
⊢〖〖[〖A〗〖〖C〗〗]〗〗　34

38. 〖(A〖〖(B〖C〗)〗〗)〗，[〖A〗〖〖C〗〗]
⊢[〖[〖A〗〖〖B〗〗]〗〖〖[〖A〗〖〖C〗〗]〗〗]　37

39. 〖(A〖〖(B〖C〗)〗〗)〗
⊢[〖[〖A〗〖〖B〗〗]〗〖〖[〖A〗〖〖C〗〗]〗〗]　29、36、38

40. 〖(A〖〖(B〖C〗)〗〗)〗
⊢〖〖[〖[〖A〗〖〖B〗〗]〗〖〖[〖A〗〖〖C〗〗]〗〗]〗〗　39

41. ⊢[〖[〖A〗〖〖[〖B〗〖〖C〗〗]〗〗]〗〖〖[〖[〖A〗〖〖B〗〗]〗
〖〖[〖A〗〖〖C〗〗]〗〗]〗〗]　1、12、40

42. ⊢『『A『BC』』『『AB』『AC』』』　41『』的定义

定理 5.2.22　⊢『『〖A〗B』『『〖A〗〖B〗』A』』

证明：

1. ⊢[〖[〖〖A〗〗〖〖B〗〗]〗〖〖[〖〖A〗〗〖〖B〗〗]〗〗]

2. 〖〖[〖〖A〗〗〖〖B〗〗]〗〗⊢[〖〖A〗〗〖〖B〗〗]

3. 〖〖B〗〗⊢〖〖〖〖B〗〗〗〗

4. [〖〖A〗〗〖〖B〗〗]⊢[〖〖A〗〗〖〖〖〖B〗〗〗〗]　3

5. [〖〖A〗〗〖〖B〗〗]⊢[〖〖A〗〗〖〖〖〖A〗〗〗〗]

6. [〖〖A〗〗〖〖B〗〗]
⊢([〖〖A〗〗〖〖〖〖A〗〗〗〗][〖〖A〗〗〖〖〖〖B〗〗〗〗])　5、4

7. [〖〖A〗〗 〖〖B〗〗]⊢[〖〖A〗〗(〖〖〖A〗〗〗 〖〖〖〖B〗〗〗〗)] 6

8. (〖〖〖A〗〗〗 〖〖〖〖B〗〗〗〗)⊢ 〖[〖〖A〗〗 〖〖〖B〗〗〗]〗

9. [〖〖A〗〗(〖〖〖A〗〗〗 〖〖〖〖B〗〗〗〗)]
⊢[〖〖A〗〗 〖[〖〖A〗〗 〖〖〖B〗〗〗]〗] 8

10. [〖〖A〗〗(〖〖〖A〗〗〗 〖〖〖〖B〗〗〗〗)]
⊢[〖[〖〖A〗〗 〖〖〖B〗〗〗]〗 〖〖A〗〗] 9

11. [〖〖A〗〗 〖〖B〗〗]⊢[〖[〖〖A〗〗 〖〖〖B〗〗〗]〗
〖〖A〗〗] 7、10

12. 〖〖[〖〖A〗〗 〖〖B〗〗]〗〗
⊢[〖[〖〖A〗〗 〖〖〖B〗〗〗]〗 〖〖A〗〗] 2、11

13. 〖〖[〖〖A〗〗 〖〖B〗〗]〗〗
⊢ 〖〖[〖[〖〖A〗〗 〖〖〖B〗〗〗]〗 〖〖A〗〗]〗〗 12

14. [〖[〖〖A〗〗 〖〖B〗〗]〗 〖〖[〖〖A〗〗 〖〖B〗〗]〗〗]
⊢[〖[〖〖A〗〗 〖〖B〗〗]〗 〖〖[〖[〖〖A〗〗 〖〖〖B〗〗〗]〗
〖〖A〗〗]〗〗] 13

15. ⊢[〖[〖〖A〗〗 〖〖B〗〗] 〗 〖〖[〖[〖〖A〗〗 〖〖〖B〗〗〗]〗
〖〖A〗〗]〗〗] 1、14

16. ⊢『『〖A〗B』『『〖A〗〖B〗』A』』 15『』的定义

定理 5.2.23 Σ⊢『『〖A〗〖B〗』『BA』』

证明:

1. 〖〖〖B〗〗〗⊢〖B〗

2. [〖〖A〗〗 〖〖〖B〗〗〗]⊢[〖〖A〗〗 〖B〗] 1

3. [〖〖A〗〗 〖〖〖B〗〗〗]⊢[〖B〗 〖〖A〗〗] 2

4. [〖〖A〗〗 〖〖〖B〗〗〗]⊢ 〖〖[〖B〗 〖〖A〗〗]〗〗 3

5. ⊢[〖[〖〖A〗〗 〖〖〖B〗〗〗]〗 〖〖[〖B〗 〖〖A〗〗]〗〗] 4

6. ⊢『『〖A〗〖B〗』『BA』』 5『』的定义

定理 5.2.24 若Σ⊢[AB]，且Σ⊢〖A〗，则Σ⊢B。

证明:

1. Σ⊢[AB]

2. Σ，(A)⊢B 1

3. Σ，((A))⊢B 1

4. $\Sigma\vdash$〖A〗

5. $\Sigma\vdash((A\ (A)))$ 4〖〗的定义

6. $\Sigma\vdash[(A)((A))]$ 5

7. $\Sigma\vdash B$ 6、2、3

定理 5.2.25　若$\Sigma\vdash$『AB』，且$\Sigma\vdash A$，则$\Sigma\vdash B$。

证明：

1. $\Sigma\vdash$『AB』

2. $\Sigma\vdash$[〖A〗〖〖B〗〗] 1『』的定义

3. $\Sigma\vdash A$

4. $\Sigma\vdash$〖〖A〗〗 3

5. $\Sigma\vdash B$ 2、4

定理 5.2.26　若$A\vdash B$，则〖B〗$\vdash$〖A〗。

证明：

1. 〖B〗$\vdash$[A〖A〗]

2. $A\vdash B$

3. 〖B〗，$A\vdash B$ 2

4. 〖B〗，$A\vdash$〖B〗

5. 〖B〗，$A\vdash$〖A〗 3、4

6. 〖B〗，〖A〗$\vdash$〖A〗

7. 〖B〗$\vdash$〖A〗 1、5、6

定理 5.2.27　若〖A〗$\vdash B$，则〖B〗$\vdash A$。

证明：

1. 〖A〗$\vdash B$

2. 〖B〗$\vdash$〖〖A〗〗 1

3. 〖B〗$\vdash A$ 2

定理 5.2.28　若$A\vdash$〖B〗，则$B\vdash$〖A〗。

证明：

1. $A\vdash$〖B〗

2. 〖〖B〗〗$\vdash$〖A〗 1

3. $B\vdash$〖〖B〗〗

4. $B\vdash$〖A〗 2、3

定理 5.2.29 若〖A〗⊢〖B〗，则B⊢A。

证明：

1. 〖A〗⊢〖B〗
2. 〖〖B〗〗⊢〖〖A〗〗 1
3. 〖〖B〗〗⊢A 2
4. B⊢〖〖B〗〗
5. B⊢〖B〗 3、4

定理 5.2.30 ⊢『$[AA]A$』

证明：

1. $[AA]$⊢A
2. 〖A〗⊢〖$[AA]$〗 1
3. [〖A〗〖〖A〗〗]⊢[〖$[AA]$〗〖〖A〗〗] 2
4. ⊢[〖A〗〖〖A〗〗]
5. ⊢[〖$[AA]$〗〖〖A〗〗] 3、4
6. ⊢『$[AA]A$』 5『』的定义

定理 5.2.31 ⊢『$A[AB]$』

证明：

1. A⊢$[AB]$
2. A⊢〖〖$[AB]$〗〗 1
3. 〖〖A〗〗⊢A
4. 〖〖A〗〗⊢〖〖$[AB]$〗〗 2、3
5. [〖A〗〖〖A〗〗]⊢[〖A〗〖〖$[AB]$〗〗] 4
6. ⊢[〖A〗〖〖A〗〗]
7. ⊢[〖A〗〖〖$[AB]$〗〗] 5、6
8. ⊢『$A[AB]$』 7『』的定义

定理 5.2.32 ⊢『$[AB][BA]$』

证明：

1. ⊢[〖$[AB]$〗〖〖$[AB]$〗〗]
2. $[AB]$⊢$[BA]$
3. $[AB]$⊢〖〖$[BA]$〗〗 2
4. 〖〖$[AB]$〗〗⊢$[AB]$

5. 〖〖[AB]〗〗⊢〖〖[BA]〗〗　3、4

6. [〖[AB]〗〖〖[AB]〗〗]⊢[〖[AB]〗〖〖[BA]〗〗]　5

7. ⊢[〖[AB]〗〖〖[BA]〗〗]　1、6

8. ⊢『[AB][BA]』　7『』的定义

定理 5.2.33　⊢『『BC』『[AB][AC]』』

证明：

1. ⊢[A〖A〗]

2. ⊢[〖A〗A]　1

3. ⊢[[〖A〗A]C]　2

4. [〖B〗〖〖C〗〗]⊢[〖B〗〖〖C〗〗]

5. [〖B〗〖〖C〗〗]，〖B〗⊢[[〖B〗A]C]

6. [〖B〗〖〖C〗〗]，〖〖C〗〗⊢C

7. [〖B〗〖〖C〗〗]，〖〖C〗〗⊢[[〖B〗A]C]　6

8. [〖B〗〖〖C〗〗]⊢[[〖B〗A]C]　4、5、7

9. [〖B〗〖〖C〗〗]⊢[[〖A〗A]C]　3

10. [〖B〗〖〖C〗〗]⊢([[〖A〗A]C][[〖B〗A]C])　8、9

11. [〖B〗〖〖C〗〗]⊢[(〖A〗〖B〗)[AC]]　10

12. [AC]⊢〖〖[AC]〗〗

13. [(〖A〗〖B〗)[AC]]⊢[(〖A〗〖B〗)〖〖[AC]〗〗]　12

14. [〖B〗〖〖C〗〗]⊢[(〖A〗〖B〗)〖〖[AC]〗〗]　11、13

15. (〖A〗〖B〗)⊢〖[AB]〗

16. [(〖A〗〖B〗)〖〖[AC]〗〗]⊢[〖[AB]〗〖〖[AC]〗〗]　15

17. [〖B〗〖〖C〗〗]⊢[〖[AB]〗〖〖[AC]〗〗]　14、16

18. [〖B〗〖〖C〗〗]⊢〖〖[〖[AB]〗〖〖[AC]〗〗]〗〗　17

19. ⊢[〖[〖B〗〖〖C〗〗]〗〖〖[〖[AB]〗〖〖[AC]〗〗]〗〗〗]　18

20. ⊢『『BC』『[AB][AC]』』　19『』的定义

定理 5.2.34　若Σ⊢A，且Σ⊢[〖A〗B]，则Σ⊢B。

证明：

1. Σ⊢A

2. Σ⊢[〖A〗B]

3. Σ，〖A〗⊢A　1

4. Σ，〖A〗⊢〖A〗

5. Σ，〖A〗⊢B　　3、4

6. Σ，B⊢B

7. Σ⊢B　　2、5、6，规则 9

一个经典二值命题逻辑公理系统可以由下述三条公理和一条推理规则构成：

公理：

(A1) $\varphi\to(\psi\to\varphi)$

(A2) $[\varphi\to(\psi\to\chi)]\to[(\varphi\to\psi)\to(\varphi\to\chi)]$

(A2)$(\neg\varphi\to\neg\psi)\to(\psi\to\varphi)$

推理规则：若$\varphi\to\psi$且φ，则ψ。[①]

上述证明的定理 5.2.11、定理 5.2.21、定理 5.2.23 以及定理 5.2.25 正可以构成经典命题逻辑的三条公理和推理规则。

定理 5.2.11　⊢『A『BA』』

定理 5.2.21　⊢『『A『BC』』『『AB』『AC』』

定理 5.2.23　⊢『『〖A〗〖B〗』『BA』

定理 5.2.25　若Σ⊢『AB』，且Σ⊢A，则Σ⊢B。

如果我们使用符号“$\neg A$”和“$A\to B$”来分别改写“〖A〗”『AB』，则上述定理可改写为：

定理 5.2.11′　$\vdash A\to(B\to A)$

定理 5.2.21′　$\vdash(A\to(B\to C))\to((A\to B)\to(A\to C))$

定理 5.2.23′　$\vdash(\neg A\to\neg B)\to(B\to A)$

定理 5.2.25′　若$\Sigma\vdash A\to B$，且$\Sigma\vdash A$，则$\Sigma\vdash B$

由此，施归纳于定理证明的长度，可以得出如下命题：

命题 5.2.1　对于任一公式A，若$A\in Th$(PC)，则$A\in Th$(3PC)。

即任何二值经典命题逻辑的定理都是三值逻辑系统 3PC 的定理。

而在三值逻辑系统 3PC 中，定理 5.2.1、定理 5.2.10 等则显然不是二值经典命题逻辑系统 PC 的定理。因此可得：

命题 5.2.2　三值逻辑系统 3PC 是二值经典命题逻辑系统 PC 的真扩充。

---

① J. Donald. Monk. 1976.*MathematicalLogic*. SpringerVerlag. p. 117.

第三节　语义分析

根据定义 5.2.1 和定义 5.2.2 可以看出，在三值逻辑中可以定义出不同类型的否定和蕴涵关系。除定义 5.2.1 和定义 5.2.2 中的否定和蕴涵关系之外，至少还可以定义以下的否定和蕴涵关系：

A	**(***A***)**
0	2
1	0
2	0

[AB]	0	1	2
0	2	2	2
1	0	2	2
2	0	2	2

如果以{1，2}作为特征值，即以{1，2}作为“真”，则定义 5.2.1、定义 5.2.2 以及上述否定“**( )**”和蕴涵关系“*[]*”都具有一个非常明显的特征，即组合的二值性，即有这些联结词组合而得的公式，其真值具有或“0”或“2”的二值性。不难验证下列公式都是有效式：

[A[BA]]

[A[BC]] [[AB] [AC]]

*[***(***A***)(***B***)** *] [BA]*

而推理规则“若 *[AB]*，且*A*，则*B*”具有保真性。

因此，由上述公理和推理规则也可以构造一个二值经典命题逻辑系统。

当我们说“$\alpha\vee-\alpha$”和“$-(\alpha\wedge-\alpha)$”在三值逻辑中不是有效式的时候，“$\alpha\vee-\alpha$”和“$-(\alpha\wedge-\alpha)$”已经不是二值排中律和矛盾律在三值逻辑中的合适表达公式，二值排中律和矛盾律在三值逻辑中的合适表达公式应该是：“[*A*〖*A*〗]”和“〖(*A*〖*A*〗])〗”或者“[α**(**α**)**]”和“**(**(α**(**α**)**)**)**”；三值排中律和矛盾律在三值逻辑中的合适表达公式应该是：“[*A*(*A*)((*A*))]”和“((*A*(*A*)))”。

第六章　基于中国表示法的三值模态逻辑

中国表示法不仅可以表达通常的真值联结词和量词等逻辑常项，还可以表达模态词等。本章将证明只要使用一种括号不仅可以表达所有三值真值联结词，而且可以表达三值必然模态词和三值可能模态词。本章还讨论了基于中国表示法的三值模态逻辑的元理论问题，证明了系统的可靠性和完全性。

第一节　三值模态逻辑形式语言

三值模态命题逻辑形式语言是对经典二值命题逻辑形式语言的修正，只包含两类符号：命题符号和一种括号。

定义 6.1.1　三值模态命题逻辑形式语言 $\mathscr{L}$(MP)包括如下两类符号：

(1)命题符号：p_1，p_2，p_3，…；

(2)括号：左花括号{，右花括号}。

通常以p、q、r等表示任一命题符号。

定义 6.1.2　由 $\mathscr{L}$(MP)中符号构成的有穷序列称为表达式。

通常以X、Y、Z等表示任一 $\mathscr{L}$(MP)中的表达式。

定义 6.1.3　$\mathscr{L}$(MP)中的公式由下列规则递归生成：

(1)单独一个命题符号是公式；

(2)如果X是公式，那么$\{X\}$也是公式；

(3)如果X、Y是公式，那么$\{XY\}$也是公式。

通常以大写字母A、B、C、D等表示 $\mathscr{L}$(MP)中的任一公式，以Σ、Γ、Δ等表示任一公式的集合；由 $\mathscr{L}$(MP)中的所有公式构成的集合记为*Form*($\mathscr{L}$(MP))；单独一个命题符号称为原子，由 $\mathscr{L}$(MP)中的所有原子构成的

集合记为 $Atom(\mathscr{L}(\mathrm{MP}))$。

第二节　三值模态逻辑常项的中国表示法

在下文中，为了行文简洁，我们使用符号⇒表示“如果……那么……”，使用符号⇔表示“……当且仅当……”。

定义 6.2.1　设$\langle W, R\rangle$是任一二元组，称$\langle W, R\rangle$是一个框架，当且仅当，W是一非空集，R是W上的一个二元关系，即$R\in W\times W$。

定义 6.2.2　设$\langle W, R\rangle$是任一框架，σ是$\langle W, R\rangle$上对三值模态形式语言$\mathscr{L}(\mathrm{MP}))$中公式的一个赋值，当且仅当，$\sigma$是一个由$Form(\mathscr{L}(\mathrm{MP}))$到$\{2, 1, 0\}$的函数，并满足下列条件：对于任意的$A$、$B\in Form(\mathscr{L}(\mathrm{MP}))$，对于任一$w\in W$，

(1)

$(\{A\}, w)^{\sigma}=$	2，如果$\forall w'(wRw'\Rightarrow(A, w')^{\sigma}=2)$
	0，如果$\exists w'(wRw'\wedge(A, w')^{\sigma}=0)$
	1，如果$\exists w'(wRw'\wedge(A, w')^{\sigma}=1)$并且$\forall w'(wRw'\Rightarrow(A, w')^{\sigma}\neq 0)$

(2)

$(\{AB\}, w)^{\sigma}$	0	1	2
0	2	0	1
1	0	0	0
2	1	0	1

定义 6.2.2 将模态词赋值为三值，所以定义 6.2.4 是模态三值语义。

定义 6.2.3　设$\mathfrak{M}=\langle W, R, \sigma\rangle$，其中$\langle W, R\rangle$是一个框架，$\sigma$是一个赋值，则称$\mathfrak{M}$是形式语言$\mathscr{L}(\mathrm{MP}))$的一个模型。

定义 6.2.4　设$\mathfrak{M}=\langle W, R, \sigma\rangle$是任一模型，$A\in Form(\mathscr{L}(\mathrm{MP}))$，$w\in W$，

(1)称A在w上是真的，当且仅当$(A, w)^{\sigma}=2$，又记为$\langle W, R, \sigma\rangle\vDash wA$。

(2)称A在模型$\langle W, R, \sigma\rangle$上是可满足的，当且仅当，存在$w\in W$，使得$\langle W, R, \sigma\rangle\vDash wA$。

(3)称A在模型$\langle W, R, \sigma\rangle$上有效，当且仅当，对于任一$w\in W$，均有$\langle W, R, \sigma\rangle\vDash wA$。记作$\langle W, R, \sigma\rangle\vDash A$。

定义 6.2.5　设$F=\langle W, R\rangle$是任意框架，$A\in Form(\mathscr{L}(\mathrm{MP}))$。称$A$在$F$上有效，记作$F\vDash A$，当且仅当，对于$F$上的任一$\sigma$，都有$\langle W, R, \sigma\rangle\vDash A$。

定义 6.2.6　设 F 是任意框架类，$A\in Form(\mathscr{L}(\mathrm{MP}))$。称$A$在 F 上有效，记作 $\mathsf{F}\vDash A$，当且仅当，对于任一$F\in\mathsf{F}$，都有$F\vDash A$。

定义 6.2.7　设 $\mathbf{M}$ 是任意框架类，$A\in Form(\mathscr{L}(\mathrm{MP}))$。称$A$在 $\mathbf{M}$ 上有效，记作 $\mathbf{M}\vDash A$，当且仅当，对于任一模型$\mathfrak{M}\in\mathbf{M}$，都有$\mathfrak{M}\vDash A$。

定义 6.2.8　设φ表示任一性质，F是任一框架，

(1)如果F中的关系R具有性质φ，则称F为φ框架，记作F_φ；

(2)设F_φ为任一φ框架，F_φ上的任一模型$\mathfrak{M}$称为φ模型，记作$\mathfrak{M}_\varphi$；

(3)φ框架形成的框架类称为φ框架类，记作 F_φ；

(4)φ模型形成的模型类称为φ模型类，记作 $\mathbf{M}_\varphi$。

定义 6.2.9　设A是任一公式，若A在任一模型上都是有效的，则称公式A为有效式，记作$\vDash A$；若A在所有φ模型上都是有效的，则称A为φ模型有效的，简称A为φ有效的，记作 $\mathbf{M}_\varphi\vDash A$，简记为$\varphi\vDash A$。

下面通过定义引入其他联结词，讨论括号{}的表达能力。

定义 6.2.10　设A、$B\in Form(\mathrm{L}(\mathrm{MP}))$，一些简写约定如下：

(1)$(A)=def\{AA\}$；

(2)$(AB)=def\{\{\{AA\}\{AA\}\}\{\{BB\}\{BB\}\}\}=def\{((A))((B))\}$。

对于$((AB)C)$下面将简写为(ABC)。

根据语义定义，不难验证定义 6.2.9 中的两个联结词的真值表语义：

A	(A)
0	2
1	0
2	1

(AB)	0	1	2
0	0	0	0
1	0	1	1
2	0	1	2

(A)构成了一个三值循环否定，(AB)构成一个三值取小合取。

由此，可以进一步定义如下两个三值联结词：

定义 6.2.11　设A、$B\in Form(\mathrm{L}(\mathrm{MP}))$，一些简写约定如下：

(1)$\blacktriangleleft AB\blacktriangleright=def(((A)((A)))((B)((B))))$；

(2)$\prec AB\succ=def((((((A)((A)))((B)((B))))(((((A)((A)))((B)((B)))))))$。

根据语义定义，可以验证定义 6.2.11 中的两个联结词的真值表语义：

❮AB❯	0	1	2
0	1	2	2
1	2	2	2
2	2	2	2

≺AB≻	0	1	2
0	0	2	2
1	2	2	2
2	2	2	2

定义 6.2.12　使用括号“❮❯”或者“≺≻”将命题符号p或其三值循环否定(p)、$((p))$联结而成的公式称为三值析取子式。

定义 6.2.13　与公式A等值并且满足下列条件的公式A'：

(1)A'形如$(A_1A_2\cdots A_n)$，其中每个$A_i(1\leqslant i\leqslant n)$均为三值析取子式；

(2)公式A中命题符号均在每个$A_i(1\leqslant i\leqslant n)$中出现；

(3)三值析取子式内按照字母序排列，三值析取子式间按照先“❮❯”后“≺≻”及p、(p)、$((p))$的顺序排列。

公式A'称为公式A的完全合取范式。

与二值逻辑完全合取范式类似，容易证明：

定理 6.2.1　任一三值逻辑公式均存在唯一的完全合取范式。

由此定理可以得出，由一元联结词“(A)”、二元联结词“(AB)”“❮AB❯”“≺AB≻”构成了一个三值联结词的完全集。

而且上面的定义和定理实际上给出了一个使用上述 4 个三值联结词定义任何一个三值联结词的操作性方法。

例如对于三值取大析取函数$[AB]$可以根据其真值表

[AB]	0	1	2
0	0	1	2
1	1	1	2
2	2	2	2

可以将其定义为：(≺AB≻❮$A(B)$❯❮$(A)B$❯❮$(A)(B)$❯)。

根据上述定义可以看出，一元联结词“(A)”、二元联结词“(AB)”“❮AB❯”“≺AB≻”都是由一对花括号“{}”逐步定义出来的，因此花括号“{}”是三值真值函数表达能力完全的。

结合语义定义 6.2.2 等，可以看出作为一元联结词的花括号“{}”又担当了表达三值必然模态的功能。

下面我们可以进一步通过花括号“{}”定义出另一个模态词：

定义 6.2.14 设$A\in Form(\mathrm{L}(\mathrm{MP}))$，简写约定如下：

$\Diamond A=def(\{(A)\})$。

根据语义定义，可以得出$\Diamond A$的直观语义是：

$(\Diamond A, w)^{\sigma}=$	2，如果$\exists w'(wRw'\wedge(A, w')^{\sigma}=2)$
	0，如果$\forall w'(wRw'\Rightarrow(A, w')^{\sigma}=0)$
	1，如果$\exists w'(wRw'\wedge(A, w')^{\sigma}=1)$并且$\forall w'(wRw'\Rightarrow(A, w')^{\sigma}\neq 2)$

为了叙述方便，下面我们继续定义一些三值联结词。

定义 6.2.15 设$A\in Form(\mathrm{L}(\mathrm{MP}))$，简写约定如下：

(1) 〖A〗$=def((A(A)))$；

(2) 【A】$=def($〖A〗$[A(A)])$；

(3) 「AB」$=def[[$【A】$B](([[A(A)][B(B)]]))]$；

(4) 『AB』$=def($「AB」「BA」$)$。

根据语义定义，可以得出〖A〗、【A】、「AB」的直观语义是：

A	〖A〗	【A】
0	2	2
1	2	1
2	0	0

「AB」	0	1	2
0	2	2	2
1	1	2	2
2	0	1	2

『AB』	0	1	2
0	2	1	0
1	1	2	1
2	0	1	2

为了显目，下文中，我们将$\{A\}$写作◖A◗。

综上所述，花括号不仅可以表达所有三值真值联结词，而且可以表达三值必然模态和三值可能模态。

第三节 三值模态逻辑系统及其元理论

下面我们基于中国表示法进一步将中国表示法推进到三值模态逻辑公理系统及其相关的元理论问题讨论上。公理系统主要参照卢卡西维茨的相关工作。

因为作为形式语言{}的表达功能在第二节中已经获得证明，在本节中，为了灵活使用括号，也为了表述方便，我们适当扩充形式语言，将一些通过{}定义出来的括号也直接作为初始符号使用，并且在陈述公理时也使用这些括号。为之，我们将扩充的形式语言规范如下：

定义 6.3.1　三值模态命题逻辑形式语言 $\mathscr{L}$(MP)包括如下两类符号：

(1)命题符号：p_1，p_2，p_3，…；

(2)三组括号：◖，◗；【，】；「，」。

通常以p、q、r等表示任一命题符号。

定义 6.3.2　由 $\mathscr{L}$(MP)中符号构成的有穷序列称为表达式。

通常以X、Y、Z等表示任一 $\mathscr{L}$(MP)中的表达式。

定义 6.3.3　$\mathscr{L}$(MP)中的公式由下列规则递归生成：

(1)单独一个命题符号是公式；

(2)如果X是公式，那么◖*X*◗、【*X*】也是公式；

(3)如果X、Y是公式，那么「*XY*」也是公式。

为了方便，定义引入两组括号：[，]；『，』。具体定义见第二节。

其语义参照第二节。

定义 6.3.4　设*A*、*B*、*C*∈*Form*(L (MP))，三值模态命题逻辑公理系统 3MPC 主要包括如下公理：

($Ax1$)　「*A*「*BA*」」

($Ax2$)　「「*AB*」「「*BC*」「*AC*」」」

($Ax3$)　「「【*A*】【*B*】」「*BA*」」

($Ax4$)　「「「*A*【*A*】」*A*」*A*」

(K)　「◖「*AB*」◗「◖*A*◗◖*B*◗」」

(LM_2)　【『◖*A*◗【◖*A*◗】』】

(LM_{31})　「【◖*A*◗】「◖「【*A*】*A*」◗◖*A*◗」」

(LM_{32})　「「【◖*A*◗】【【◖*A*◗】】」◖「【*A*】【【*A*】】」◗」

(D)　「◖*A*◗◇*A*」

(T)　「◖*A*◗*A*」

(B)　「*A*◖◇*A*◗」

(4)　「◖*A*◗◖◖*A*◗◗」

(E)　「◇*A*◖◇*A*◗」

选择以上不同的公理进行组合可构成不同的三种模态命题逻辑系统：

(1)LM_2诸公理系统：

公理系统 LM_2K：$Ax1$~$Ax4$+K+LM_2

公理系统 LM_2D：$Ax1$~$Ax4$+K+LM_2＋D

公理系统 LM_2T：$Ax1$~$Ax4$+K+LM_2＋T

公理系统 LM2B：$Ax1$~$Ax4$+K+LM2＋T＋B

公理系统 LM2S4：$Ax1$~$Ax4$+K+LM2＋T＋4

公理系统 LM2S5：$Ax1$~$Ax4$+K+LM2＋T＋E

(2)LM_3诸公理系统：

公理系统 LM3K：$Ax1$~$Ax4$+K+LM31＋LM32

公理系统 LM3D：$Ax1$~$Ax4$+K+LM31＋LM32＋D

公理系统 LM3T：$Ax1$~$Ax4$+K+LM31＋LM32＋T

公理系统 LM3B：$Ax1$~$Ax4$+K+LM31＋LM32＋T＋B

公理系统 LM3S4：$Ax1$~$Ax4$+K+LM31＋LM32＋T＋4

公理系统 LM3S5：$Ax1$~$Ax4$+K+LM31＋LM32＋T＋E

这些系统的初始推理规则均为如下两条：

分离规则(rd)：若「AB」且A，则B。

必然化规则(◖◗)：若A，则◖A◗。

含有公理$Ax1$~$Ax4$ 和 K 以及上述两条推理规则的模态逻辑系统统称为正规模态逻辑系统。

定义 6.3.5　（**模态证明**）设A、B、C∈*Form*(L (MP))，S 为一个正规模态逻辑公理系统。公式序列

$$A_1，A_1，A_1，\cdots，A_n$$

称为一个模态证明，当且仅当，对于每一个A_k ($1\leqslant k\leqslant n$)满足下列条件之一：

(1)A_k是 S 系统的公理；

(2)有$j<k$，使得A_k=◖A_j◗

(3)有i，$j<k$，使得A_i=「A_jA_k」。

如果公式序列

$$A_1，A_1，A_1，\cdots，A_n$$

是一个模态证明，并且$A_n=A$，则称该序列为公式A的一个 S 系统的模态证明；当公式A存在一个 S 系统的模态证明（以下简称证明），则称公式A

为定理，记为$\vdash_S A$，在不引起混淆的情况下，简记为$\vdash A$。

在上述各公理系统中，有下述导出规则：

导出规则 6.3.1 如果$\vdash$「AB」，那么$\vdash$「◖A◗◖B◗」。

证明：

1. 「AB」	假设前提
2. ◖「AB」◗	1，必然化规则(◖◗)
3. 「◖「AB」◗「◖A◗◖B◗」」	K 公理
4.「◖A◗◖B◗」	2、3，(rd)

定义 6.3.6　设$A\in Form$(L (MP))，φ是任一一阶公式，若对任意框架$F=\langle W, R\rangle$都有$F\vDash A$，当且仅当F是φ框架。则称A与φ对应。

下面我们用e、r、t、y、E分别表示关系R的一些性质（使用通常符号表示）：

e：持续性(seriality)	$\forall w\exists w'(wRw')$
r：自返性(reflexivity)	$\forall w(wRw)$
t：传递性(transitivily)	$\forall w\forall w'\forall w''\ (wRw'\wedge w'Rw''\Rightarrow wRw'')$
y：对称性(symmetry)	$\forall w\forall w'(wRw'\Rightarrow w'Rw)$
E：欧性(Euclidearc)	$\forall w\forall w'\forall w''\ (wRw'\wedge wRw''\Rightarrow w'Rw'')$

定理 6.3.1　在模态三值语义定义 6.2.2 之下，公理模式 D 与e对应。

证明：

假设$\langle W, R\rangle$不是持续的。那么一定存在一个w，$w\in W$且对于所有的$w'\in W$，wRw'均不成立。这样，对于$\langle W, R\rangle$的任一赋值σ，都有(◖A◗，$w)^\sigma=2$而($[A]$，$w)^\sigma\neq 2$。因此(「◖A◗$[A]$」，$w)^\sigma\neq 2$。所以，$\langle W, R\rangle\vDash$「◖$A$◗$[A]$」不成立。

反之，假设$\langle W, R\rangle\vDash$「◖$A$◗$[A]$」不成立，则一定存在$\langle W, R\rangle$上的一个赋值$\sigma$，存在一个$w$，$w\in W$，使得(「◖$A$◗$[A]$」，$w)^\sigma\neq 2$。那么，

(「◖A◗$[A]$」，$w)^\sigma=0$ 或者(「◖A◗$[A]$」，$w)^\sigma=1$。

(1)若(「◖A◗$[A]$」，$w)^\sigma=0$，根据模态三值语义定义 6.2.2 可得：

1. (◖A◗，$w)^\sigma=2$
2. ($[A]$，$w)^\sigma=0$

进一步可得：

3. $\forall w'(wRw'\Rightarrow(A, w')^\sigma=2)$

4. $\forall w'(wRw' \Rightarrow (A,\ w')^{\sigma}=0)$

因此，如果存在w_0，$w_0 \in W$且wRw_0，那么由 3 和 4 分别可得：

5. $(A,\ w_0)^{\sigma}=2$

6. $(A,\ w_0)^{\sigma}=0$

这与赋值定义矛盾。

所以，对于所有的w_0，$w_0 \in W$且wRw_0均不成立。

因此$\langle W,\ R\rangle$不是持续的。

(1)若(「◖A◗[A]」，$w)^{\sigma}=0$，根据模态三值语义定义 6.2.2 存在两种可能：

(11)

1. (◖A◗，$w)^{\sigma}=2$

2. $([A],\ w)^{\sigma}=1$

进一步可得：

3. $\forall w'(wRw' \Rightarrow (A,\ w')^{\sigma}=2)$

4. $\exists w'(wRw' \wedge (A,\ w')^{\sigma}=1)$并且$\forall w'(wRw' \Rightarrow (A,\ w')^{\sigma} \neq 2)$

由 3 和 4 中$\forall w'(wRw' \Rightarrow (A,\ w')^{\sigma}=2)$和$\forall w'(wRw' \Rightarrow (A,\ w')^{\sigma} \neq 2$ 可得：对于所有的w'，$w' \in W$且wRw'均不成立。

因此$\langle W,\ R\rangle$不是持续的。

(12)

1. (◖A◗，$w)^{\sigma}=1$

2. $([A],\ w)^{\sigma}=0$

进一步可得：

3. $\exists w'(wRw' \wedge (A,\ w')^{\sigma}=1)$并且$\forall w'(wRw' \Rightarrow (A,\ w')^{\sigma} \neq 0)$

4. $\forall w'(wRw' \Rightarrow (A,\ w')^{\sigma}=0)$

由 3 中的$\forall w'(wRw' \Rightarrow (A,\ w')^{\sigma} \neq 0)$和 3 可得：对于所有的$w'$，$w' \in W$且$wRw'$均不成立。

因此$\langle W,\ R\rangle$不是持续的。

综上，$\langle W,\ R\rangle$不是持续的。

定义 6.3.7 设$\langle W,\ R\rangle$是任一框架，σ是$\langle W,\ R\rangle$上对三值模态形式语言$\mathscr{L}$(MP))中公式的一个赋值，当且仅当，σ是一个由 *Form*($\mathscr{L}$(MP))到$\{2,\ 1,\ 0\}$的函数，并满足下列条件：对于任意的A、$B \in$ *Form*($\mathscr{L}$(MP))，对于任一$w \in W$，

(1)

$(\{A\}, w)^{\sigma}=$	2，如果$\forall w'(wRw'\Rightarrow(A, w')^{\sigma}=2)$
	0，否则

(2)

$(\{AB\}, w)^{\sigma}$	0	1	2
0	2	0	1
1	0	0	0
2	1	0	1

定义 6.2.4 将模态词赋值为二值，所以定义 6.2.4 是模态二值语义。

根据二值模态语义定义，可以得出$[A]$的直观语义是：

$([A], w)^{\sigma}=$	2，如果$\exists w'(wRw'\wedge(A, w')^{\sigma}\neq 0)$
	0，否则

定理 6.3.2 在模态二值语义定义 6.2.4 之下，公理模式 D 与 e 对应。

证明：

假设$\langle W, R\rangle$不是持续的。那么一定存在一个w，$w\in W$且对于所有的$w'\in W$，wRw'均不成立。这样，对于$\langle W, R\rangle$的任一赋值σ，都有(◖A◗，$w)^{\sigma}=2$而$([A], w)^{\sigma}=0$。因此(「◖A◗$[A]$」，$w)^{\sigma}=0$。所以，$\langle W, R\rangle\vDash$「◖$A$◗$[A]$」不成立。

反之，假设$\langle W, R\rangle\vDash$「◖$A$◗$[A]$」不成立，则一定存在$\langle W, R\rangle$上的一个赋值$\sigma$，存在一个$w$，$w\in W$，使得(「◖$A$◗$[A]$」，$w)^{\sigma}\neq 2$。那么，因为在模态二值语义定义 6.2.4 之下，公式◖A◗和$[A]$只具有值 2 和 0，因此(「◖A◗$[A]$」，$w)^{\sigma}\neq 1$。所以可得：

1. (「◖A◗$[A]$」，$w)^{\sigma}=0$

由此可得：

2. (◖A◗，$w)^{\sigma}=2$
3. $([A], w)^{\sigma}=0$

进一步可得：

4. $\forall w'(wRw'\Rightarrow(A, w')^{\sigma}=2)$

5. $\forall w'(wRw' \Rightarrow (A,\ w')^{\sigma}=0)$

因此，如果存在w_0，$w_0 \in W$且wRw_0，那么由 4 和 5 分别可得：

6. $(A,\ w_0)^{\sigma}=2$

7. $(A,\ w_0)^{\sigma}=0$

这与赋值定义矛盾。

所以，对于所有的w_0，$w_0 \in W$，wRw_0 均不成立。

因此$\langle W,\ R \rangle$不是持续的。

类似可证：

定理 6.3.3　在模态二值语义定义 6.2.4 下，公理模式 T 与r对应。

定理 6.3.4　在模态二值语义定义 6.2.4 下，公理模式 B 与y对应。

定理 6.3.5　在模态二值语义定义 6.2.4 下，公理模式 4 与t对应。

定理 6.3.6　在模态二值语义定义 6.2.4 下，公理模式 E 与E对应。

定理 6.3.7　在模态三值语义定义 6.2.2 下，公理模式 D 与e对应。

定理 6.3.8　在模态三值语义定义 6.2.2 下，公理模式 T 与r对应。

定理 6.3.9　在模态三值语义定义 6.2.2 下，公理模式 B 与y对应。

定理 6.3.10　在模态三值语义定义 6.2.2 下，公理模式 4 与t对应。

定理 6.3.11　在模态三值语义定义 6.2.2 下，公理模式 E 与E对应。

定义 6.3.8　设 S 是任一模态逻辑系统，

(1)任一模型$\mathfrak{M}$是 S 模型，记作$\mathfrak{M}_S$，当且仅当，任一 S 系统的定理都是$\mathfrak{M}$有效的；

(2)任一框架F是 S 框架，记作Fs，当且仅当，F上的模型都是 S 模型；

(3)全部 S 框架形成的框架类称为 S 框架类，记作 $\mathbf{F}_S$；

(4)全部 S 模型形成的模型类称为 S 模型类，记作 $\mathbf{M}_S$。

定义 6.3.9　设 S 是任一模态逻辑系统，A是任一模态公式，A是 S 有效的，当且仅当，A是 $\mathbf{F}_S$ 有效的。

定理 6.3.12　公理系统 LM_2K 的公理在模态二值语义定义 6.2.4 下都是有效式。

证明：

首先，公理$Ax1$~$Ax4$ 在任意模型下都是有效的，证明与经典逻辑中类似。

其次，证明 K 公理是有效的。

使用反证法。假设 K 公理不是任意模型有效的。则一定存在一个模型$\langle W, R, \sigma\rangle$，$\langle W, R, \sigma\rangle \vDash$K 公理不成立。即存在$w \in W$，

(1)　(「◖「AB」◗「◖A◗◖B◗」」，$w)^{\sigma} \neq 2$

因为在模态二值语义定义 6.2.4 下，◖◗算子只有 0、2 两个值，因此(「◖「AB」◗「◖A◗◖B◗」」，$w)^{\sigma} \neq 1$。因此(「◖「AB」◗「◖A◗◖B◗」」，$w)^{\sigma}=0$。

由赋值定义可得：

(2)　(◖「AB」◗，$w)^{\sigma}=2$

(3)　(「◖A◗◖B◗」，$w)^{\sigma}=0$

由(3)可得：

(4)　(◖A◗，$w)^{\sigma}=2$

(5)　(◖B◗，$w)^{\sigma}=0$

由(5)可得：

(6)　$\exists w'(w' \in W \wedge wRw' \wedge (B, w')^{\sigma} \neq 2)$

由(4)、(6)可得：

(7)　$(A, w')^{\sigma}=2$

由(6)、(7)可得：

(8)　$\exists w'(w' \in W \wedge wRw' \wedge ($「$AB$」$, w')^{\sigma} \neq 2)$

由(8)可得：

(9)　(◖「AB」◗，$w)^{\sigma} \neq 2$

但(2)和(9)矛盾。假设不成立。因此，K 公理是任意模型有效的。

最后，类似可证公理 LM_2 在模态二值语义定义 6.2.4 下也是有效的。

定理 6.3.13　公理系统 LM_3K 的公理在模态三值语义定义 6.2.2 下都是有效式。

证明：

选证公理 K：「◖「AB」◗「◖A◗◖B◗」」为有效式。

使用反证法。假设 K 公理不是任意模型有效的。则一定存在一个模型$\langle W, R, \sigma\rangle$，$\langle W, R, \sigma\rangle \vDash$K 公理不成立。即存在$w \in W$，(「◖「$AB$」◗「◖$A$◗◖$B$◗」」，$w)^{\sigma} \neq 2$。那么在模态三值语义定义 6.2.2 下，(「◖「AB」◗「◖A◗◖B◗」」，$w)^{\sigma}=1$或者(「◖「AB」◗「◖A◗◖B◗」」，$w)^{\sigma}=0$。

1.当(「◖「AB」◗「◖A◗◖B◗」」，$w)^{\sigma}=1$ 时，有两种可能，一种可能是：

(1)　(◖「AB」◗，$w)^{\sigma}=2$

(2) $(\text{「◖}A\text{◗◖}B\text{◗」}, w)^{\sigma}=1$

由(2)可得：

(3) $(\text{◖}A\text{◗}, w)^{\sigma}=2$ 且 $(\text{◖}B\text{◗}, w)^{\sigma}=1$

或者 $(\text{◖}A\text{◗}, w)^{\sigma}=1$ 且 $(\text{◖}B\text{◗}, w)^{\sigma}=0$

由(3)可得：

(4) $\forall w'(wRw' \Rightarrow (A, w')^{\sigma}=2)$

$\exists w'(wRw' \wedge (B, w')^{\sigma}=1)$ 并且 $\forall w'(wRw' \Rightarrow (B, w')^{\sigma}\neq 0)$;

或者 $\exists w'(wRw' \wedge (A, w')^{\sigma}=1)$ 并且 $\forall w'(wRw' \Rightarrow (A, w')^{\sigma}\neq 0)$

$\exists w'(wRw' \wedge (B, w')^{\sigma}=0)$

由(4)可得：

(5) $\exists w'(wRw' \wedge (\text{「}AB\text{」}, w')^{\sigma}=1)$

或者 $\exists w'(wRw' \wedge (\text{「}AB\text{」}, w')^{\sigma}=1)$

不论何种情况，由(5)均可得：

(6) $\exists w'(wRw' \wedge (\text{「}AB\text{」}, w')^{\sigma}\neq 2)$

根据模态三值语义定义 6.2.2，由(6)可得：

(7) $(\text{◖「}AB\text{」◗}, w)^{\sigma}\neq 2$

(2)和(7)矛盾。

另一种可能是：

(1) $(\text{◖「}AB\text{」◗}, w)^{\sigma}=1$

(2) $(\text{「◖}A\text{◗◖}B\text{◗」}, w)^{\sigma}=0$

由(1)可得：

(3) $\exists w'(wRw' \wedge (\text{「}AB\text{」}, w')^{\sigma}=1)$ 并且 $\forall w'(wRw' \Rightarrow (\text{「}AB\text{」}, w')^{\sigma}\neq 0)$

由(2)可得：

(4) $(\text{◖}A\text{◗}, w)^{\sigma}=2$

(5) $(\text{◖}B\text{◗}, w)^{\sigma}=0$

由(4)可得：

(6) $\forall w'(wRw' \Rightarrow (A, w')^{\sigma}=2)$

由(5)可得：

(7) $\exists w'(wRw' \wedge (B, w')^{\sigma}=0)$

由(6)、(7)可得：

(8) $w'(wRw' \wedge (\text{「}AB\text{」}, w')^{\sigma}=0)$

这与(3)中的$\forall w'(wRw' \Rightarrow ($「$AB$」，$w')^{\sigma} \neq 0)$矛盾。

2.当(「◖「AB」◗「◖A◗◖B◗」」，$w)^{\sigma}=1$ 时，有：

(1)　(◖「AB」◗，$w)^{\sigma}=2$

(2)　(「◖A◗◖B◗」，$w)^{\sigma}=0$

由(2)可得：

(3)　(◖A◗，$w)^{\sigma}=2$

(4)　(◖B◗，$w)^{\sigma}=0$

由(1)可得：

(5)　$\forall w'(wRw' \Rightarrow ($「$AB$」，$w')^{\sigma}=2)$

由(3)可得：

(6)　$\forall w'(wRw' \Rightarrow (A, w')^{\sigma}=2)$

由(5)、(6))可得：

(7)　$\forall w'(wRw' \Rightarrow (B, w')^{\sigma}=2)$

由(7)可得：

(8)　(◖B◗，$w)^{\sigma}=2$

由(2)、(8)矛盾。

综上所述，假设不成立。

所以，K 公理「◖「AB」◗「◖A◗◖B◗」」是有效式。

定义 6.3.10　设R是任一变形规则，$\mathfrak{M}$是任一模型，F是任一框架，

(1)如果对任意在$\mathfrak{M}$上有效的公式经使用规则R后得到的公式在该模型上仍有效，则称R对$\mathfrak{M}$保持有效性。

(2)如果R对F上的任意模型保持有效性，则称规则R对F保持有效性。

定理 6.3.14　分离规则(rd)对任意模型保持有效性。

证明：

使用反证法。假设分离规则(rd)并非对任意模型保持有效性，则一定存在一模型$\langle W, R, \sigma\rangle$，(rd)在该模型上不保持有效性，即存在公式$A$和「$AB$」，它们在$\langle W, R, \sigma\rangle$上有效，而$B$在$\langle W, R, \sigma\rangle$上不有效。那么，一定存在$w \in W$，$(B, w)^{\sigma} \neq 2$。而$A$和「$AB$」在$\langle W, R, \sigma\rangle$上有效，所以，$(A, w)^{\sigma}=2$且(「$AB$」，$w)^{\sigma}=2$，由赋值定义可得：$(B, w)^{\sigma}=2$，矛盾。所以，分离规则(rd)对任意模型保持有效性。

定理 6.3.15　必然化规则(◖◗)对任意模型保持有效性。

证明：

设A是任意公式，$\langle W, R, \sigma\rangle$是任意模型，$A$在$\langle W, R, \sigma\rangle$上有效，则对所有$w\in W$，$(A, w)^{\sigma}=2$。因此，对任意的$w'\in W$，如果$wRw'$，也有$(A, w')^{\sigma}=2$。由赋值定义可得(◖$A$◗，$w)^{\sigma}=2$。由$w$的任意性可得$A$在模型$\langle W, R, \sigma\rangle$上有效。因此，必然化规则(◐)对任意模型保持有效性。

由上述定理很容易下述定理得到：

定理 6.3.16　对于任三值模态逻辑系统的公式A，

如果$\vdash_{LM2}A$，那么$\vDash_{LM2}A$。

这就是三值模态逻辑公理系统 LM_2K 的可靠性定理。

定理 6.3.17　对于任一三值模态逻辑系统的公式A，

如果$\vdash_{LM3}A$，那么$\vDash_{LM3}A$。

这就是三值模态逻辑公理系统 LM_3K 的可靠性定理。

根据定理 6.3.2 至定理 6.3.12，类似不难证明三值模态逻辑其他公理系统的可靠性定理：

定理 6.3.18　对于任一三值模态逻辑系统的公式A，

(1)如果$\vdash_{LM2D}A$，那么$F_e\vDash_{LM2}A$。

(2)如果$\vdash_{LM2T}A$，那么$F_r\vDash_{LM2}A$；

(3)如果$\vdash_{LM2B}A$，那么$F_{r\wedge y}\vDash_{LM2}A$；

(4)如果$\vdash_{LM2S4}A$，那么$F_{r\wedge t}\vDash_{LM2}A$；

(5)如果$\vdash_{LM3S5}A$，那么$F_{r\wedge E}\vDash_{LM3}A$；

(6)如果$\vdash_{LM3D}A$，那么$F_e\vDash_{LM3}A$。

(7)如果$\vdash_{LM3T}A$，那么$F_r\vDash_{LM3}A$；

(8)如果$\vdash_{LM3B}A$，那么$F_{r\wedge y}\vDash_{LM3}A$；

(9)如果$\vdash_{LM3S4}A$，那么$F_{r\wedge t}\vDash_{LM3}A$；

(10)如果$\vdash_{LM3S5}A$，那么$F_{r\wedge E}\vDash_{LM3}A$；

下面证明三值模态逻辑系统的完全性。

我们使用 LM 表示任一三值模态逻辑系统。

定义 6.3.11　设 S 为任一 LM 正规模态逻辑系统，A为任一合式公式，Σ为任一合式公式集。A在 S 系统内形式可推演，当且仅当存在公式序列：

$$A_1, A_2, A_3, \cdots, A_{n-1}, A_n$$

使得$A_n=A$，并且对于任一$A_k(1\leqslant k\leqslant n)$满足下列条件之一：

(1)$A_k\in\Sigma$；

(2)A_k为系统 S 内的定理；

(3)存在i，$j<k$，使得$A_i=$「A_jA_k」。

如果公式A在 S 系统内形式可推演，则记为$\Sigma\vdash_S A$。

定理 6.3.19　设A、B为任一合式公式，Σ'、Σ为任一合式公式集。

(1)如果$\Sigma\vdash_S A$，$\Sigma\subseteq\Sigma'$，那么$\Sigma'\vdash_S A$；

(2)如果$\Sigma\vdash_S A$，那么一定存在一个有限子集$\Sigma'\subseteq\Sigma$，$\Sigma'\vdash_S A$；

(3)如果$A\in\Sigma$，那么$\Sigma\vdash_S A$；

(4)如果$\Sigma\vdash_S A$，并且$\Sigma\vdash_S$「AB」，那么$\Sigma\vdash_S B$；

(5)如果$\Sigma\cup\{A\}\vdash_S B$，那么$\Sigma\vdash_S$「$A$「$AB$」」。

定义 6.3.12　设 S 为任一 LM 正规模态逻辑系统，一个公式集Σ是 S 协调的，当且仅当不存在一个公式A，使得$\Sigma\vdash_S A$并且$\Sigma\vdash_S$【A】；否则，称Σ是不协调的。

定义 6.3.13　称一个公式集Σ是 S 极大协调的，当且仅当

(1)Σ是协调的；

(2)对于任一公式A，如果$\Sigma\cup\{A\}$是协调的，那么$\Sigma\vdash_S A$。

可以证明：

定理 6.3.20　设 S 为任一 LM 正规模态逻辑系统，

(1)如果Σ不是 S 协调的，那么对于任一公式A，都有$\Sigma\vdash_S A$；

(2)Σ不是 S 协调的，当且仅当$\Sigma\vdash_S$【「AA」】；

(3)如果$\Sigma\cup\{A\}$不是 S 协调的，那么$\Sigma\vdash_S$「A【A】」；

(4)如果$\Sigma\cup\{$「A【A】」$\}$不是 S 协调的，那么$\Sigma\vdash_S A$；

(5)如果$\Sigma\cup\{A\}$是 S 协调的，那么$\Sigma\vdash_S$「A【A】」不成立。

定理 6.3.21　任一 S 协调的公式集都可以扩充为一个 S 极大协调公式集。

定义 6.3.14　(LM2 **典范模型**）设 S2 为任一 LM_2 正规模态逻辑系统，三元组$\langle W_{S2}, R_{S2}, \sigma_{S2}\rangle$是 S2 系统的典范模型$\mathfrak{M}_{S2}$，当且仅当，

(1)W_{S2}是所有 S2 极大协调集的集合；

(2)对于所有的w，$w'\in W_{S2}$，$wR_{S2}w'$，当且仅当，对于任意公式A，如果$w\vdash_{S2}$◖A◗，那么$w'\vdash_{S2}A$；

(3)σ_{S2}是满足下列条件的赋值：

$(p, w)^{\sigma S2}=$	2，如果$w\vdash_{S2}p$；
	0，如果$w\vdash_{S2}$【p】；
	1，如果$w\vdash_{S2}p$和$w\vdash_{S2}$【p】均不成立。

定理 6.3.22 (LM2 典范模型$\mathfrak{M}_{S2}$的基本定理) 对于所有$w\in W_{S2}$和任意公式A，在二值模态语义 2.3.4 下，都有：

$(A, w)^{\sigma S2}=$	2，如果$w\vdash_{S2}A$；
	0，如果$w\vdash_{S2}$【A】；
	1，如果$w\vdash_{S2}A$和$w\vdash_{S2}$【A】均不成立。

证明：

施归纳于公式A的构造

1. 当A为原子时，根据σ_{S2}的定义，显然成立；

2. 当$A=$【B】，或者$A=$「BC」，证明略；

3. 当$A=$◖B◗时，

(1) 假设$w\vdash_{S2}A$，即$w\vdash_{S2}$◖B◗，那么根据R_{S2}的定义有：$\forall w'(wR_{S2}w'\Rightarrow w'\vdash_{S2}B)$。根据归纳假设有：$\forall w'(wR_{S2}w'\Rightarrow(B, w')^{\sigma S2}=2)$，根据语义 LM2 的定义可得，(◖$B$◗，$w)^{\sigma S2}=2$，即$(A, w)^{\sigma S2}=2$。

(2)假设$w\vdash_{S2}$【A】，即$w\vdash_{S2}$【◖B◗】。

构造公式集$\Delta=\{C$：$w\vdash_{S2}$◖C◗$\}$。那么Δ与公式B的形式可推演关系存在三种可能：

$\Delta\vdash_{S2}B$或者$\Delta\vdash_{S2}$【B】或者$\Delta\vdash_{S2}B$和$\Delta\vdash_{S2}$【B】均不成立。

(21)如果$\Delta\vdash_{S2}B$。那么根据定理 6.3.19 可得，一定存在一个有限公式集$\{C_1, C_2, \cdots, C_n\}$，$\{C_1, C_2, \cdots, C_n\}\subseteq\Delta$，$C_1, C_2, \cdots, C_n\vdash_{S2}B$，再根据定理 6.3.19 之(5)可得：

$\vdash_S$「C_1「$C_2\cdots$「C_nB」$\cdots$」」

反复使用导出规则 6.3.1 可得：

$\vdash_S$「◖C_1◗「◖C_2◗$\cdots$「◖C_n◗◖B◗」$\cdots$」」

由Δ的定义可知：

$w\vdash_{S2}$◖C_1◗，$w\vdash_{S2}$◖C_2◗，…，$w\vdash_{S2}$◖C_n◗

根据定理 6.3.19 之(1)、(4)可得：

$w\vdash_{S2}$◖B◗

因为开始假设$w\vdash_{S2}$【A】，即$w\vdash_{S2}$【◖B◗】，这样与w是极大协调集相矛盾。因此，$\varDelta\vdash_{S2}B$不可能。

(22)如果$\varDelta\vdash_{S2}$【B】。那么

假设$\varDelta'$是由$\varDelta$扩充而得到的 S2 极大协调集，根据定理 6.3.19 之(1)可知：$\varDelta'\vdash_{S2}$【B】。因为$\varDelta'$是极大协调集，所以$\varDelta'\vdash_{S2}B$不成立。由$\varDelta$的构造可知，$wR_{S2}\varDelta'$。由此可见：

存在w'，$wR_{S2}w'$并且$w'\vdash_{S2}B$不成立。

(23)如果$\varDelta\vdash_{S2}B$和$\varDelta\vdash_{S2}$【B】均不成立。

在此情况之下，假设$\varDelta\cup${「B【B】」}不是协调的，那么根据定理 6.3.20 之(4)可得$\varDelta\vdash_{S2}B$，与前提矛盾。所以$\varDelta\cup${「B【B】」}是协调的。假设$\varDelta'$是由$\varDelta\cup${「B【B】」}扩充而得到的 S2 极大协调集，那么$\varDelta'\vdash_{S2}$「B【B】」。如此可得：$\varDelta'\vdash_{S2}B$不成立。因为如果$\varDelta'\vdash_{S2}B$成立，那么由$\varDelta'\vdash_{S2}B$和$\varDelta'\vdash_{S2}$「B【B】」根据定理 6.3.19 之(4)可得：$\varDelta'\vdash_{S2}$【B】。这与$\varDelta'$是 S2 极大协调集相矛盾。由Γ的构造可知，$wR_{S2}\varDelta'$。由此可见，同样有：

存在w'，$wR_{S2}w'$并且$w'\vdash_{S2}B$不成立。

由(21)、(22)、(23)可知，我们总有：

存在w'，$wR_{S2}w'$并且$w'\vdash_{S2}B$不成立。

根据归纳假设可知$\exists w'(wR_{S2}w'\wedge(B, w')^{\sigma S2}\neq 2)$，根据语义定义 LM_2 可知，(◖B◗，$w)^{\sigma S2}\neq 2$，根据◖◗在语义定义 LM2 中的假设可知：(◖B◗，$w)^{\sigma S2}=0$，即$(A, w)^{\sigma S2}=0$。

(3)假设$w\vdash_{S2}A$和$w\vdash_{S2}$【A】均不成立。

可以证明不会出现这种情况。即一定有：如果$w\vdash_{S2}$【A】不成立，则$w\vdash_{S2}A$成立。

假设$w\vdash_{S2}$【A】不成立，即$w\vdash_{S2}$【◖B◗】不成立，那么可证$w\cup${◖B◗}是 S2 协调的。

因为如果$w\cup${◖B◗}不是 S2 协调的，那么根据定理 6.3.20 之(3)可得：$w\vdash_{S2}$「◖B◗【◖B◗】」。这时若假定$w\vdash_{S2}$「【◖B◗】【【◖B◗】】」，那么根据公理$Ax2$、定理 6.3.19 之(1)、定理 5.2.3($A\rightarrow\neg\neg A$)可得：$w\vdash_{S2}$「【◖B◗】◖B◗」，于是$w\vdash_{S2}$『◖B◗【◖B◗】』。但是根据公理 LM_2、定理 6.3.19 之(1)可知：$w\vdash_{S2}$【『◖B◗【◖B◗】』】。这与w是 S2 极大协调集矛盾。因此，$w\vdash_{S2}$「【◖B◗】【【◖B◗】】」不成立。根据定理 6.3.20 之(3)可得，$w\cup${【◖B◗】}是协调的。由于w是 S2

极大协调集，所以有$w\vdash_{S2}$【◖B◗】，这和假设$w\vdash_{S2}$【◖B◗】不成立矛盾，所以$w\cup\{$◖B◗$\}$是 S2 协调的。

由于w是 S2 极大协调集，由$w\cup\{$◖B◗$\}$是 S2 协调的可得：$w\vdash_{S2}$◖B◗，即$w\vdash_{S2}$◖A◗。

这样，就证明了如果$w\vdash_{S2}$【A】不成立，则$w\vdash_{S2}A$成立。

定理 6.3.23 （**LM2 系统完全性定理**）设 S2 是任意一个 LM2 正规模态逻辑系统，A是任一公式，$\mathfrak{M}_{S2}$是一个 LM2 典范模型。

如果$\mathfrak{M}_{S2}\vDash A$，那么$\vdash_{S2}A$。

证明：

假设$\vdash_{S2}A$不成立，根据定理 6.3.20 之(4)可知{「A【A】」}是 S2 协调的，则存在 S2 极大协调集Σ，$\Sigma\vdash_{S2}$「A【A】」，这样$\Sigma\vdash_{S2}A$不成立。因为如果$\Sigma\vdash_{S2}A$成立，加之$\Sigma\vdash_{S2}$「A【A】」，就可以得出$\Sigma\vdash_{S2}$【A】，这与Σ是 S2 极大协调集矛盾，所以$\Sigma\vdash_{S2}A$不成立。因为$\Sigma\in\mathfrak{M}_{S2}$，根据定理 6.3.41 可得：$(A，\Sigma)^{\sigma S2}\neq 2$。所以，$\mathfrak{M}_{S2}\vDash A$不成立。

定义 6.3.15 （**LM3 典范模型**）设 S3 为任一 LM2 正规模态逻辑系统，三元组$\langle W_{S3}，R_{S3}，\sigma_{S3}\rangle$是 S3 系统的典范模型$\mathfrak{M}_{S3}$，当且仅当，

(1)W_{S3}是所有 S3 极大协调集的集合；

(2)对于所有的w，$w'\in W_{S3}$，$wR_{S3}w'$，当且仅当，对于任意公式A，如果$w\vdash_{S3}$◖A◗，那么$w'\vdash_{S3}A$；

(3)σ_{S3}是满足下列条件的赋值：

$(p，w)^{\sigma S3}=$	2，如果$w\vdash_{S3}p$；
	0，如果$w\vdash_{S3}$【p】；
	1，如果$w\vdash_{S3}p$和$w\vdash_{S3}$【p】均不成立。

定理 6.3.24 （**LM2 典范模型$\mathfrak{M}_{S3}$的基本定理**） 对于所有$w\in W_{S3}$和任意公式A，在二值模态语义 2.3.4 下，都有：

$(A，w)^{\sigma S3}=$	2，如果$w\vdash_{S3}A$；
	0，如果$w\vdash_{S3}$【A】；
	1，如果$w\vdash_{S3}A$和$w\vdash_{S3}$【A】均不成立。

证明：

施归纳于公式A的构造

1. 当A为原子时，根据σ_{S3}的定义，显然成立；

2. 当A=【B】，或者A=「BC」，证明略；

3. 当A=◖B◗时，

(1) 假设 $w\vdash_{S3}A$，即 $w\vdash_{S3}$◖B◗，那么根据 R_{S3} 的定义有：$\forall w'(wR_{S3}w'\Rightarrow w'\vdash_{S3}B)$。根据归纳假设有：$\forall w'(wR_{S3}w'\Rightarrow(B, w')^{\sigma S3}=2)$，根据语义 LM2 的定义可得，(◖$B$◗，$w)^{\sigma S3}=2$，即$(A, w)^{\sigma S3}=2$。

(2)假设$w\vdash_{S3}$【A】，即$w\vdash_{S3}$【◖B◗】。

构造公式集$\Delta=\{C$：$w\vdash_{S3}$◖C◗$\}$。那么$\Delta\cup\{$【B】$\}$是 S3 协调的。因为：

如果$\Delta\cup\{$【B】$\}$不是 S3 协调的，那么根据定理 6.3.20 之(3)，有$\Delta\vdash_{S3}$「【B】【【B】】」。根据Δ的定义可知：如果$\Delta\vdash_{S3}C$，那么$w\vdash_{S3}$◖C◗。这样可得：$w\vdash_{S3}$◖「【B】【【B】】」◗。进一步更加公理(LM_{31})以及相关定理可得$w\vdash_{S3}$【◖B◗】「◖「【B】【【B】】」◗◖B◗」，这样根据定理 6.3.19 之(4)可得：$w\vdash_{S3}$◖B◗。这与w是 S3 极大协调集矛盾。

所以$\Delta\cup\{$【B】$\}$是 S3 协调的。

因此，可以将$\Delta\cup\{$【B】$\}$扩充为一个 S3 极大协调集w'，显然，$wR_{S3}w'$，并且$w'\vdash_{S3}$【B】。根据归纳假设，$(B, w)^{\sigma S3}=0$，这样$\exists w'(wR_{S3}w'\wedge(B, w')^{\sigma S3}=0)$，根据三值模态逻辑语义定义 6.2.2 可得：(◖B◗，$w')^{\sigma S3}=0$，即$(A, w')^{\sigma S3}=0$。

(3)假设$w\vdash_{S3}A$和$w\vdash_{S3}$【A】均不成立。即$w\vdash_{S3}$◖B◗和$w\vdash_{S3}$【◖B◗】均不成立。

根据上述(2)可知：如果$\Delta\vdash_{S3}B$，那么$w\vdash_{S3}$◖B◗。所以由$w\vdash_{S3}$◖B◗不成立，可知$\Delta\vdash_{S3}B$不成立。并且可以证明$\Delta\cup\{$【B】$\}$不是 S3 协调的。因为：

如果$\Delta\cup\{$【B】$\}$是 S3 协调的，那么根据定理 6.3.20 之(5)可知：$\Delta\vdash_{S3}$「【B】【【B】】」不成立。由Δ的构造可知：$w\vdash_{S3}$◖「【B】【【B】】」◗不成立，根据公理(LM_{32})由$w\vdash_{S3}$「「【◖B◗】【【◖B◗】】」◖「【B】【【B】】」◗」，因而有$w\vdash_{S3}$「【◖B◗】【【◖B◗】】」不成立，再根据定理 6.3.20 之(3)可得：$w\cup\{$【◖B◗】$\}$是 S3 协调的，因为w是 S3 极大协调的，所以$w\vdash_{S3}$【◖B◗】，这与前提矛盾。

由$\Delta\cup\{$【B】$\}$不是 S3 协调的，根据 6.3.20 之(3)可得：$\Delta\vdash_{S3}$「【B】【【B】】」，这时如果$\Delta\vdash_{S3}$【B】，则有$\Delta\vdash_{S3}$【【B】】，这与Δ是 S3 协调的（见上述(2)证明之$\Delta\cup\{$【B】$\}$是 S3 协调的）相矛盾。所以，$\Delta\vdash_{S3}$【B】不成立。

下面证明$\Delta\cup\{$「B【B】」$\}\cup\{$「【B】【【B】】」$\}$是 S3 协调的。

如果$\Delta\cup\{$「B【B】」$\}$不是 S3 协调的，那么根据定理 6.3.20 之(4)可得$\Delta\vdash_{S3}B$，这与前面证明的$\Delta\vdash_{S3}B$不成立矛盾。所有$\Delta\cup\{$「B【B】」$\}$是 S3 协调的。由前面证明$\Delta\cup\{$【B】$\}$不是 S3 协调的，再根据定理 6.3.20 之(3)可得$\Delta\vdash_{S3}$「【B】【【B】】」，根据定理 6.3.19 之(1)可得$\Delta\cup\{$「B【B】」$\}\vdash_{S3}$「【B】【【B】】」。如果$\Delta\cup\{$「B【B】」$\}\cup\{$「【B】【【B】】」$\}$不是 S3 协调的，那么根据定理 6.3.20 之(4)可得：$\Delta\cup\{$「B【B】」$\}\vdash_{S3}$【B】。根据定理 6.3.19 之(4)进一步可得：$\Delta\cup\{$「B【B】」$\}\vdash_{S3}$【【B】】，，这与$\Delta\cup\{$「B【B】」是 S3 协调的相矛盾。所以，可得$\Delta\cup\{$「B【B】」$\}\cup\{$「【B】【【B】】」$\}$是 S3 协调的。

既然$\Delta\cup\{$「B【B】」$\}\cup\{$「【B】【【B】】」$\}$是 S3 协调的，那么它就可以扩充为一个 S3 极大协调公式集Δ'。于是有$\Delta'\vdash_{S3}$「B【B】」，这样$\Delta\vdash_{S3}B$不成立；同理$\Delta'\vdash_{S3}$【B】不成立。根据归纳假设可知：$(B, w')^{\sigma S3}=1$。根据Δ和Δ'的构造，有：

$$\exists w'(wR_{S3}w'\wedge(B, w')^{\sigma S3}=1)$$

因为$\Delta\cup\{$【B】$\}$不是 S3 协调的，设由Δ扩充而得到的任意一个 S3 极大协调集为Δ'，那么$\Delta'\cup\{$【B】$\}$也不是 S3 协调的，因此由Δ'的 S3 极大协调性可得：$\Delta'\vdash_{S3}$【B】不成立。根据归纳假设可得：$(B, \Delta')^{\sigma S3}\neq 0$。由$\Gamma$和$\Gamma'$的构造可知，$\Delta'$为与$w$具有$R_{S3}$关系的任意一个 S3 极大协调集，所以，我们有：

$$\forall w'(wR_{S3}w'\Rightarrow (B, w')^{\sigma S3}\neq 0)$$

这样，我们就得到：

$$\exists w'(wR_{S3}w'\wedge(B, w')^{\sigma S3}=1)\wedge\forall w'(wR_{S3}w'\Rightarrow (B, w')^{\sigma S3}\neq 0)$$

根据 LM_3 的语义定义可知：

$$(◖B◗, w')^{\sigma S3}=1$$

即

$$(A, w')^{\sigma S3}=1$$

证毕。

定理 6.3.25 （**LM_3 系统完全性定理**）设 S3 是任意一个 LM_3 正规模态逻辑系统，A是任一公式，$\mathfrak{M}_{S3}$是一个 LM_3 典范模型。

如果$\mathfrak{M}_{S3}\vDash A$，那么$\vdash_{S3}A$。

证明：

假设$\vdash_{S3}A$不成立，根据定理 6.3.20 之(4)可知$\{$「A【A】」$\}$是 S3 协调的，

则存在 S3 极大协调集Σ，$\Sigma \vdash_{S3}$「A【A】」，这样$\Sigma \vdash_{S3} A$不成立。因为如果$\Sigma \vdash_{S3} A$成立，加之$\Sigma \vdash_{S3}$「A【A】」，就可以得出$\Sigma \vdash_{S3}$【A】，这与Σ是 S3 极大协调集矛盾，所以$\Sigma \vdash_{S3} A$不成立。因为$\Sigma \in \mathfrak{M}_{S3}$，根据定理 6.3.24 可得：$(A, \Sigma)^{\sigma^{S3}} \neq 2$。所以，$\mathfrak{M}_{S3} \vDash A$不成立。

第七章 基于中国表示法的三值逻辑函数研究

本章基于中国表示法证明了某些三值真值联结词集合表达功能的完全性，并给出了由此定义任一三值真值联结词的能行方法。通过对三值二元Sheffer函数类型及其表达能力的分析，给出了构造三值二元Sheffer函数的方法。

第一节 三值二元Sheffer函数的构造

在第六章中，我们已经通过完全合取范式的方式给出了如何通过初始联结词即三值循环否定和合取来定义任一三值逻辑联结词。在本节我们将进一步给出完全析取范式的构造方法，并以此进一步证明相关Sheffer函数的构造等结果。本节采用我们在第一章中提及的括号编码的中国表示法，以显示中国表示法进行逻辑研究的表达功能。

定义7.1.1 “$(A)_1^1$”是三值一元真值函数，“$(AB)_2^1$”“$(AB)_2^2$”“$(AB)_2^3$”“$(AB)_2^4$”是三值二元真值函数，其真值表如下：

A	$(A)_1^1$
0	2
1	0
2	1

$(AB)_2^1$”	0	1	2
0	0	0	0
1	0	0	0
2	0	0	2

$(AB)_2^2$”	0	1	2
0	0	0	0
1	0	0	0
2	0	0	1

$(AB)_2^{3}$”	0	1	2
0	0	0	0
1	0	1	1
2	0	1	2

$(AB)_2^{4}$”	0	1	2
0	0	1	2
1	1	1	2
2	2	2	2

容易看出，$(A)_1^1$就是前文论及的三值一元真值函数三值循环否定(A)，$(AB)_2^3$、$(AB)_2^4$”就是三值二元真值函数三值合取(AB)、三值析取$[AB]$。$(AB)_2^1$和$(AB)_2^2$是两个新定义的三值真值函数，$(AB)_2^1$的特征是只有当其中的子命题符号A、B都为真的情况下才为真，其他情况下，其值均为假；$(AB)_2^2$的特征是只有当其中的子命题符号A、B都为真的情况下才为 1，其他情况下，其值均为假。

对于$((AB)_2^3C)_2^3$在下面将简写为$(ABC)_2^3$，$((AB)_2^4C)_2^4$在下面将简写为$(ABC)_2^4$。

定义 7.1.2　使用括号“$(\ )_2^1$”或者“$(\ )_2^2$”将原子符号p、q、r或其三值循环否定$(p)_1^1$、$((p)_1^1)_1^1$等联结而成的公式称为三值合取子式。

定义 7.1.3　与公式A等值并且满足下列条件的公式A'：

(1)A'形如$(A_1A_2\cdots A_n)$，其中每个$A_i(1\leqslant i\leqslant n)$均为三值合取子式；

(2)公式A中命题符号均在每个$A_i(1\leqslant i\leqslant n)$中出现；

(3)三值合取子式内按照字母序排列，三值合取子式间按照先“$(AB)_2^1$”后“$(AB)_2^2$”及p、$(p)_1^1$、$((p)_1^1)_1^1$的顺序排列。

公式A'称为公式A的完全析取范式。

与二值逻辑完全合取范式类似，容易证明：

定理 7.1.1　任一三值逻辑公式均存在唯一的完全析取范式。

由此定理可以得出，由一元联结词“$(A)_1^1$”、二元联结词“$(AB)_2^1$”“$(AB)_2^2$”“$(AB)_2^4$”构成了一个三值联结词的完全集。

而且上面的定义和定理实际上给出了一个使用上述 4 个三值联结词定义任何一个三值联结词的操作性方法。

例如对于三值取小合取函数“$(AB)_2^3$”可以根据其真值表

$(AB)_2^3$	0	1	2
0	0	0	0
1	0	1	1
2	0	1	2

可以将其定义为：$((AB)_2^1(A(B)_1^1)_2^2((A)_1^1B)_2^2((A)_1^1(B)_1^1)_2^2)_2^4$。

根据以上所述，显然有：

定理 7.1.2 三值逻辑真值函数集合$\{(A)_1^1，(AB)_2^1，(AB)_2^2，(AB)_2^4\}$是函数表达完全的。

即通过求合取范式方法可以借由$(A)_1^1$、$(AB)_2^1$、$(AB)_2^2$和$(AB)_2^4\}$定义出所有的三值逻辑真值函数。

定理 7.1.3 三值逻辑真值函数集合$\{(A)_1^1，(AB)_2^1，(AB)_2^4\}$和$\{(A)_1^1，(AB)_2^2，(AB)_2^4\}$都是函数表达完全的。

证明：

$(AB)_2^2=def(((((AB)_2^1)_1^1((AB)_2^1)_1^1)_2^1)_1^1)_1^1$；

$(AB)_2^1=def((((AB)_2^1)_1^1((AB)_2^1)_1^1)_2^1)_1^1$。

定理 7.1.4 三值逻辑真值函数集合$\{(A)_1^1，(AB)_2^4\}$是函数表达完全的。

证明：

$(AB)_2^1=def((((A)_1^1((A)_1^1)_1^1(B)_1^1((B)_1^1)_1^1)_2^4)_1^1)_1^1$。

类似地，在第四章已经证明，在此重述以下定理。

定理 7.1.5 三值逻辑真值函数集合$\{(A)_1^1，(AB)_2^3\}$是函数表达完全的。

定义 7.1.4 $(AB)_2^{10}$是三值逻辑二元真值函数，并且令

$$(AB)_2^{10}=def((A)_1^1(B)_1^1)_2^4$$

定理 7.1.6 三值逻辑真值函数$(AB)_2^{10}$是 Sheffer 函数。

证明：

$(A)_1^1=def(AA)_2^{10}$；

$(AB)_2^4=def(((AA)_2^{10}(AA)_2^{10})_2^{10}((BB)_2^{10}(BB)_2^{10})_2^{10})_2^{10}$。

定理 7.1.7 由下列表达式定义的三值二元逻辑真值函数都是 Sheffer 函数。

(1)$(AB)_2^{11}=def((A)_1^1(B)_1^1)_2^3$

(2)$(AB)_2^{12}=def((AB)_2^3)_1^1$

(3)$(AB)_2^{13}=def((AB)_2^4)_1^1$

(4)$(AB)_2^{14}=def(((AB)_2^4)_1^1)_1^1$

(5)$(AB)_2^{15}=def(((AB)_2^3)_1^1)_1^1$

(6)$(AB)_2^{16}=def(((A)_1^1)_1^1((B)_1^1)_1^1)_2^3$

(7)$(AB)_2^{17}=def(((A)_1^1)_1^1((B)_1^1)_1^1)_2^4$

(8)$(AB)_2^{18}=def(((A)_1^1(B)_1^1)_2^3))_1^1$

(9)$(AB)_2^{19}=def(((A)_1^1(B)_1^1)_2^4))_1^1$

(10)$(AB)_2^{20}=def(((((A)_1^1)_1^1((B)_1^1)_1^1)_2^3)_1^1)_1^1$

(11)$(AB)_2^{21}=def(((((A)_1^1)_1^1((B)_1^1)_1^1)_2^4)_1^1)_1^1$

证明：

根据定理 7.1.4 和定理 7.1.5，我们只需定义出$(A)_1^1$以及$(AB)_2^3$和$(AB)_2^4$之一即可。

(1)

$(A)_1^1=def(AA)_2^{11}$；

$(AB)_2^3=def(((A)_1^1)_1^1((B)_1^1)_1^1)_2^{11}$

(2)

$(A)_1^1=def(AA)_2^{12}$；

$(AB)_2^3=def(((AB)_2^{12})_1^1)_1^1$

(3)

$(A)_1^1=def(AA)_2^{13}$；

$(AB)_2^4=def(((AB)_2^{13})_1^1)_1^1$

(4)

$(A)_1^1=def((AB)_2^{14}(AB)_2^{14})_2^{14}$；

$(AB)_2^4=def((AB)_2^{14})_1^1$

(5)

$(A)_1^1=def((AB)_2^{15}(AB)_2^{15})_2^{15}$；

$(AB)_2^3=def((AB)_2^{15})_1^1$

(6)

$(A)_1^1=def((AB)_2^{16}(AB)_2^{16})_2^{16}$；

$(AB)_2^3=def((A)_1^1(B)_1^1)_2^{16}$

(7)

$(A)_1^1=def((AB)_2^{17}(AB)_2^{17})_2^{17}$；

$(AB)_2^4=def((A)_1^1(B)_1^1)_2^{17}$

(8)

$(A)_1^1=def((AB)_2^{18}(AB)_2^{18})_2^{18}$；

$(AB)_2^3=def(((((A)_1^1)_1^1((B)_1^1)_1^1)_2^{18})_1^1)_1^1$

(9)

$(A)_1^1=def((AB)_2^{19}(AB)_2^{19})_2^{19}$;

$(AB)_2^4=def(((((A)_1^1)_1^1((B)_1^1)_1^1)_2^{19})_1^1)_1^1$

(10)

$(A)_1^1=def(AA)_2^{20}$;

$(AB)_2^3=def(((A)_1^1(B)_1^1)_2^{20})_1^1$

(11)

$(A)_1^1=def(AA)_2^{21}$;

$(AB)_2^4=def(((A)_1^1(B)_1^1)_2^{21})_1^1$

第二节　三值二元 Sheffer 函数的类型

三值二元 Sheffer 函数比之二值二元 Sheffer 函数要多得多，为了研究其逻辑特征，本节对其类型进行分析归纳。

任一三值逻辑二元真值函数【AB】的真值表是如下的 16 宫图：

【AB】	0	1	2
0	*1	*2	*3
1	*4	*5	*6
2	*7	*8	*9

一个三值逻辑二元 Sheffer 函数的真值表其*1 的位置不可能是 0，因为如果这个位置是 0，则意味【00】的值为 0，这样该函数无论如何组合，当其中的原子取值均为 0 时，其组合函数的值必定也为 0。因此，无法定义出三值一元循环否定函数(A)。

同样，一个三值二元 Sheffer 函数的真值表其*5 位置上不可能是 1，其*9 位置上也不可能是 2。这样一个三值二元逻辑函数【AB】如果是 Sheffer 函数，那么其真值表可能是如下情形之一：

【AB】	0	1	2
0	2	*2	*3
1	*4	0	*6
2	*7	*8	1

【AB】	0	1	2
0	1	*2	*3
1	*4	2	*6
2	*7	*8	0

一个三值二元 Sheffer 函数要能定义出所有的三值逻辑函数，当然包括诸如$(AB)_2^3$、$(AB)_2^4$这样的逻辑函数，考虑到$(AB)_2^3$和$(AB)_2^4$的真值表其中的变元具有可交换性（在真值表中，∗2 和∗4、∗3 和∗7、∗6 和∗8 位置上的值相同），因此下面我们研究的也是其真值表中的变元具有可交换性的三值二元函数。这样的函数共有 54 个，其真值表如下：

$(AB)_1$	0	1	2
0	1	0	0
1	0	2	0
2	0	0	0

$(AB)_2$	0	1	2
0	1	0	0
1	0	2	1
2	0	1	0

$(AB)_3$	0	1	2
0	1	0	0
1	0	2	2
2	0	2	0

$(AB)_4$	0	1	2
0	1	0	1
1	0	2	0
2	1	0	0

$(AB)_5$	0	1	2
0	1	0	1
1	0	2	1
2	1	1	0

$(AB)_6$	0	1	2
0	1	0	1
1	0	2	2
2	1	2	0

$(AB)_7$	0	1	2
0	1	0	2
1	0	2	0
2	2	0	0

$(AB)_8$	0	1	2
0	1	0	2
1	0	2	1
2	2	1	0

$(AB)_9$	0	1	2
0	1	0	2
1	0	2	2
2	2	2	0

$(AB)_{10}$	0	1	2
0	1	1	0
1	1	2	0
2	0	0	0

$(AB)_{11}$	0	1	2
0	1	1	0
1	1	2	1
2	0	1	0

$(AB)_{12}$	0	1	2
0	1	1	0
1	1	2	2
2	0	2	0

$(AB)_{13}$	0	1	2
0	1	1	1
1	1	2	0
2	1	0	0

$(AB)_{14}$	0	1	2
0	1	1	1
1	1	2	1
2	1	1	0

$(AB)_{15}$	0	1	2
0	1	1	1
1	1	2	2
2	1	2	0

$(AB)_{16}$	0	1	2
0	1	1	2
1	1	2	0
2	2	0	0

$(AB)_{17}$	0	1	2
0	1	1	2
1	1	2	1
2	2	1	0

$(AB)_{18}$	0	1	2
0	1	1	2
1	1	2	2
2	2	2	0

$(AB)_{19}$	0	1	2
0	1	2	0
1	2	2	0
2	0	0	0

$(AB)_{20}$	0	1	2
0	1	2	0
1	2	2	1
2	0	1	0

$(AB)_{21}$	0	1	2
0	1	2	0
1	2	2	2
2	0	2	0

$(AB)_{22}$	0	1	2
0	1	2	1
1	2	2	0
2	1	0	0

$(AB)_{23}$	0	1	2
0	1	2	1
1	2	2	1
2	1	1	0

$(AB)_{24}$	0	1	2
0	1	2	1
1	2	2	2
2	1	2	0

$(AB)_{25}$	0	1	2
0	1	2	2
1	2	2	0
2	2	0	0

$(AB)_{26}$	0	1	2
0	1	2	2
1	2	2	1
2	2	1	0

$(AB)_{27}$	0	1	2
0	1	2	2
1	2	2	2
2	2	2	0

$[AB]_1$	0	1	2
0	2	0	0
1	0	0	0
2	0	0	1

$[AB]_2$	0	1	2
0	2	0	0
1	0	0	1
2	0	1	1

$[AB]_3$	0	1	2
0	2	0	0
1	0	0	2
2	0	2	1

$[AB]_4$	0	1	2
0	2	0	1
1	0	0	0
2	1	0	1

$[AB]_5$	0	1	2
0	2	0	1
1	0	0	1
2	1	1	1

$[AB]_6$	0	1	2
0	2	0	1
1	0	0	2
2	1	2	1

$[AB]_7$	0	1	2
0	2	0	2
1	0	0	0
2	2	0	1

$[AB]_8$	0	1	2
0	2	0	2
1	0	0	1
2	2	1	1

$[AB]_9$	0	1	2
0	2	0	2
1	0	0	2
2	2	2	1

$[AB]_{10}$	0	1	2
0	2	1	0
1	1	0	0
2	0	0	1

$[AB]_{11}$	0	1	2
0	2	1	0
1	1	0	1
2	0	1	1

$[AB]_{12}$	0	1	2
0	2	1	0
1	1	0	2
2	0	2	1

$[AB]_{13}$	0	1	2
0	2	1	1
1	1	0	0
2	1	0	1

$[AB]_{14}$	0	1	2
0	2	1	1
1	1	0	1
2	1	1	1

$[AB]_{15}$	0	1	2
0	2	1	1
1	1	0	2
2	1	2	1

$[AB]_{16}$	0	1	2
0	2	1	2
1	1	0	0
2	2	0	1

$[AB]_{17}$	0	1	2
0	2	1	2
1	1	0	1
2	2	1	1

$[AB]_{18}$	0	1	2
0	2	1	2
1	1	0	2
2	2	2	1

$[AB]_{19}$	0	1	2
0	2	2	0
1	2	0	0
2	0	0	1

$[AB]_{20}$	0	1	2
0	2	2	0
1	2	0	1
2	0	1	1

$[AB]_{21}$	0	1	2
0	2	2	0
1	2	0	2
2	0	2	1

$[AB]_{22}$	0	1	2
0	2	2	1
1	2	0	0
2	1	0	1

$[AB]_{23}$	0	1	2
0	2	2	1
1	2	0	1
2	1	1	1

$[AB]_{24}$	0	1	2
0	2	2	1
1	2	0	2
2	1	2	1

$[AB]_{25}$	0	1	2
0	2	2	2
1	2	0	0
2	2	0	1

$[AB]_{26}$	0	1	2
0	2	2	2
1	2	0	1
2	2	1	1

$[AB]_{27}$	0	1	2
0	2	2	2
1	2	0	2
2	2	2	1

在上一节中讨论的 12 个三值二元 Sheffer 函数为：

$(AB)_2^{11}=[AB]_4$，$(AB)_2^{12}=[AB]_{25}$，$(AB)_2^{13}=[AB]_5$，$(AB)_2^{14}=(AB)_{19}$，$(AB)_2^{15}=(AB)_{15}$，$(AB)_2^{16}=(AB)_{10}$，$(AB)_2^{17}=(AB)_{24}$，$(AB)_2^{18}=(AB)_{21}$，$(AB)_2^{19}=(AB)_{13}$，$(AB)_2^{20}=[AB]_{23}$，$(AB)_2^{21}=[AB]_7$，$(AB)_2^{22}=[AB]_{26}$。

在下文中，我们使用简记$C\Rightarrow D$表示由C可定义出D，使用简记$C\Leftrightarrow D$表示C和D相互可定义。

那么，由上述结果可得：

$(AB)_{10}\Leftrightarrow(AB)_{13}\Leftrightarrow(AB)_{15}\Leftrightarrow(AB)_{19}\Leftrightarrow(AB)_{21}\Leftrightarrow(AB)_{24}\Leftrightarrow[AB]_4\Leftrightarrow[AB]_5\Leftrightarrow[AB]_7\Leftrightarrow[AB]_{23}\Leftrightarrow[AB]_{25}\Leftrightarrow[AB]_{26}$。

定理 7.2.1 $(AB)_1\Leftrightarrow(AB)_{14}\Leftrightarrow(AB)_{27}\Leftrightarrow[AB]_1\Leftrightarrow[AB]_{14}\Leftrightarrow[AB]_{27}$。

证明：

(1) $[AB]_{14}=((AB)_1(AB)_1)_1$

(2) $[AB]_1=((AA)_1(BB)_1)_1$

(3) $(AB)_1=[[AB]_1[AB]_1]_1$

(4) $(AB)_1=[[AA]_1[BB]_1]_1$

(5) $(AB)_1=[[AB]_{14}[AB]_{14}]_{14}$

(6) $(AB)_{14}=[[AA]_{14}[BB]_{14}]_{14}$

(7) $[AB]_1=((AB)_{14}(AB)_{14})_{14}$

(8) $[AB]_{27}=((AA)_{14}(BB)_{14})_{14}$

(9) $(AB)_{14}=[[AB]_{27}[AB]_{27}]_{27}$

(10) $(AB)_{27}=[[AA]_{27}[BB]_{27}]_{27}$

(11) $[AB]_{27}=((AA)_{27}(BB)_{27})_{27}$

(12) $[AB]_1=((AB)_{27}(AB)_{27})_{27}$

由(1)可得：

$(AB)_1\Rightarrow[AB]_{14}$

由(2)可得：

$(AB)_1 \Rightarrow [AB]_1$

由(3)和(4)可得：

$[AB]_1 \Rightarrow (AB)_1$

因此：

$(AB)_1 \Leftrightarrow [AB]_1$

由(5)可得：

$[AB]_{14} \Rightarrow (AB)_1$

因此：

$(AB)_1 \Leftrightarrow [AB]_{14}$

进一步有：

$(AB)_1 \Leftrightarrow [AB]_1 \Leftrightarrow [AB]_{14}$

由(6)可得：

$[AB]_{14} \Rightarrow (AB)_{14}$

因而有：

$[AB]_1 \Rightarrow (AB)_{14}$

由(7)可得：

$(AB)_{14} \Rightarrow [AB]_1$

因此：

$(AB)_{14} \Leftrightarrow [AB]_1$

进一步可得：

$(AB)_1 \Leftrightarrow (AB)_{14} \Leftrightarrow [AB]_1 \Leftrightarrow [AB]_{14}$

由(8)可得：

$(AB)_{14} \Rightarrow [AB]_{27}$

由(9)可得：

$[AB]_{27} \Rightarrow (AB)_{14}$

进一步有：

$(AB)_1 \Leftrightarrow (AB)_{14} \Leftrightarrow [AB]_1 \Leftrightarrow [AB]_{14} \Leftrightarrow [AB]_{27}$

由(10)可得：

$[AB]_{27} \Rightarrow (AB)_{27}$

由(11)可得：

$(AB)_{27} \Rightarrow [AB]_{27}$

因此有：

$(AB)_{27} \Leftrightarrow [AB]_{27}$

进一步可得：

$(AB)_1 \Leftrightarrow (AB)_{14} \Leftrightarrow (AB)_{27} \Leftrightarrow [AB]_1 \Leftrightarrow [AB]_{14} \Leftrightarrow [AB]_{27}$

这样，$(AB)_1$、$(AB)_{14}$、$(AB)_{27}$、$[AB]_1$、$[AB]_{14}$和$[AB]_{27}$构成了可以相互定义的一个等价组。

定理 7.2.2　$(AB)_2 \Leftrightarrow (AB)_9 \Leftrightarrow (AB)_{17} \Leftrightarrow [AB]_{10} \Leftrightarrow [AB]_{15} \Leftrightarrow [AB]_{21}$。

证明：

(1) $[AB]_{15}=((AB)_2(AB)_2)_2$

(2) $[AB]_{10}=((AA)_2(BB)_2)_2$

(3) $(AB)_2=[[AB]_{15}[AB]_{15}]_{15}$

(4) $(AB)_{17}=[[AA]_{15}[BB]_{15}]_{15}$

(5) $(AB)_9=[[AB]_{10}[AB]_{10}]_{10}$

(6) $(AB)_2=[[AA]_{10}[BB]_{10}]_{10}$

(7) $[AB]_{21}=((AB)_{17}(AB)_{17})_{17}$

(8) $[AB]_{15}=((AA)_{17}(BB)_{17})_{17}$

(9) $(AB)_{17}=[[AB]_{21}[AB]_{21}]_{21}$

(10) $(AB)_9=[[AA]_{21}[BB]_{21}]_{21}$

(11) $[AB]_{10}=((AB)_9(AB)_9)_9$

(12) $[AB]_{21}=((AA)_9(BB)_9)_9$

由(1)可得：

$(AB)_2 \Rightarrow [AB]_{15}$

由(4)可得：

$[AB]_{15} \Rightarrow (AB)_{17}$

由(7)可得：

$(AB)_{17} \Rightarrow [AB]_{21}$

由(10)可得：

$[AB]_{21} \Rightarrow (AB)_9$

由(11)可得：

$(AB)_9 \Rightarrow [AB]_{10}$

由(6)可得：

$[AB]_{10} \Rightarrow (AB)_2$

进一步可得：

$(AB)_2 \Leftrightarrow (AB)_9 \Leftrightarrow (AB)_{17} \Leftrightarrow [AB]_{10} \Leftrightarrow [AB]_{15} \Leftrightarrow [AB]_{21}$

这样，$(AB)_2$、$(AB)_9$、$(AB)_{17}$、$[AB]_{10}$、$[AB]_{15}$ 和 $[AB]_{21}$ 构成了可以相互定义的一个等价组。

定理 7.2.3 $(AB)_3 \Leftrightarrow (AB)_{11} \Leftrightarrow (AB)_{18} \Leftrightarrow [AB]_{13} \Leftrightarrow [AB]_{19} \Leftrightarrow [AB]_{24}$。

证明：

(1) $[AB]_{13}=((AB)_3(AB)_3)_3$

(2) $[AB]_{19}=((AA)_3(BB)_3)_3$

(3) $(AB)_3=[[AB]_{13}[AB]_{13}]_{13}$

(4) $(AB)_{11}=[[AA]_{13}[BB]_{13}]_{13}$

(5) $(AB)_{18}=[[AB]_{19}[AB]_{19}]_{19}$

(6) $(AB)_3=[[AA]_{19}[BB]_{19}]_{19}$

(7) $[AB]_{24}=((AB)_{11}(AB)_{11})_{11}$

(8) $[AB]_{13}=((AA)_{11}(BB)_{11})_{11}$

(9) $(AB)_{11}=[[AB]_{24}[AB]_{24}]_{24}$

(10) $(AB)_{18}=[[AA]_{24}[BB]_{24}]_{24}$

(11) $[AB]_{19}=((AB)_{18}(AB)_{18})_{18}$

(12) $[AB]_{24}=((AA)_{18}(BB)_{18})_{18}$

由(1)可得：

$(AB)_3 \Rightarrow [AB]_{13}$

由(4)可得：

$[AB]_{13} \Rightarrow (AB)_{11}$

由(7)可得：

$(AB)_{11} \Rightarrow [AB]_{24}$

由(10)可得：

$[AB]_{24} \Rightarrow (AB)_{18}$

由(11)可得：

$(AB)_{18} \Rightarrow [AB]_{19}$

由(6)可得：

$[AB]_{19} \Rightarrow (AB)_3$

进一步可得：

$(AB)_3 \Leftrightarrow (AB)_{11} \Leftrightarrow (AB)_{18} \Leftrightarrow [AB]_{13} \Leftrightarrow [AB]_{19} \Leftrightarrow [AB]_{24}$

这样，$(AB)_3$、$(AB)_{11}$、$(AB)_{18}$、$[AB]_{13}$、$[AB]_{19}$ 和 $[AB]_{24}$ 构成了可以相互定义的一个等价组。

定理 7.2.4 $(AB)_4 \Leftrightarrow (AB)_{23} \Leftrightarrow (AB)_{25} \Leftrightarrow [AB]_2 \Leftrightarrow [AB]_9 \Leftrightarrow [AB]_{17}$。

证明：

(1) $[AB]_{17}=((AB)_4(AB)_4)_4$

(2) $[AB]_2=((AA)_4(BB)_4)_4$

(3) $(AB)_{25}=[[AB]_2[AB]_2]_2$

(4) $(AB)_4=[[AA]_2[BB]_2]_2$

(5) $(AB)_4=[[AB]_{17}[AB]_{17}]_{17}$

(6) $(AB)_{23}=[[AA]_{17}[BB]_{17}]_{17}$

(7) $[AB]_9=((AB)_{23}(AB)_{23})_{23}$

(8) $[AB]_{17}=((AA)_{23}(BB)_{23})_{23}$

(9) $(AB)_{23}=[[AB]_9[AB]_9]_9$

(10) $(AB)_{25}=[[AA]_9[BB]_9]_9$

(11) $[AB]_2=((AB)_{25}(AB)_{25})_{25}$

(12) $[AB]_9=((AA)_{25}(BB)_{25})_{25}$

由(1)可得：

$(AB)_4 \Rightarrow [AB]_{17}$

由(6)可得：

$[AB]_{17} \Rightarrow (AB)_{23}$

由(7)可得：

$(AB)_{23} \Rightarrow [AB]_9$

由(10)可得：

$[AB]_9 \Rightarrow (AB)_{25}$

由(11)可得：

$(AB)_{25} \Rightarrow [AB]_2$

由(4)可得：

$[AB]_2 \Rightarrow (AB)_4$

进一步可得：

$(AB)_4 \Leftrightarrow (AB)_{23} \Leftrightarrow (AB)_{25} \Leftrightarrow [AB]_2 \Leftrightarrow [AB]_9 \Leftrightarrow [AB]_{17}$

这样，$(AB)_4$、$(AB)_{23}$、$(AB)_{25}$、$[AB]_2$、$[AB]_9$ 和$[AB]_{17}$ 构成了可以相互定义的一个等价组。

定理 7.2.5　$(AB)_5 \Leftrightarrow (AB)_7 \Leftrightarrow (AB)_{26} \Leftrightarrow [AB]_3 \Leftrightarrow [AB]_{11} \Leftrightarrow [AB]_{18}$。

证明：

(1) $[AB]_{18}=((AB)_5(AB)_5)_5$

(2) $[AB]_{11}=((AA)_5(BB)_5)_5$

(3)$(AB)_7=[[AB]_{11}[AB]_{11}]_{11}$

(4)$(AB)_5=[[AA]_{11}[BB]_{11}]_{11}$

(5)$(AB)_5=[[AB]_{18}[AB]_{18}]_{18}$

(6)$(AB)_{26}=[[AA]_{18}[BB]_{18}]_{18}$

(7) $[AB]_{11}=((AB)_7(AB)_7)_7$

(8) $[AB]_3=((AA)_7(BB)_7)_7$

(9)$(AB)_{26}=[[AB]_3[AB]_3]_3$

(10)$(AB)_7=[[AA]_3[BB]_3]_3$

(11) $[AB]_3=((AB)_{26}(AB)_{26})_{26}$

(12) $[AB]_{18}=((AA)_{26}(BB)_{26})_{26}$

由(1)可得：

$(AB)_5 \Rightarrow [AB]_{18}$

由(6)可得：

$[AB]_{18} \Rightarrow (AB)_{26}$

由(11)可得：

$(AB)_{26} \Rightarrow [AB]_3$

由(10)可得：

$[AB]_3 \Rightarrow (AB)_7$

由(7)可得：

$(AB)_7 \Rightarrow [AB]_{11}$

由(4)可得：

$[AB]_{11} \Rightarrow (AB)_5$

进一步可得：

$(AB)_5 \Leftrightarrow (AB)_7 \Leftrightarrow (AB)_{26} \Leftrightarrow [AB]_3 \Leftrightarrow [AB]_{11} \Leftrightarrow [AB]_{18}$

这样，$(AB)_5$、$(AB)_7$、$(AB)_{26}$、$[AB]_3$、$[AB]_{11}$ 和$[AB]_{18}$ 构成了可以相互定义的一个等价组。

定理 7.2.6　$(AB)_6 \Leftrightarrow (AB)_{16} \Leftrightarrow (AB)_{20} \Leftrightarrow [AB]_6 \Leftrightarrow [AB]_{16} \Leftrightarrow [AB]_{20}$。

证明：

(1) $[AB]_{16}=((AB)_6(AB)_6)_6$

(2) $[AB]_{20}=((AA)_6(BB)_6)_6$

(3)$(AB)_6=[[AB]_{16}[AB]_{16}]_{16}$

(4)$(AB)_{20}= [[AA]_{16}[BB]_{16}]_{16}$

(5)$(AB)_{16}=[[AB]_{20}[AB]_{20}]_{20}$

(6)$(AB)_6= [[AA]_{20}[BB]_{20}]_{20}$

(7) $[AB]_{20}=((AB)_{16}(AB)_{16})_{16}$

(8) $[AB]_6=((AA)_{16}(BB)_{16})_{16}$

(9)$(AB)_{20}=[[AB]_6[AB]_6]_6$

(10)$(AB)_{16}= [[AA]_6[BB]_6]_6$

(11) $[AB]_6=((AB)_{20}(AB)_{20})_{20}$

(12) $[AB]_{16}=((AA)_{20}(BB)_{20})_{20}$

由(1)可得：

$(AB)_6 \Rightarrow [AB]_{16}$

由(4)可得：

$[AB]_{16} \Rightarrow (AB)_{20}$

由(11)可得：

$(AB)_{20} \Rightarrow [AB]_6$

由(10)可得：

$[AB]_6 \Rightarrow (AB)_{16}$

由(7)可得：

$(AB)_{16} \Rightarrow [AB]_{20}$

由(6)可得：

$[AB]_{20} \Rightarrow (AB)_6$

进一步可得：

$(AB)_6 \Leftrightarrow (AB)_{16} \Leftrightarrow (AB)_{20} \Leftrightarrow [AB]_6 \Leftrightarrow [AB]_{16} \Leftrightarrow [AB]_{20}$

这样，$(AB)_6$、$(AB)_{16}$、$(AB)_{20}$、$[AB]_6$、$[AB]_{16}$和$[AB]_{20}$构成了可以相互定义的一个等价组。

定理 7.2.7　$(AB)_8 \Leftrightarrow [AB]_{12}$。

证明：

(1) $[AB]_{12}=((AB)_8(AB)_8)_8$

(2) $[AB]_{12}=((AA)_8(BB)_8)_8$

(3)$(AB)_8=[[AB]_{12}[AB]_{12}]_{12}$

(4)$(AB)_8=[[AB]_{12}[AB]_{12}]_{12}$

由(1)可得：

$(AB)_8 \Rightarrow [AB]_{12}$

由(3)可得：

$[AB]_{12} \Rightarrow (AB)_8$

进一步可得：

$(AB)_8 \Leftrightarrow [AB]_{12}$

这样，$(AB)_8$和$[AB]_{12}$构成了可以相互定义的一个等价组。

定理 7.2.8　$(AB)_{12} \Leftrightarrow [AB]_{22}$。

证明：

(1)$(AB)_{12}=[[AB]_{22}[AB]_{22}]_{22}$

(2)$(AB)_{12}=[[AA]_{22}[BB]_{22}]_{22}$

(3) $[AB]_{22}=((AB)_{12}(AB)_{12})_{12}$

(4) $[AB]_{22}=((AA)_{12}(BB)_{12})_{12}$

由(1)可得：

$[AB]_{22} \Rightarrow (AB)_{12}$

由(4)可得：

$(AB)_{12} \Rightarrow [AB]_{22}$

进一步可得：

$(AB)_{12} \Leftrightarrow [AB]_{22}$

这样，$(AB)_{12}$和$[AB]_{22}$构成了可以相互定义的一个等价组。

定理 7.2.9　$(AB)_{22} \Leftrightarrow [AB]_8$。

证明：

(1)$(AB)_{22}=[[AB]_8[AB]_8]_8$

(2)$(AB)_{22}=[[AA]_8[BB]_8]_8$

(3) $[AB]_8=((AB)_{22}(AB)_{22})_{22}$

(4) $[AB]_8=((AA)_{22}(BB)_{22})_{22}$

由(1)可得：

$[AB]_8\Rightarrow(AB)_{22}$

由(3)可得：

$(AB)_{22}\Rightarrow[AB]_8$

进一步可得：

$(AB)_{22}\Leftrightarrow[AB]_8$

这样，$(AB)_{22}$和$[AB]_8$构成了可以相互定义的一个等价组。

通过以上研究，可以看出 54 个三值二元逻辑函数可以分成内部可以互相定义的 10 组：

(1)$(AB)_1\Leftrightarrow(AB)_{14}\Leftrightarrow(AB)_{27}\Leftrightarrow[AB]_1\Leftrightarrow[AB]_{14}\Leftrightarrow[AB]_{27}$

(2)$(AB)_2\Leftrightarrow(AB)_9\Leftrightarrow(AB)_{17}\Leftrightarrow[AB]_{10}\Leftrightarrow[AB]_{15}\Leftrightarrow[AB]_{21}$

(3)$(AB)_3\Leftrightarrow(AB)_{11}\Leftrightarrow(AB)_{18}\Leftrightarrow[AB]_{13}\Leftrightarrow[AB]_{19}\Leftrightarrow[AB]_{24}$

(4)$(AB)_4\Leftrightarrow(AB)_{23}\Leftrightarrow(AB)_{25}\Leftrightarrow[AB]_2\Leftrightarrow[AB]_9\Leftrightarrow[AB]_{17}$

(5)$(AB)_5\Leftrightarrow(AB)_7\Leftrightarrow(AB)_{26}\Leftrightarrow[AB]_3\Leftrightarrow[AB]_{11}\Leftrightarrow[AB]_{18}$

(6)$(AB)_6\Leftrightarrow(AB)_{16}\Leftrightarrow(AB)_{20}\Leftrightarrow[AB]_6\Leftrightarrow[AB]_{16}\Leftrightarrow[AB]_{20}$

(7)$(AB)_8\Leftrightarrow[AB]_{12}$

(8)$(AB)_{12}\Leftrightarrow[AB]_{22}$

(9)$(AB)_{22}\Leftrightarrow[AB]_8$

(10)$(AB)_{10}\Leftrightarrow(AB)_{13}\Leftrightarrow(AB)_{15}\Leftrightarrow(AB)_{19}\Leftrightarrow(AB)_{21}\Leftrightarrow(AB)_{24}\Leftrightarrow[AB]_4\Leftrightarrow[AB]_5\Leftrightarrow[AB]_7\Leftrightarrow[AB]_{23}\Leftrightarrow[AB]_{25}\Leftrightarrow[AB]_{26}$

我们可以按其首元分别将其称为$(AB)_1$组、$(AB)_2$组等。按照真值表中 3 个值的个数不同，又可以将 54 个三值二元逻辑函数分为三种类型：117 型（真值表中 3 个值的数目分别为 1 个、1 个和 7 个）、135 型和 333 型。其中 117 型只有$(AB)_1$组；333 型包括$(AB)_6$组、$(AB)_8$组、$(AB)_{12}$组和$(AB)_{22}$组；其余 5 组均为 135 型。

第三节　三值二元逻辑函数的表达能力

上述 54 个三值二元逻辑函数共分成了 10 种类型，这 10 种类型之中的函数是相互可定义的，那么它们的表达能力是相同的。下面我们来研究这 10 种类型之间的可表达性。当然首先我们已经知道下述 12 个 Sheffer 函数其表达能力是最强的：

$(AB)_{10}\Leftrightarrow(AB)_{13}\Leftrightarrow(AB)_{15}\Leftrightarrow(AB)_{19}\Leftrightarrow(AB)_{21}\Leftrightarrow(AB)_{24}\Leftrightarrow[AB]_4\Leftrightarrow[AB]_5\Leftrightarrow[AB]_7\Leftrightarrow[AB]_{23}\Leftrightarrow[AB]_{25}\Leftrightarrow[AB]_{26}$

下面讨论其他类型之间的可表达性。

对于 135 型中的$(AB)_2\Leftrightarrow(AB)_9\Leftrightarrow(AB)_{17}\Leftrightarrow[AB]_{10}\Leftrightarrow[AB]_{15}\Leftrightarrow[AB]_{21}$组有：

(1)$(AB)_{101}=([AB]_{10}[AB]_{15})_2$

(2)$(AB)_5=((AB)_{101}(AB)_{101})_2$

(3)$(AB)_{102}=([AB]_{10}\ [AB]_{31})_2$

(4)$(AB)_{26}=((AB)_{102}(AB)_{102})_2$

(5)$(AB)_{103}=([AB]_{15}[AB]_{21})_2$

(6)$(AB)_{23}=((AB)_{103}(AB)_{103})_2$

(7)$(AB)_{104}=([AB]_{10}[AB]_{15})_9$

(8)$(AB)_4=((AB)_{104}(AB)_{104})_9$

(9)$(AB)_{105}=([AB]_{10}[AB]_{21})_9$

(10)$(AB)_7=((AB)_{105}(AB)_{105})_9$

(11)$(AB)_{101}=([AB]_{15}[AB]_{21})_9$

(12)$(AB)_5=((AB)_{101}(AB)_{101})_9$

(13)$(AB)_{105}=([AB]_{10}[AB]_{15})_{17}$

(14)$(AB)_7=((AB)_{105}(AB)_{105})_{17}$

(15)$(AB)_{106}=([AB]_{10}[AB]_{21})_{17}$

(16)$(AB)_{25}=((AB)_{106}(AB)_{106})_{17}$

(17)$(AB)_{102}=([AB]_{15}[AB]_{21})_{17}$

(18)$(AB)_{26}=((AB)_{102}(AB)_{102})_{17}$

上述论证中涉及的新定义出的 6 个真值函数真值表是：

$(AB)_{101}$	0	1	2
0	0	2	0
1	2	1	0
2	0	0	2

$(AB)_{102}$	0	1	2
0	0	1	1
1	1	1	0
2	1	0	2

$(AB)_{103}$	0	1	2
0	0	1	0
1	1	1	0
2	0	0	2

$(AB)_{104}$	0	1	2
0	0	2	0
1	2	1	2
2	0	2	2

$(AB)_{105}$	0	1	2
0	0	2	1
1	2	1	2
2	1	2	2

$(AB)_{106}$	0	1	2
0	0	1	1
1	1	1	2
2	1	2	2

由上述定义可以看出：$(AB)_2 \Leftrightarrow (AB)_9 \Leftrightarrow (AB)_{17} \Leftrightarrow [AB]_{10} \Leftrightarrow [AB]_{15} \Leftrightarrow [AB]_{21}$组可以定义出下列两组：

$(AB)_4 \Leftrightarrow (AB)_{23} \Leftrightarrow (AB)_{25} \Leftrightarrow [AB]_2 \Leftrightarrow [AB]_9 \Leftrightarrow [AB]_{17}$

$(AB)_5 \Leftrightarrow (AB)_7 \Leftrightarrow (AB)_{26} \Leftrightarrow [AB]_3 \Leftrightarrow [AB]_{11} \Leftrightarrow [AB]_{18}$

下面进一步使用已经获得定义的逻辑函数来考察$(AB)_2$组的表达能力：

(19)$(AB)_{11}=((AB)_{101}(AB)_{102})_2$

(20)$(AB)_{14}=((AB)_{101}(AB)_{103})_2$

(21)$(AB)_4=((AB)_{101}(AB)_{104})_2$

(22)$(AB)_1=((AB)_{101}(AB)_{105})_2$

(23)$(AB)_{10}=((AB)_{101}(AB)_{106})_2$

(24)$(AB)_{20}=((AB)_{102}(AB)_{103})_2$

(25)$(AB)_{10}=((AB)_{102}(AB)_{104})_2$

(26)$(AB)_{16}=((AB)_{102}(AB)_{105})_2$

(27)$(AB)_{25}=((AB)_{102}(AB)_{106})_2$

(28)$(AB)_{13}=((AB)_{103}(AB)_{104})_2$

(29)$(AB)_{10}=((AB)_{103}(AB)_{105})_2$

(30)$(AB)_{19}=((AB)_{103}(AB)_{106})_2$

(31)$(AB)_1=((AB)_{104}(AB)_{105})_2$

(32)$(AB)_{10}=((AB)_{104}(AB)_{106})_2$

(33)$(AB)_{16}=((AB)_{105}(AB)_{106})_2$

由(19)、(20)和(24)等可以看出$(AB)_2 \Leftrightarrow (AB)_9 \Leftrightarrow (AB)_{17} \Leftrightarrow [AB]_{10} \Leftrightarrow$

$[AB]_{15}\Leftrightarrow[AB]_{21}$ 组，还可以定义出下列三组：

$(AB)_1\Leftrightarrow(AB)_{14}\Leftrightarrow(AB)_{27}\Leftrightarrow[AB]_1\Leftrightarrow[AB]_{14}\Leftrightarrow[AB]_{27}$

$(AB)_3\Leftrightarrow(AB)_{11}\Leftrightarrow(AB)_{18}\Leftrightarrow[AB]_{13}\Leftrightarrow[AB]_{19}\Leftrightarrow[AB]_{24}$

$(AB)_6\Leftrightarrow(AB)_{16}\Leftrightarrow(AB)_{20}\Leftrightarrow[AB]_6\Leftrightarrow[AB]_{16}\Leftrightarrow[AB]_{20}$

更为关键的是由(23)、(25)、(29)、(30)和(32)可以看出$(AB)_2$ 组可以定义出 Sheffer 函数$(AB)_{10}$和$(AB)_{19}$，因此可以得出：

定理 7.3.1　真值函数$(AB)_2$、$(AB)_9$、$(AB)_{17}$、$[AB]_{10}$、$[AB]_{15}$和$[AB]_{21}$都是 Sheffer 函数。

对于 135 型中的$(AB)_3\Leftrightarrow(AB)_{11}\Leftrightarrow(AB)_{18}\Leftrightarrow[AB]_{13}\Leftrightarrow[AB]_{19}\Leftrightarrow[AB]_{24}$组有：

(34)$(AB)_{111}=([AB]_{13}[AB]_{19})_3$

(35)$(AB)_6=((AB)_{111}(AB)_{111})_3$

(36)$(AB)_{112}=([AB]_{13}[AB]_{24})_3$

(37)$(AB)_2=((AB)_{112}(AB)_{112})_3$

(38)$(AB)_{113}=([AB]_{19}[AB]_{24})_3$

(39)$(AB)_{14}=((AB)_{113}(AB)_{113})_3$

上述论证中涉及的新定义出的 3 个真值函数真值表是：

$(AB)_{111}$	0	1	2
0	0	2	0
1	2	1	2
2	0	2	2

$(AB)_{112}$	0	1	2
0	0	2	1
1	2	1	2
2	1	2	2

$(AB)_{113}$	0	1	2
0	0	1	1
1	1	1	2
2	1	2	2

由(35)和(39)等可以看出$(AB)_3\Leftrightarrow(AB)_{11}\Leftrightarrow(AB)_{18}\Leftrightarrow[AB]_{13}\Leftrightarrow[AB]_{19}\Leftrightarrow[AB]_{24}$组可以定义出下列两组：

$(AB)_1\Leftrightarrow(AB)_{14}\Leftrightarrow(AB)_{27}\Leftrightarrow[AB]_1\Leftrightarrow[AB]_{14}\Leftrightarrow[AB]_{27}$

$(AB)_6\Leftrightarrow(AB)_{16}\Leftrightarrow(AB)_{20}\Leftrightarrow[AB]_6\Leftrightarrow[AB]_{16}\Leftrightarrow[AB]_{20}$

更为关键的是由(35)可以看出$(AB)_3$ 组可以定义出 Sheffer 函数$(AB)_2$和$(AB)_{19}$，因此可以得出：

定理 7.3.2　真值函数$(AB)_3$、$(AB)_{11}$、$(AB)_{18}$、$[AB]_{13}$、$[AB]_{19}$、$[AB]_{24}$都是 Sheffer 函数。

对于 135 型中的$(AB)_4\Leftrightarrow(AB)_{23}\Leftrightarrow(AB)_{25}\Leftrightarrow[AB]_2\Leftrightarrow[AB]_9\Leftrightarrow[AB]_{17}$

组有：

$(40)(AB)_{121}=([AB]_2[AB]_9)_4$

$(41)(AB)_{26}=((AB)_{121}(AB)_{121})_4$

$(42)(AB)_{122}=([AB]_2[AB]_{17})_4$

$(43)(AB)_{16}=((AB)_{122}(AB)_{122})_4$

$(44)(AB)_{123}=([AB]_9[AB]_{17})_4$

$(45)(AB)_{14}=((AB)_{123}(AB)_{123})_4$

上述论证中涉及的新定义出的 3 个真值函数真值表是：

$(AB)_{121}$	0	1	2
0	0	1	1
1	1	1	0
2	1	0	2

$(AB)_{122}$	0	1	2
0	0	0	1
1	0	1	2
2	1	2	2

$(AB)_{123}$	0	1	2
0	0	0	0
1	0	1	0
2	0	0	2

由(41)、(43)和(45)等可以看出$(AB)_4\Leftrightarrow(AB)_{23}\Leftrightarrow(AB)_{25}\Leftrightarrow[AB]_2\Leftrightarrow[AB]_9\Leftrightarrow[AB]_{17}$组可以定义出下列两组：

$(AB)_1\Leftrightarrow(AB)_{14}\Leftrightarrow(AB)_{27}\Leftrightarrow[AB]_1\Leftrightarrow[AB]_{14}\Leftrightarrow[AB]_{27}$

$(AB)_5\Leftrightarrow(AB)_7\Leftrightarrow(AB)_{26}\Leftrightarrow[AB]_3\Leftrightarrow[AB]_{11}\Leftrightarrow[AB]_{18}$

$(AB)_6\Leftrightarrow(AB)_{16}\Leftrightarrow(AB)_{20}\Leftrightarrow[AB]_6\Leftrightarrow[AB]_{16}\Leftrightarrow[AB]_{20}$

下面进一步使用已经定义的逻辑函数来考察$(AB)_4$组的表达能力：

$(46)(AB)_8=((AB)_{121}(AB)_{122})_4$

$(47)(AB)_2=((AB)_{121}(AB)_{123})_4$

$(48)(AB)_{11}=((AB)_{122}(AB)_{123})_4$

从(46)可以看出$(AB)_4\Leftrightarrow(AB)_{23}\Leftrightarrow(AB)_{25}\Leftrightarrow[AB]_2\Leftrightarrow[AB]_9\Leftrightarrow[AB]_{17}$组可以定义出$(AB)_8\Leftrightarrow[AB]_{12}$组。更为关键的是由(47)和(48)可以看出 $(AB)_4$组可以定义出 Sheffer 函数$(AB)_2$和$(AB)_{11}$，因此可以得出：

定理 7.3.3 真值函数$(AB)_4$、$(AB)_{23}$、$(AB)_{25}$、$[AB]_2$、$[AB]_9$和$[AB]_{17}$都是 Sheffer 函数。

对于 135 型中的$(AB)_5\Leftrightarrow(AB)_7\Leftrightarrow(AB)_{26}\Leftrightarrow[AB]_3\Leftrightarrow[AB]_{11}\Leftrightarrow[AB]_{18}$组有：

$(49)(AB)_{131}=([AB]_3[AB]_{11})_5$

$(50)(AB)_{18}=((AB)_{131}(AB)_{131})_5$

(51)$(AB)_{132}=([AB]_3[AB]_{18})_5$

(52)$(AB)_{17}=((AB)_{132}(AB)_{132})_5$

(53)$(AB)_{133}=([AB]_{11}[AB]_{18})_5$

(54)$(AB)_9=((AB)_{133}(AB)_{133})_5$

上述论证中涉及的新定义出的 3 个真值函数真值表是：

$(AB)_{131}$	0	1	2
0	0	0	1
1	0	1	1
2	1	1	2

$(AB)_{132}$	0	1	2
0	0	0	1
1	0	1	0
2	1	0	2

$(AB)_{133}$	0	1	2
0	0	2	1
1	2	1	1
2	1	1	2

由(50)、(52)和(54)等可以看出$(AB)_5\Leftrightarrow(AB)_7\Leftrightarrow(AB)_{26}\Leftrightarrow[AB]_3\Leftrightarrow[AB]_{11}\Leftrightarrow[AB]_{18}$组可以定义出 Sheffer 函数$(AB)_9$、$(AB)_{17}$和$(AB)_{18}$，因此可以得出：

定理 7.3.4　真值函数$(AB)_5$、$(AB)_7$、$(AB)_{26}$、$[AB]_3$、$[AB]_{11}$和$[AB]_{18}$都是 Sheffer 函数。

对于 135 型中的$(AB)_6\Leftrightarrow(AB)_{16}\Leftrightarrow(AB)_{20}\Leftrightarrow[AB]_6\Leftrightarrow[AB]_{16}\Leftrightarrow[AB]_{20}$组有：

(55)$(AB)_{141}=([AB]_6[AB]_{16})_6$

(56)$(AB)_{12}=((AB)_{141}(AB)_{141})_6$

由(56)可以看出$(AB)_6\Leftrightarrow(AB)_{16}\Leftrightarrow(AB)_{20}\Leftrightarrow[AB]_6\Leftrightarrow[AB]_{16}\Leftrightarrow[AB]_{20}$组可以定义出$(AB)_{12}\Leftrightarrow[AB]_{22}$组，因此，进一步有：

(57)$(AB)_{142}=([AB]_6[AB]_{22})_6$

(58)$(AB)_{21}=((AB)_{142}(AB)_{142})_6$

上述论证中涉及的新定义出的 2 个真值函数真值表是：

$(AB)_{141}$	0	1	2
0	0	0	2
1	0	1	1
2	2	1	2

$(AB)_{142}$	0	1	2
0	0	1	2
1	1	1	1
2	2	0	2

由(58)等可以看出$(AB)_6\Leftrightarrow(AB)_{16}\Leftrightarrow(AB)_{20}\Leftrightarrow[AB]_6\Leftrightarrow[AB]_{16}\Leftrightarrow[AB]_{20}$组可以定义出 Sheffer 函数$(AB)_{21}$，因此可以得出：

定理 7.3.5 真值函数$(AB)_6$、$(AB)_{16}$、$(AB)_{20}$、$[AB]_6$、$[AB]_{16}$和$[AB]_{20}$都是 Sheffer 函数。

对于 117 型中的$(AB)_1\Leftrightarrow(AB)_{14}\Leftrightarrow(AB)_{27}\Leftrightarrow[AB]_1\Leftrightarrow[AB]_{14}\Leftrightarrow[AB]_{27}$组有：

(59) $0=((AB)_1[AB]_{14})_1$

(60)$(AB)_{151}=(A0)_1$

(61)$(AB)_{152}=(0A)_1$

上述论证中涉及的新定义出的 3 个真值函数真值表是：

0	0	1	2
0	0	0	0
1	0	0	0
2	0	0	0

$(AB)_{151}$	0	1	2
0	1	1	1
1	0	0	0
2	0	0	0

$(AB)_{152}$	0	1	2
0	1	0	0
1	1	0	0
2	1	0	0

(62)$(AB)_{153}=((AB)_{151}(AB)_{152})_1$

(63)$(AB)_{154}=[[AB]_{14}[AB]_{14}]_{14}$

(64)$(AB)_{155}=[(AB)_{153}(AB)_{153}]_{14}$

上述论证中涉及的新定义出的 3 个真值函数真值表是：

$(AB)_{153}$	0	1	2
0	2	0	0
1	0	1	1
2	0	1	1

$(AB)_{154}$	0	1	2
0	1	0	0
1	0	2	0
2	0	0	0

$(AB)_{155}$	0	1	2
0	1	2	2
1	2	0	0
2	2	0	0

(65) $[AB]_2=((AB)_{154}(AB)_{155})_1$

由此可见，$(AB)_1\Leftrightarrow(AB)_{14}\Leftrightarrow(AB)_{27}\Leftrightarrow[AB]_1\Leftrightarrow[AB]_{14}\Leftrightarrow[AB]_{27}$ 组可以定义出：

$[AB]_2=([[AB]_{14}[AB]_{14}]_{14}[((A(AB)_1)_1(AB)_1)_1[AB]_{14}]_{14}(AB)_1(AB)_1)_1[AB]_{14}$
$A((A(AB)_1)_1(AB)_1)_1[AB]_{14}((AB)_1(AB)_1)_1[AB]_{14}A)_1$

而前文已经证明$[AB]_2$是 Sheffer 函数。

因此可以得出：

定理 7.3.6 真值函数$(AB)_1$、$(AB)_{14}$、$(AB)_{27}$、$[AB]_1$、$[AB]_{14}$和$[AB]_{27}$都是 Sheffer 函数。

第四节　若干结论

定理 7.4.1　333 型中的真值函数$(AB)_8$组、$(AB)_{12}$组和$(AB)_{22}$组，即$(AB)_8$、$(AB)_{12}$、$(AB)_{22}$、$[AB]_8$、$[AB]_{12}$和$[AB]_{22}$都不是 Sheffer 函数。

证明：

由$(AB)_8$、$(AB)_{12}$和$(AB)_{22}$的真值表不难验证：

$(AB)_{153}$	0	1	2
0	2	0	0
1	0	1	1
2	0	1	1

$(AB)_{154}$	0	1	2
0	1	0	0
1	0	2	0
2	0	0	0

$(AB)_{155}$	0	1	2
0	1	2	2
1	2	0	0
2	2	0	0

$(((AB)_8))=(((A))((B)))_8$

$(((AB)_{12}))=(((A))((B)))_{12}$

$(((AB)_{22}))=(((A))((B)))_{22}$

由此可见，$(AB)_8$、$(AB)_{12}$和$(AB)_{22}$均为自对偶函数，所以，$(AB)_8$、$(AB)_{12}$和$(AB)_{22}$均不是 Sheffer 函数。

另外，可以验证$[AB]_8$、$[AB]_{12}$和$[AB]_{22}$都是保持关系{(0，1，2)，(1，2，0)，(2，0，1)}，由此也可以得出：$[AB]_8$、$[AB]_{12}$和$[AB]_{22}$均不是 Sheffer 函数。

定理 7.4.2　上述 54 个三值二元逻辑函数均可定义出三值一元逻辑函数(A)。

证明：

$(A)=def((AA)_i(AA)_i)_i(i=1,\ \cdots,\ 27)$

$(A)=def[AA]_i(i=1,\ \cdots,\ 27)$

前述我们研究的 54 个函数都是其真值表中的变元具有可交换性的三值二元函数，那么是否存在其真值表中的变元不具有可交换性的三值二元 Sheffer 函数呢？答案是肯定的。

定理 7.4.3　除上述 48 个三值二元逻辑 Sheffer 函数外，还存在其他三值二元逻辑 Sheffer 函数。

证明：

对于由如下真值表给出的三值二元函数$(AB)^{200}_{000}$（因为对于三值二元函

数，其真值表*1、*5、*9 位置上的值是固定的，分别为 1、2、0。因此在下文中我们以*2、*3、*4、*6、*7 和*8 位置上的 6 个值作为$(AB)_i$的上下标，以区别不同的$(AB)_i$类函数。对于$[AB]_i$类函数我们也使用类似的记法）、$(AB)^{010}_{000}$和$(AB)^{000}_{100}$，

$(AB)^{200}_{000}$	0	1	2
0	1	2	0
1	0	2	0
2	0	0	0

$(AB)^{010}_{000}$	0	1	2
0	1	0	1
1	0	2	0
2	0	0	0

$(AB)^{000}_{100}$	0	1	2
0	1	0	0
1	0	2	1
2	0	0	0

可以定义出函数$[AB]_{11}$等：

$[AB]_5=def((AB)^{200}_{000}(BA)^{200}_{000})^{200}_{000}$

$[AB]_{11}=def((AB)^{010}_{000}(BA)^{010}_{000})^{010}_{000}$

$[AB]_{13}=def((AB)^{000}_{100}(BA)^{000}_{100})^{000}_{100}$

而前文已经证明$[AB]_5$、$[AB]_{11}$和$[AB]_{13}$是 Sheffer 函数。因此$(AB)^{200}_{000}$、$(AB)^{010}_{000}$和$(AB)^{000}_{100}$都是 Sheffer 函数。

由该证明同样可以直接得出$(AB)^{002}_{000}$、$(AB)^{000}_{010}$、$(AB)^{000}_{001}$、$(AB)^{000}_{200}$和$(AB)^{000}_{002}$也都是 Sheffer 函数。

$(AB)^{002}_{000}$	0	1	2
0	1	0	0
1	2	2	0
2	0	0	0

$(AB)^{000}_{010}$	0	1	2
0	1	0	0
1	0	2	0
2	1	0	0

$(AB)^{000}_{001}$	0	1	2
0	1	0	0
1	0	2	0
2	0	1	0

$(AB)^{000}_{200}$	0	1	2
0	1	0	0
1	0	2	2
2	1	0	0

$(AB)^{000}_{002}$	0	1	2
0	1	0	0
1	0	2	0
2	0	2	0

因为：

$[AB]_5=def((AB)^{002}_{000}(BA)^{002}_{000})^{002}_{000}$

$[AB]_{11}=def((AB)^{000}_{010}(BA)^{000}_{010})^{000}_{010}$

$[AB]_{13}=def((AB)^{000}_{001}(BA)^{000}_{001})^{000}_{001}$

$[AB]_{13}=def((AB)^{000}_{200}(BA)^{000}_{200})^{000}_{200}$

$[AB]_{13}=def((AB)^{000}_{002}(BA)^{000}_{002})^{000}_{002}$

定理 7.4.4 类$(AB)_{14}$ 函数$(AB)^{211}_{111}$、$(AB)^{112}_{111}$、$(AB)^{101}_{111}$、$(AB)^{111}_{101}$、$(AB)^{121}_{111}$、$(AB)^{111}_{121}$、$(AB)^{111}_{011}$和$(AB)^{111}_{110}$都是 Sheffer 函数。

$(AB)^{211}_{111}$	0	1	2
0	1	2	1
1	1	2	1
2	1	1	0

$(AB)^{112}_{111}$	0	1	2
0	1	1	1
1	2	2	1
2	1	1	0

$(AB)^{101}_{111}$	0	1	2
0	1	1	0
1	1	2	1
2	1	1	0

$(AB)^{111}_{101}$	0	1	2
0	1	1	1
1	1	2	1
2	0	1	0

$(AB)^{121}_{111}$	0	1	2
0	1	1	2
1	1	2	1
2	1	1	0

$(AB)^{111}_{121}$	0	1	2
0	1	1	1
1	1	2	1
2	2	1	0

$(AB)^{111}_{011}$	0	1	2
0	1	1	1
1	1	2	0
2	1	1	0

$(AB)^{111}_{110}$	0	1	2
0	1	1	1
1	1	2	1
2	1	0	0

证明：

容易验证：

$[AB]_{18}=def((AB)^{211}_{111}(BA)^{211}_{111})^{211}_{111}$

$[AB]_{18}=def((AB)^{112}_{111}(BA)^{112}_{111})^{112}_{111}$

$[AB]_{24}=def((AB)^{000}_{001}(BA)^{000}_{001})^{000}_{001}$

$[AB]_{24}=def((AB)^{111}_{101}(BA)^{111}_{101})^{111}_{101}$

$[AB]_{24}=def((AB)^{121}_{111}(BA)^{121}_{111})^{121}_{111}$

$[AB]_{24}=def((AB)^{111}_{121}(BA)^{111}_{121})^{111}_{121}$

$[AB]_{26}=def((AB)^{111}_{011}(BA)^{111}_{011})^{111}_{011}$

$[AB]_{26}=def((AB)^{111}_{110}(BA)^{111}_{110})^{111}_{110}$

而前文已经证明$[AB]_{18}$、$[AB]_{24}$和$[AB]_{26}$是 Sheffer 函数，因此可以得出类$(AB)_{14}$函数$(AB)^{211}_{111}$、$(AB)^{112}_{111}$、$(AB)^{101}_{111}$、$(AB)^{111}_{101}$、$(AB)^{121}_{111}$、$(AB)^{111}_{121}$、$(AB)^{111}_{011}$和$(AB)^{111}_{110}$都是 Sheffer 函数。

类似地，有：

定理 7.4.5　类$(AB)_{27}$函数$(AB)^{022}_{222}$、$(AB)^{220}_{222}$、$(AB)^{122}_{222}$、$(AB)^{221}_{222}$、$(AB)^{212}_{222}$、$(AB)^{222}_{212}$、$(AB)^{222}_{022}$和$(AB)^{222}_{220}$都是 Sheffer 函数。

$(AB)^{022}_{222}$	0	1	2
0	1	0	2
1	2	2	2
2	2	2	0

$(AB)^{220}_{222}$	0	1	2
0	1	2	2
1	0	2	2
2	2	2	0

$(AB)^{122}_{222}$	0	1	2
0	1	1	2
1	2	2	2
	2	2	0

$(AB)^{221}_{222}$	0	1	2
0	1	2	2
1	1	2	2
2	2	2	0

$(AB)^{212}_{222}$	0	1	2
0	1	2	1
1	2	2	2
2	2	2	0

$(AB)^{222}_{212}$	0	1	2
0	1	2	2
1	2	2	2
2	1	2	0

$(AB)^{222}_{022}$	0	1	2
0	1	2	2
1	2	2	0
2	2	2	0

$(AB)^{222}_{220}$	0	1	2
0	1	2	2
1	2	2	2
2	2	0	0

证明：

容易验证：

$[AB]_{19}=def\ ((AB)^{022}_{222}(BA)^{022}_{222})^{022}_{222}$

$[AB]_{19}=def\ ((AB)^{220}_{222}(BA)^{220}_{222})^{220}_{222}$

$[AB]_{19}=def\ ((AB)^{122}_{222}(BA)^{122}_{222})^{122}_{222}$

$[AB]_{19}=def\ ((AB)^{221}_{222}(BA)^{221}_{222})^{221}_{222}$

$[AB]_{7}=def\ ((AB)^{212}_{222}(BA)^{212}_{222})^{212}_{222}$

$[AB]_{7}=def\ ((AB)^{222}_{212}(BA)^{222}_{212})^{222}_{212}$

$[AB]_{3}=def\ ((AB)^{222}_{022}(BA)^{222}_{022})^{222}_{022}$

$[AB]_{3}=def\ ((AB)^{222}_{220}(BA)^{222}_{220})^{222}_{220}$

而前文已经证明$[AB]_3$、$[AB]_7$和$[AB]_{19}$是 Sheffer 函数，因此可以得出类$(AB)_{27}$函数$(AB)^{022}_{222}$、$(AB)^{220}_{222}$、$(AB)^{122}_{222}$、$(AB)^{221}_{222}$、$(AB)^{212}_{222}$、$(AB)^{222}_{212}$、$(AB)^{222}_{022}$和$(AB)^{222}_{220}$都是 Sheffer 函数。

定理 7.4.6　类$[AB]_1$函数$[AB]^{200}_{000}$、$[AB]^{002}_{000}$、$[AB]^{010}_{000}$、$[AB]^{000}_{010}$、$[AB]^{000}_{100}$、$[AB]^{000}_{001}$、$[AB]^{000}_{200}$和$[AB]^{000}_{002}$都是 Sheffer 函数。

$[AB]^{200}_{000}$	0	1	2
0	2	2	0
1	0	0	0
2	0	0	1

$[AB]^{002}_{000}$	0	1	2
0	2	0	0
1	2	0	0
2	0	0	1

$[AB]^{010}_{000}$	0	1	2
0	2	0	1
1	0	0	0
2	0	0	1

$[AB]^{000}_{010}$	0	1	2
0	2	0	0
1	0	0	0
2	1	0	1

$[AB]^{000}_{100}$	0	1	2
0	2	0	0
1	0	0	1
2	0	0	1

$[AB]^{000}_{001}$	0	1	2
0	2	0	0
1	0	0	0
2	0	1	1

$[AB]^{000}_{200}$	0	1	2
0	2	0	0
1	0	0	2
2	0	0	1

$[AB]^{000}_{002}$	0	1	2
0	2	0	0
1	0	0	0
2	0	2	1

证明：

容易验证：

$(AB)_9=def[[AB]^{200}_{000}[BA]^{200}_{000}]^{200}_{000}$

$(AB)_9=def[[AB]^{002}_{000}[BA]^{002}_{000}]^{002}_{000}$

$(AB)_{21}=def[[AB]^{010}_{000}[BA]^{010}_{000}]^{010}_{000}$

$(AB)_{21}=def[[AB]^{000}_{010}[BA]^{000}_{010}]^{000}_{010}$

$(AB)_{25}=def[[AB]^{000}_{100}[BA]^{000}_{100}]^{000}_{100}$

$(AB)_{25}=def[[AB]^{000}_{001}[BA]^{000}_{001}]^{000}_{001}$

$(AB)_{25}=def[[AB]^{000}_{200}[BA]^{000}_{200}]^{000}_{200}$

$(AB)_{25}=def[[AB]^{000}_{002}[BA]^{000}_{002}]^{000}_{002}$

而前文已经证明$(AB)_9$、$(AB)_{21}$和$(AB)_{25}$是 Sheffer 函数，因此可以得出类$[AB]_1$函数$[AB]^{200}_{000}$、$[AB]^{002}_{000}$、$[AB]^{010}_{000}$、$[AB]^{000}_{010}$、$[AB]^{000}_{100}$、$[AB]^{000}_{001}$、$[AB]^{000}_{200}$和$[AB]^{000}_{002}$都是 Sheffer 函数。

定理 7.4.7　类$[AB]_{14}$函数$[AB]^{211}_{111}$、$[AB]^{112}_{111}$、$[AB]^{101}_{111}$、$[AB]^{111}_{101}$、$[AB]^{121}_{111}$、$[AB]^{111}_{121}$、$[AB]^{111}_{011}$和$[AB]^{111}_{110}$都是 Sheffer 函数。

$[AB]^{101}_{111}$	0	1	2
0	2	1	0
1	1	0	1
2	1	1	1

$[AB]^{111}_{101}$	0	1	2
0	2	1	1
1	1	0	1
2	0	1	1

$[AB]^{121}_{111}$	0	1	2
0	2	1	2
1	1	0	1
2	0	0	1

$[AB]^{111}_{121}$	0	1	2
0	2	1	1
1	1	0	1
2	2	1	1

$[AB]^{111}_{011}$	0	1	2
0	2	1	1
1	1	0	0
2	1	1	1

$[AB]^{111}_{110}$	0	1	2
0	2	1	1
1	1	0	1
2	1	0	1

证明：

容易验证：

$(AB)_{10}=def[[AB]^{211}_{111}[BA]^{211}_{111}]^{211}_{111}$

$(AB)_{10}=def[[AB]^{112}_{111}[BA]^{112}_{111}]^{112}_{111}$

$(AB)_{4}=def[[AB]^{101}_{111}[BA]^{101}_{111}]^{101}_{111}$

$(AB)_{4}=def[[AB]^{111}_{101}[BA]^{111}_{101}]^{111}_{101}$

$(AB)_{4}=def[[AB]^{121}_{111}[BA]^{121}_{111}]^{121}_{111}$

$(AB)_{4}=def[[AB]^{111}_{121}[BA]^{111}_{121}]^{111}_{121}$

$(AB)_{2}=def[[AB]^{111}_{011}[BA]^{111}_{011}]^{111}_{011}$

$(AB)_{2}=def[[AB]^{111}_{110}[BA]^{111}_{110}]^{111}_{110}$

而前文已经证明$(AB)_2$、$(AB)_4$和$(AB)_{10}$是 Sheffer 函数，因此可以得出类$[AB]_{14}$函数$[AB]^{211}_{111}$、$[AB]^{112}_{111}$、$[AB]^{101}_{111}$、$[AB]^{111}_{101}$、$[AB]^{121}_{111}$、$[AB]^{111}_{121}$、$[AB]^{111}_{011}$和$[AB]^{111}_{110}$都是 Sheffer 函数。

定理 7.4.8 类$[AB]_{27}$函数$[AB]^{022}_{222}$、$[AB]^{220}_{222}$、$[AB]^{122}_{222}$、$[AB]^{221}_{222}$、$[AB]^{212}_{222}$、$[AB]^{222}_{212}$、$[AB]^{222}_{022}$和$[AB]^{222}_{220}$都是 Sheffer 函数。

$[AB]^{022}_{222}$	0	1	2
0	2	0	2
1	2	0	2
2	2	2	1

$[AB]^{220}_{222}$	0	1	2
0	2	2	2
1	0	0	2
2	2	2	1

$[AB]^{122}_{222}$	0	1	2
0	2	1	2
1	2	0	2
2	2	2	1

$[AB]^{221}_{222}$	0	1	2
0	2	2	2
1	1	0	2
2	2	2	1

$[AB]^{212}_{222}$	0	1	2
0	2	2	1
1	2	0	2
2	2	2	1

$[AB]^{222}_{212}$	0	1	2
0	2	2	2
1	2	0	2
2	1	2	1

$[AB]^{222}_{022}$	0	1	2
0	2	2	2
1	2	0	0
2	2	2	1

$[AB]^{222}_{220}$	0	1	2
0	2	2	2
1	2	0	2
2	2	0	1

证明：

容易验证：

$(AB)_{23}=def[[AB]^{022}_{222}[BA]^{022}_{222}]^{022}_{222}$

$(AB)_{23}=def[[AB]^{220}_{222}[BA]^{220}_{222}]^{220}_{222}$

$(AB)_{23}=def[[AB]^{122}_{222}[BA]^{122}_{222}]^{122}_{222}$

$(AB)_{23}=def[[AB]^{221}_{222}[BA]^{221}_{222}]^{221}_{222}$

$(AB)_{17}=def[[AB]^{212}_{222}[BA]^{212}_{222}]^{212}_{222}$

$(AB)_{17}=def[[AB]^{222}_{212}[BA]^{222}_{212}]^{222}_{212}$

$(AB)_{15}=def[[AB]^{222}_{022}[BA]^{222}_{022}]^{222}_{022}$

$(AB)_{15}=def[[AB]^{222}_{220}[BA]^{222}_{220}]^{222}_{220}$

而前文已经证明$(AB)_{15}$、$(AB)_{17}$和$(AB)_{23}$是 Sheffer 函数，因此可以得出类$[AB]_{27}$函数$[AB]^{022}_{222}$、$[AB]^{220}_{222}$、$[AB]^{122}_{222}$、$[AB]^{221}_{222}$、$[AB]^{212}_{222}$、$[AB]^{222}_{212}$、$[AB]^{222}_{022}$和$[AB]^{222}_{220}$都是 Sheffer 函数。

定理 7.4.9　类$(AB)_2$ 函数$(AB)^{200}_{101}$、$(AB)^{002}_{101}$、$(AB)^{010}_{101}$、$(AB)^{000}_{111}$、$(AB)^{000}_{001}$和$(AB)^{000}_{001}$都是 Sheffer 函数。

$(AB)^{000}_{111}$	0	1	2
0	1	0	0
1	0	2	1
2	1	1	0

$(AB)^{000}_{001}$	0	1	2
0	1	0	0
1	0	2	0
2	0	1	0

$(AB)^{000}_{001}$	0	1	2
0	1	0	0
1	0	2	0
2	0	1	0

证明：

容易验证：

$[AB]_6 = def((AB)^{200}_{101}(BA)^{200}_{101})^{200}_{101}$

$[AB]_6 = def((AB)^{002}_{101}(BA)^{002}_{101})^{002}_{101}$

$[AB]_{15} = def((AB)^{010}_{101}(BA)^{010}_{101})^{010}_{101}$

$[AB]_{15} = def((AB)^{000}_{111}(BA)^{000}_{111})^{000}_{111}$

$[AB]_{13} = def((AB)^{000}_{001}(BA)^{000}_{001})^{000}_{001}$

$[AB]_{13} = def((AB)^{000}_{001}(BA)^{000}_{001})^{000}_{001}$

而前文已经证明$[AB]_6$、$[AB]_{13}$和$[AB]_{15}$是 Sheffer 函数，因此可以得出类$(AB)_2$函数$(AB)^{200}_{101}$、$(AB)^{002}_{101}$、$(AB)^{010}_{101}$、$(AB)^{000}_{111}$、$(AB)^{000}_{001}$和$(AB)^{000}_{001}$都是 Sheffer 函数。

附录 1　第四章第三节证明对照[①]

定义 4.3.1

(1) $-\alpha =_{def} \sim(\alpha \wedge \sim\alpha) \wedge (\alpha \vee \sim\alpha)$

(2) $\alpha \to \beta =_{def} (\sim(\alpha \wedge \sim\alpha) \vee \beta) \wedge (\alpha \vee \sim\alpha \vee \beta \vee \sim\sim\beta)$

定理 4.3.1　Σ，$-\alpha \vdash \neg\alpha$

证明：

1. Σ，$-\alpha \vdash -\alpha$	
2. Σ，$-\alpha \vdash \sim(\alpha \wedge \sim\alpha) \wedge (\alpha \vee \sim\alpha)$	1 –的定义
3. Σ，$-\alpha \vdash \sim(\alpha \wedge \sim\alpha)$	2
4. Σ，$-\alpha \vdash \neg\alpha$	3 ¬的定义

定理 4.3.2　Σ，$-\alpha \vdash \sim\alpha$

证明：

1. Σ，$-\alpha \vdash -\alpha$	
2. Σ，$-\alpha \vdash \sim(\alpha \wedge \sim\alpha) \wedge (\alpha \vee \sim\alpha)$	1 –的定义
3. Σ，$-\alpha \vdash \alpha \vee \sim\alpha$	2
4. Σ，$-\alpha \vdash \sim(\alpha \wedge \sim\alpha)$	2
5. Σ，$-\alpha$，$\alpha \vdash \sim(\alpha \wedge \sim\alpha)$	4
6. Σ，$-\alpha$，$\alpha \vdash \sim\alpha \vee \sim\sim\alpha$	5
7. Σ，$-\alpha$，α，$\sim\alpha \vdash \sim\alpha$	
8. Σ，$-\alpha$，α，$\sim\sim\alpha \vdash \alpha$	
9. Σ，$-\alpha$，α，$\sim\sim\alpha \vdash \sim\sim\sim\alpha$	8
10. Σ，$-\alpha$，α，$\sim\sim\alpha \vdash \sim\sim\alpha$	
11. Σ，$-\alpha$，α，$\sim\sim\alpha \vdash \sim\alpha$	9，10
12. Σ，$-\alpha$，$\alpha \vdash \sim\alpha$	6，7，11
13. Σ，$-\alpha$，$\sim\alpha \vdash \sim\alpha$	
14. Σ，$-\alpha \vdash \sim\alpha$	3，12，13

① 为了便于习惯传统表示法的读者阅读，兹给出本附录。

定理 4.3.3　$\Sigma, \sim\alpha \vdash -\alpha$

证明：

1. $\Sigma, \sim\alpha \vdash \sim\alpha \vee \sim\sim\alpha$

2. $\Sigma, \sim\alpha \vdash \sim(\alpha \wedge \sim\alpha)$　1

3. $\Sigma, \sim\alpha \vdash \alpha \vee \sim\alpha$

4. $\Sigma, \sim\alpha \vdash (\sim(\alpha \wedge \sim\alpha)) \wedge (\alpha \vee \sim\alpha)$　2，3

5. $\Sigma, \sim\alpha \vdash -\alpha$　4 −的定义

定理 4.3.4　$\Sigma, --\alpha \vdash \alpha$

证明：

1. $\Sigma, --\alpha \vdash \sim-\alpha$

2. $\Sigma, --\alpha \vdash \sim((\sim(\alpha \wedge \sim\alpha)) \wedge (\alpha \vee \sim\alpha))$　1 −的定义

3. $\Sigma, --\alpha \vdash \sim\sim(\alpha \wedge \sim\alpha) \vee \sim(\alpha \vee \sim\alpha)$　2

4. $\Sigma, --\alpha, \sim\sim(\alpha \wedge \sim\alpha), \sim\alpha \vdash \sim(\alpha \wedge \sim\alpha)$

5. $\Sigma, --\alpha, \sim\sim(\alpha \wedge \sim\alpha), \sim\alpha \vdash \sim\sim(\alpha \wedge \sim\alpha)$

6. $\Sigma, --\alpha, \sim\sim(\alpha \wedge \sim\alpha), \sim\sim\alpha \vdash \sim(\alpha \wedge \sim\alpha)$

7. $\Sigma, --\alpha, \sim\sim(\alpha \wedge \sim\alpha), \sim\sim\alpha \vdash \sim\sim(\alpha \wedge \sim\alpha)$

8. $\Sigma, --\alpha, \sim\sim(\alpha \wedge \sim\alpha) \vdash \alpha$　4，5，6，7

9. $\Sigma, --\alpha, \sim(\alpha \vee \sim\alpha) \vdash \sim\alpha \wedge \sim\sim\alpha$

10. $\Sigma, --\alpha, \sim(\alpha \vee \sim\alpha) \vdash \alpha$　9

11. $\Sigma, --\alpha \vdash \alpha$　2，8，10

定理 4.3.5　$\Sigma, \alpha \vdash --\alpha$

证明：

1. $\Sigma, \alpha, -\alpha \vdash \sim\alpha$

2. $\Sigma, \alpha, -\alpha \vdash \alpha$

3. $\Sigma, \alpha, -\alpha \vdash \alpha \wedge \sim\alpha$　1，2

4. $\Sigma, \alpha, \sim\sim-\alpha \vdash \sim\sim-\alpha$

5. $\Sigma, \alpha, \sim\sim-\alpha \vdash \sim\sim((\sim(\alpha \wedge \sim\alpha)) \wedge (\alpha \vee \sim\alpha))$　4，−的定义

6. $\Sigma, \alpha, \sim\sim-\alpha \vdash \sim\sim\sim(\alpha \wedge \sim\alpha) \vee \sim\sim(\alpha \vee \sim\alpha)$　5

7. $\Sigma, \alpha, \sim\sim-\alpha, \sim\sim\sim(\alpha \wedge \sim\alpha) \vdash \alpha \wedge \sim\alpha$

8. $\Sigma, \alpha, \sim\sim-\alpha, \sim\sim(\alpha \vee \sim\alpha) \vdash \alpha$

9. $\Sigma, \alpha, \sim\sim-\alpha, \sim\sim(\alpha \vee \sim\alpha) \vdash \alpha \vee \sim\alpha$　8

10. $\Sigma, \alpha, \sim\sim-\alpha, \sim\sim(\alpha \vee \sim\alpha) \vdash \sim\sim\sim(\alpha \vee \sim\alpha)$　9

11. $\Sigma, \alpha, \sim\sim-\alpha, \sim\sim(\alpha \vee \sim\alpha) \vdash \sim\sim(\alpha \vee \sim\alpha)$

12. $\Sigma, \alpha, \sim\sim-\alpha, \sim\sim(\alpha \vee \sim\alpha) \vdash \alpha \wedge \sim\alpha$　10，11

13. $\Sigma, \alpha, \sim\sim-\alpha \vdash \alpha \wedge \sim\alpha$　6，7，12

14. $\Sigma, \alpha \vdash \sim-\alpha$　13

15. $\Sigma, \alpha \vdash --\alpha$　14

定理 4.3.6　$\Sigma, \alpha \wedge -\alpha \vdash \beta$

证明：

1. Σ，$\alpha\wedge-\alpha\vdash\alpha$

2. Σ，$\alpha\wedge-\alpha\vdash-\alpha$

3. Σ，$\alpha\wedge-\alpha\vdash\sim\alpha$

4. Σ，$\alpha\wedge-\alpha\vdash\beta$

定理 4.3. 7　$\alpha\to(\beta\to\alpha)$

证明：

1. $\alpha\wedge\sim\alpha\vdash(\sim(\beta\wedge\sim\beta)\vee\alpha)\wedge(\beta\vee\sim\beta\vee\alpha\vee\sim\sim\alpha)$

2. $\sim\sim(\alpha\wedge\sim\alpha)$，$\sim\alpha\vdash\sim\alpha$

3. $\sim\sim(\alpha\wedge\sim\alpha)$，$\sim\alpha\vdash\sim(\alpha\wedge\sim\alpha)$　2

4. $\sim\sim(\alpha\wedge\sim\alpha)$，$\sim\alpha\vdash\sim\sim(\alpha\wedge\sim\alpha)$

5. $\sim\sim(\alpha\wedge\sim\alpha)$，$\sim\sim\alpha\vdash\sim\sim\alpha$

6. $\sim\sim(\alpha\wedge\sim\alpha)$，$\sim\sim\alpha\vdash\sim(\alpha\wedge\sim\alpha)$　5

7. $\sim\sim(\alpha\wedge\sim\alpha)$，$\sim\sim\alpha\vdash\sim\sim(\alpha\wedge\sim\alpha)$

8. $\sim\sim(\alpha\wedge\sim\alpha)\vdash\alpha$　3，4，6，7

9. $\sim\sim(\alpha\wedge\sim\alpha)\vdash\sim(\beta\wedge\sim\beta)\vee\alpha$　8

10. $\sim\sim(\alpha\wedge\sim\alpha)\vdash\sim\sim\alpha\vee\sim\sim\sim\alpha$

11. $\sim\sim\sim\alpha\vdash\alpha$

12. $\sim\sim\alpha\vee\sim\sim\sim\alpha\vdash\sim\sim\alpha\vee\alpha$　11

13. $\sim\sim(\alpha\wedge\sim\alpha)\vdash\sim\sim\alpha\vee\alpha$　10，12

14. $\sim\sim(\alpha\wedge\sim\alpha)\vdash\alpha\vee\sim\sim\alpha$　13

15. $\sim\sim(\alpha\wedge\sim\alpha)\vdash\beta\vee\sim\beta\vee\alpha\vee\sim\sim\alpha$　14

16. $\sim\sim(\alpha\wedge\sim\alpha)\vdash(\sim(\beta\wedge\sim\beta)\vee\alpha)\wedge(\beta\vee\sim\beta\vee\alpha\vee\sim\sim\alpha)$　9，15

17. $\vdash\sim(\alpha\wedge\sim\alpha)\vee(\sim(\beta\wedge\sim\beta)\vee\alpha)\wedge(\beta\vee\sim\beta\vee\alpha\vee\sim\sim\alpha)$　1，16

18. $\sim((\sim(\beta\wedge\sim\beta)\vee\alpha)\wedge(\beta\vee\sim\beta\vee\alpha\vee\sim\sim\alpha))\vdash\sim(\sim(\beta\wedge\sim\beta)\vee\alpha)\vee\sim(\beta\vee\sim\beta\vee\alpha\vee\sim\sim\alpha)$

19. $\sim(\sim(\beta\wedge\sim\beta)\vee\alpha)\vdash\sim\sim(\beta\wedge\sim\beta)\wedge\sim\alpha)$

20. $\sim(\sim(\beta\wedge\sim\beta)\vee\alpha)\vdash\sim\alpha$　19

21. $\sim(\sim(\beta\wedge\sim\beta)\vee\alpha)\vdash\alpha\vee\sim\alpha$　20

22. $\sim(\beta\vee\sim\beta\vee\alpha\vee\sim\sim\alpha)\vdash\sim\alpha$

23. $\sim(\beta\vee\sim\beta\vee\alpha\vee\sim\sim\alpha)\vdash\alpha\vee\sim\alpha$　22

24. $\sim((\sim(\beta\wedge\sim\beta)\vee\alpha)\wedge(\beta\vee\sim\beta\vee\alpha\vee\sim\sim\alpha))\vdash\alpha\vee\sim\alpha$　18，21，23

25. $\vdash((\sim(\beta\wedge\sim\beta)\vee\alpha)\wedge(\beta\vee\sim\beta\vee\alpha\vee\sim\sim\alpha))\vee\sim\sim((\sim(\beta\wedge\sim\beta)\vee\alpha)\wedge(\beta\vee\sim\beta\vee\alpha\vee\sim\sim\alpha))\vee\alpha\vee\sim\alpha$　24

26. $\vdash\alpha\vee\sim\alpha\vee((\sim(\beta\wedge\sim\beta)\vee\alpha)\wedge(\beta\vee\sim\beta\vee\alpha\vee\sim\sim\alpha))\vee\sim\sim((\sim(\beta\wedge\sim\beta)\vee\alpha)\wedge(\beta\vee\sim\beta\vee\alpha\vee\sim\sim\alpha))$　25

27. $\vdash\alpha\vee\sim\alpha\vee(\beta\to\alpha)\vee\sim\sim(\beta\to\alpha)$　26 $\to$的定义

28. $\vdash(\sim(\alpha\wedge\sim\alpha)\vee((\sim(\beta\wedge\sim\beta)\vee\alpha)\wedge(\beta\vee\sim\beta\vee\alpha\vee\sim\sim\alpha)))\wedge(\alpha\vee\sim\alpha\vee(\beta\to\alpha)\vee\sim\sim(\beta\to\alpha))$　17，27

29. $\vdash(\sim(\alpha\wedge\sim\alpha)\vee(\beta\to\alpha))\wedge(\alpha\vee\sim\alpha\vee(\beta\to\alpha)\vee\sim\sim(\beta\to\alpha))$ 28 →的定义
30. $\vdash\alpha\to(\beta\to\alpha)$ 29 →的定义

定理 4.3.8 $\vdash(\alpha\to\beta)\to((\beta\to\gamma)\to(\alpha\to\gamma))$

证明：

1. $\sim(\beta\to\gamma)\wedge\sim\sim(\beta\to\gamma)\wedge\sim(\alpha\to\gamma)\wedge\sim\sim\sim(\alpha\to\gamma)\vdash\sim(\beta\to\gamma)\wedge\sim\sim(\beta\to\gamma)$
2. $\sim(\beta\to\gamma)\wedge\sim\sim(\beta\to\gamma)\wedge\sim(\alpha\to\gamma)\wedge\sim\sim\sim(\alpha\to\gamma)\vdash(\alpha\to\beta)\vee\sim(\alpha\to\beta)$ 1
3. $\sim((\beta\to\gamma)\vee\sim(\beta\to\gamma)\vee(\alpha\to\gamma)\vee\sim\sim(\alpha\to\gamma))\vdash\sim(\beta\to\gamma)\wedge\sim\sim(\beta\to\gamma)\wedge\sim(\alpha\to\gamma)$ $\wedge\sim\sim\sim(\alpha\to\gamma)$
4. $\sim((\beta\to\gamma)\vee\sim(\beta\to\gamma)\vee(\alpha\to\gamma)\vee\sim\sim(\alpha\to\gamma))\vdash(\alpha\to\beta)\vee\sim(\alpha\to\beta)$ 2，3
5. $(\sim\neg\neg\beta\vee\sim\neg\gamma)\wedge(\sim\neg\beta\vee\sim\neg\sim\beta\vee\sim\neg\gamma\vee\sim\neg\sim\sim\gamma)$，$\sim\neg\alpha\wedge\sim\gamma\vdash\sim\neg\alpha\wedge\sim\gamma$
6. $(\sim\neg\neg\beta\vee\sim\neg\gamma)\wedge(\sim\neg\beta\vee\sim\neg\sim\beta\vee\sim\neg\gamma\vee\sim\neg\sim\sim\gamma)$，$\sim\neg\alpha\wedge\sim\gamma\vdash\sim\neg\alpha$
7. $(\sim\neg\neg\beta\vee\sim\neg\gamma)\wedge(\sim\neg\beta\vee\sim\neg\sim\beta\vee\sim\neg\gamma\vee\sim\neg\sim\sim\gamma)$，$\sim\neg\alpha\wedge\sim\gamma\vdash\sim\gamma$
8. $(\sim\neg\neg\beta\vee\sim\neg\gamma)\wedge(\sim\neg\beta\vee\sim\neg\sim\beta\vee\sim\neg\gamma\vee\sim\neg\sim\sim\gamma)\vdash\sim\neg\neg\beta\vee\sim\neg\gamma$
9. $(\sim\neg\neg\beta\vee\sim\neg\gamma)\wedge(\sim\neg\beta\vee\sim\neg\sim\beta\vee\sim\neg\gamma\vee\sim\neg\sim\sim\gamma)$，$\sim\neg\alpha\wedge\sim\gamma\vdash\sim\neg\neg\beta\vee\sim\neg\gamma$ 8
10. $\neg\neg\beta\vdash\beta$
11. $\sim\neg\neg\beta\vdash\sim\beta$ 10
12. $(\sim\neg\neg\beta\vee\sim\neg\gamma)\wedge(\sim\neg\beta\vee\sim\neg\sim\beta\vee\sim\neg\gamma\vee\sim\neg\sim\sim\gamma)$，$\sim\neg\alpha\wedge\sim\gamma$，$\sim\neg\neg\beta\vdash\sim\beta$ 11
13. $\sim\gamma\vdash\sim(\gamma\wedge\sim\gamma)$
14. $\sim\gamma\vdash\neg\gamma$ 12 ¬的定义
15. $(\sim\neg\neg\beta\vee\sim\neg\gamma)\wedge(\sim\neg\beta\vee\sim\neg\sim\beta\vee\sim\neg\gamma\vee\sim\neg\sim\sim\gamma)$，$\sim\neg\alpha\wedge\sim\gamma\vdash\neg\gamma$ 7，14
16. $(\sim\neg\neg\beta\vee\sim\neg\gamma)\wedge(\sim\neg\beta\vee\sim\neg\sim\beta\vee\sim\neg\gamma\vee\sim\neg\sim\sim\gamma)$，$\sim\neg\alpha\wedge\sim\gamma$，$\sim\neg\gamma\vdash\sim\neg\gamma$
17. $(\sim\neg\neg\beta\vee\sim\neg\gamma)\wedge(\sim\neg\beta\vee\sim\neg\sim\beta\vee\sim\neg\gamma\vee\sim\neg\sim\sim\gamma)$，$\sim\neg\alpha\wedge\sim\gamma$，$\sim\neg\gamma$ $\vdash\sim\beta$ 15，16
18. $(\sim\neg\neg\beta\vee\sim\neg\gamma)\wedge(\sim\neg\beta\vee\sim\neg\sim\beta\vee\sim\neg\gamma\vee\sim\neg\sim\sim\gamma)$，$\sim\neg\alpha\wedge\sim\gamma\vdash\sim\beta$ 9，12，17
19. $(\sim\neg\neg\beta\vee\sim\neg\gamma)\wedge(\sim\neg\beta\vee\sim\neg\sim\beta\vee\sim\neg\gamma\vee\sim\neg\sim\sim\gamma)$，$\sim\neg\alpha\wedge\sim\gamma$ $\vdash\sim\neg\alpha\wedge\sim\beta$ 6，18
20. $(\sim\neg\neg\beta\vee\sim\neg\gamma)\wedge(\sim\neg\beta\vee\sim\neg\sim\beta\vee\sim\neg\gamma\vee\sim\neg\sim\sim\gamma)$，$\sim\neg\alpha\wedge\sim\gamma$ $\vdash(\sim\neg\alpha\wedge\sim\beta)\vee(\sim\alpha\wedge\sim\sim\alpha\wedge\sim\beta\wedge\sim\sim\sim\beta)$
21. $\sim\neg\alpha\wedge\sim\beta\vdash\sim(\neg\alpha\vee\beta)$
22. $\sim\neg\alpha\wedge\sim\beta\vdash\sim(\neg\alpha\vee\beta)\vee\sim(\alpha\vee\sim\alpha\vee\beta\vee\sim\sim\beta)$
23. $\sim\alpha\wedge\sim\sim\alpha\wedge\sim\beta\wedge\sim\sim\sim\beta\vdash\sim(\alpha\vee\sim\alpha\vee\beta\vee\sim\sim\beta)$
24. $\sim\alpha\wedge\sim\sim\alpha\wedge\sim\beta\wedge\sim\sim\sim\beta\vdash\sim(\neg\alpha\vee\beta)\vee\sim(\alpha\vee\sim\alpha\vee\beta\vee\sim\sim\beta)$
25. $(\sim\neg\neg\beta\vee\sim\neg\gamma)\wedge(\sim\neg\beta\vee\sim\neg\sim\beta\vee\sim\neg\gamma\vee\sim\neg\sim\sim\gamma)$，$\sim\neg\alpha\wedge\sim\gamma\vdash\sim(\neg\alpha\vee\beta)\vee\sim$ $(\alpha\vee\sim\alpha\vee\beta\vee\sim\sim\beta)$
26. $(\sim\neg\neg\beta\vee\sim\neg\gamma)\wedge(\sim\neg\beta\vee\sim\neg\sim\beta\vee\sim\neg\gamma\vee\sim\neg\sim\sim\gamma)$，$\sim\neg\alpha\wedge\sim\gamma\vdash\sim((\neg\alpha\vee\beta)\wedge$ $(\alpha\vee\sim\alpha\vee\beta\vee\sim\sim\beta))$
27. $(\sim\neg\neg\beta\vee\sim\neg\gamma)\wedge(\sim\neg\beta\vee\sim\neg\sim\beta\vee\sim\neg\gamma\vee\sim\neg\sim\sim\gamma)$，$\sim\neg\alpha\wedge\sim\gamma\vdash\sim(\alpha\to\beta)$
28. $(\sim\neg\neg\beta\vee\sim\neg\gamma)\wedge(\sim\neg\beta\vee\sim\neg\sim\beta\vee\sim\neg\gamma\vee\sim\neg\sim\sim\gamma)$，$\sim\neg\alpha\wedge\sim\gamma\vdash(\alpha\to\beta)\vee\sim(\alpha\to\beta)$

29. $\sim(\neg(\beta\to\gamma)\vee(\alpha\to\gamma)) \vdash\sim\neg(\beta\to\gamma)\wedge\sim(\alpha\to\gamma))$

30. $\sim\neg(\beta\to\gamma)\wedge\sim(\alpha\to\gamma)) \vdash\sim\neg((\neg\beta\vee\gamma)\wedge(\beta\vee\sim\beta\vee\gamma\vee\sim\sim\gamma))\wedge\sim((\neg\alpha\vee\gamma)\wedge(\alpha\vee\sim\alpha\vee\gamma\vee\sim\sim\gamma))$

31. $\sim\neg((\neg\beta\vee\gamma)\wedge(\beta\vee\sim\beta\vee\gamma\vee\sim\sim\gamma))\wedge\sim((\neg\alpha\vee\gamma)\wedge(\alpha\vee\sim\alpha\vee\gamma\vee\sim\sim\gamma)) \vdash\sim\neg((\neg\beta\vee\gamma)\wedge(\beta\vee\sim\beta\vee\gamma\vee\sim\sim\gamma))$

32. $\neg(\neg\beta\vee\gamma)\vee\neg(\beta\vee\sim\beta\vee\gamma\vee\sim\sim\gamma) \vdash\neg((\neg\beta\vee\gamma)\wedge(\beta\vee\sim\beta\vee\gamma\vee\sim\sim\gamma))$

33. $\sim\neg((\neg\beta\vee\gamma)\wedge(\beta\vee\sim\beta\vee\gamma\vee\sim\sim\gamma)) \vdash\sim(\neg(\neg\beta\vee\gamma)\vee\neg(\beta\vee\sim\beta\vee\gamma\vee\sim\sim\gamma))$

34. $\sim\neg((\neg\beta\vee\gamma)\wedge(\beta\vee\sim\beta\vee\gamma\vee\sim\sim\gamma))\wedge\sim((\neg\alpha\vee\gamma)\wedge(\alpha\vee\sim\alpha\vee\gamma\vee\sim\sim\gamma)) \vdash\sim(\neg(\neg\beta\vee\gamma)\vee\neg(\beta\vee\sim\beta\vee\gamma\vee\sim\sim\gamma))$

35. $\sim\neg((\neg\beta\vee\gamma)\wedge(\beta\vee\sim\beta\vee\gamma\vee\sim\sim\gamma))\wedge\sim((\neg\alpha\vee\gamma)\wedge(\alpha\vee\sim\alpha\vee\gamma\vee\sim\sim\gamma)) \vdash\sim\neg(\neg\beta\vee\gamma)\wedge\sim\neg(\beta\vee\sim\beta\vee\gamma\vee\sim\sim\gamma)$

36. $\sim\neg((\neg\beta\vee\gamma)\wedge(\beta\vee\sim\beta\vee\gamma\vee\sim\sim\gamma))\wedge\sim((\neg\alpha\vee\gamma)\wedge(\alpha\vee\sim\alpha\vee\gamma\vee\sim\sim\gamma)) \vdash\sim\neg(\neg\beta\vee\gamma)$　35

37. $\neg\neg\beta\wedge\neg\gamma \vdash\neg(\neg\beta\vee\gamma)$

38. $\sim\neg(\neg\beta\vee\gamma) \vdash\sim(\neg\neg\beta\wedge\neg\gamma)$

39. $\sim\neg((\neg\beta\vee\gamma)\wedge(\beta\vee\sim\beta\vee\gamma\vee\sim\sim\gamma))\wedge\sim((\neg\alpha\vee\gamma)\wedge(\alpha\vee\sim\alpha\vee\gamma\vee\sim\sim\gamma)) \vdash\sim(\neg\neg\beta\wedge\neg\gamma)$

40. $\sim\neg((\neg\beta\vee\gamma)\wedge(\beta\vee\sim\beta\vee\gamma\vee\sim\sim\gamma))\wedge\sim((\neg\alpha\vee\gamma)\wedge(\alpha\vee\sim\alpha\vee\gamma\vee\sim\sim\gamma)) \vdash\sim\neg(\beta\vee\sim\beta\vee\gamma\vee\sim\sim\gamma)$　35

41. $\neg\beta\wedge\neg\sim\beta\wedge\neg\gamma\wedge\neg\sim\sim\gamma \vdash\neg(\beta\vee\sim\beta\vee\gamma\vee\sim\sim\gamma)$

42. $\sim\neg(\beta\vee\sim\beta\vee\gamma\vee\sim\sim\gamma) \vdash\sim(\neg\beta\wedge\neg\sim\beta\wedge\neg\gamma\wedge\neg\sim\sim\gamma)$

43. $\sim\neg((\neg\beta\vee\gamma)\wedge(\beta\vee\sim\beta\vee\gamma\vee\sim\sim\gamma))\wedge\sim((\neg\alpha\vee\gamma)\wedge(\alpha\vee\sim\alpha\vee\gamma\vee\sim\sim\gamma)) \vdash\sim(\neg\beta\wedge\neg\sim\beta\wedge\neg\gamma\wedge\neg\sim\sim\gamma)$

44. $\sim\neg((\neg\beta\vee\gamma)\wedge(\beta\vee\sim\beta\vee\gamma\vee\sim\sim\gamma))\wedge\sim((\neg\alpha\vee\gamma)\wedge(\alpha\vee\sim\alpha\vee\gamma\vee\sim\sim\gamma)) \vdash\sim\neg\beta\vee\sim\neg\sim\beta\vee\sim\neg\gamma\vee\sim\neg\sim\sim\gamma$

45. $\sim(\neg(\beta\to\gamma)\vee(\alpha\to\gamma)) \vdash\sim(\neg\neg\beta\wedge\neg\gamma)$　29，30，35

46. $\sim(\neg(\beta\to\gamma)\vee(\alpha\to\gamma)) \vdash\sim\neg\beta\vee\sim\neg\sim\beta\vee\sim\neg\gamma\vee\sim\neg\sim\sim\gamma$　29，30，44

47. $\sim(\neg(\beta\to\gamma)\vee(\alpha\to\gamma)) \vdash\sim(\neg\neg\beta\wedge\neg\gamma)\wedge(\sim\neg\beta\vee\sim\neg\sim\beta\vee\sim\neg\gamma\vee\sim\neg\sim\sim\gamma)$　29，30，44

48. $\sim(\neg(\beta\to\gamma)\vee(\alpha\to\gamma))$，$\sim\neg\alpha\wedge\sim\gamma \vdash\sim(\neg\neg\beta\wedge\neg\gamma)\wedge(\sim\neg\beta\vee\sim\neg\sim\beta\vee\sim\neg\gamma\vee\sim\neg\sim\sim\gamma)$　47

49. $\sim(\neg(\beta\to\gamma)\vee(\alpha\to\gamma))$，$\sim\neg\alpha\wedge\sim\gamma \vdash\sim\neg\alpha\wedge\sim\gamma$

50. $\sim(\neg(\beta\to\gamma)\vee(\alpha\to\gamma))$，$\sim\neg\alpha\wedge\sim\gamma \vdash(\alpha\to\beta)\vee\sim(\alpha\to\beta)$　28，48，49

51. $\sim\neg((\neg\beta\vee\gamma)\wedge(\beta\vee\sim\beta\vee\gamma\vee\sim\sim\gamma))\wedge\sim((\neg\alpha\vee\gamma)\wedge(\alpha\vee\sim\alpha\vee\gamma\vee\sim\sim\gamma)) \vdash\sim((\neg\alpha\vee\gamma)\wedge(\alpha\vee\sim\alpha\vee\gamma\vee\sim\sim\gamma))$

52. $\sim(\neg(\beta\to\gamma)\vee(\alpha\to\gamma)) \vdash\sim((\neg\alpha\vee\gamma)\wedge(\alpha\vee\sim\alpha\vee\gamma\vee\sim\sim\gamma))$　29，30，51

53. $\sim(\neg(\beta\to\gamma)\vee(\alpha\to\gamma)) \vdash\sim(\neg\alpha\vee\gamma)\vee\sim(\alpha\vee\sim\alpha\vee\gamma\vee\sim\sim\gamma)$　52

54. $\sim(\neg\alpha\vee\gamma) \vdash\sim\neg\alpha\wedge\sim\gamma$

55. $\sim(\neg\alpha\vee\gamma) \vdash(\sim\neg\alpha\wedge\sim\gamma)\vee(\sim\alpha\wedge\sim\sim\alpha\wedge\sim\gamma\wedge\sim\sim\sim\gamma)$

56. $\sim(\alpha\vee\sim\alpha\vee\gamma\vee\sim\sim\gamma) \vdash\sim\alpha\wedge\sim\sim\alpha\wedge\sim\gamma\wedge\sim\sim\sim\gamma$

57. $\sim(\alpha\vee\sim\alpha\vee\gamma\vee\sim\sim\gamma)\vdash(\sim\neg\alpha\wedge\sim\gamma)\vee(\sim\alpha\wedge\sim\sim\alpha\wedge\sim\gamma\wedge\sim\sim\sim\gamma)$

58. $\sim(\neg(\beta\to\gamma)\vee(\alpha\to\gamma))\vdash(\sim\neg\alpha\wedge\sim\gamma)\vee(\sim\alpha\wedge\sim\sim\alpha\wedge\sim\gamma\wedge\sim\sim\sim\gamma)$　53，55，57

59. $\sim\alpha\wedge\sim\sim\alpha\wedge\sim\gamma\wedge\sim\sim\sim\gamma\vdash\sim\alpha\wedge\sim\sim\alpha$

60. $\sim\alpha\wedge\sim\sim\alpha\wedge\sim\gamma\wedge\sim\sim\sim\gamma\vdash(\alpha\to\beta)\vee\sim(\alpha\to\beta)$　60

61. $\sim(\neg(\beta\to\gamma)\vee(\alpha\to\gamma))$，$\sim\alpha\wedge\sim\sim\alpha\wedge\sim\gamma\wedge\sim\sim\sim\gamma\vdash(\alpha\to\beta)\vee\sim(\alpha\to\beta)$　61

62. $\sim(\neg(\beta\to\gamma)\vee(\alpha\to\gamma))\vdash(\alpha\to\beta)\vee\sim(\alpha\to\beta)$　58，50，61 定理 4.3.

63. $\sim((\neg(\beta\to\gamma)\vee(\alpha\to\gamma))\wedge((\beta\to\gamma)\vee\sim(\beta\to\gamma)\vee(\alpha\to\gamma)\vee\sim\sim(\alpha\to\gamma)))$
$\vdash\sim(\neg(\beta\to\gamma)\vee(\alpha\to\gamma))\vee\sim((\beta\to\gamma)\vee\sim(\beta\to\gamma)\vee(\alpha\to\gamma)\vee\sim\sim(\alpha\to\gamma))$

64. $\sim((\beta\to\gamma)\to(\alpha\to\gamma))\vdash\sim(\neg(\beta\to\gamma)\vee(\alpha\to\gamma))\vee\sim((\beta\to\gamma)\vee\sim(\beta\to\gamma)\vee(\alpha\to\gamma)\vee$
$\sim\sim(\alpha\to\gamma))$

65. $\sim((\beta\to\gamma)\to(\alpha\to\gamma))\vdash(\alpha\to\beta)\vee\sim(\alpha\to\beta)$　64，62，4

66. $\vdash(\alpha\to\beta)\vee\sim(\alpha\to\beta)\vee((\beta\to\gamma)\to(\alpha\to\gamma))\vee\sim\sim((\beta\to\gamma)\to(\alpha\to\gamma)))$　65

67. $\sim\sim(\alpha\wedge\sim\alpha)\wedge\sim\gamma\vdash\sim\sim(\alpha\wedge\sim\alpha)$

68. $\sim\alpha\vdash\sim(\alpha\wedge\sim\alpha)$

69. $\sim\sim(\alpha\wedge\sim\alpha)$，$\sim\alpha\vdash\sim(\alpha\wedge\sim\alpha)$　68

70. $\sim\sim(\alpha\wedge\sim\alpha)$，$\sim\alpha\vdash\sim\sim(\alpha\wedge\sim\alpha)$

71. $\sim\sim\alpha\vdash\sim(\alpha\wedge\sim\alpha)$

72. $\sim\sim(\alpha\wedge\sim\alpha)$，$\sim\sim\alpha\vdash\sim(\alpha\wedge\sim\alpha)$　71

73. $\sim\sim(\alpha\wedge\sim\alpha)$，$\sim\sim\alpha\vdash\sim\sim(\alpha\wedge\sim\alpha)$

74. $\sim\sim(\alpha\wedge\sim\alpha)\vdash\alpha$　69，70，72，73

75. $\sim\sim(\alpha\wedge\sim\alpha)\wedge\sim\gamma\vdash\alpha$　67，74

76. $\sim\sim((\neg\beta\vee\gamma)\wedge(\beta\vee\sim\beta\vee\gamma\vee\sim\sim\gamma))$，$\sim\sim(\alpha\wedge\sim\alpha)\wedge\sim\gamma$，$\sim\sim(\beta\wedge\sim\beta)\vdash\sim\sim(\alpha\wedge\sim\alpha)\wedge\sim\gamma$

77. $\sim\sim((\neg\beta\vee\gamma)\wedge(\beta\vee\sim\beta\vee\gamma\vee\sim\sim\gamma))$，$\sim\sim(\alpha\wedge\sim\alpha)\wedge\sim\gamma$，$\sim\sim(\beta\wedge\sim\beta)\vdash\sim\gamma$　76

78. $\sim\sim((\neg\beta\vee\gamma)\wedge(\beta\vee\sim\beta\vee\gamma\vee\sim\sim\gamma))$，$\sim\sim(\alpha\wedge\sim\alpha)\wedge\sim\gamma$，$\sim\sim(\beta\wedge\sim\beta)\vdash\sim\sim(\beta\wedge\sim\beta)$

79. $\sim\sim((\neg\beta\vee\gamma)\wedge(\beta\vee\sim\beta\vee\gamma\vee\sim\sim\gamma))$，$\sim\sim(\alpha\wedge\sim\alpha)\wedge\sim\gamma$，$\sim\sim(\beta\wedge\sim\beta)$
$\vdash\sim\sim(\beta\wedge\sim\beta)\wedge\sim\gamma$　77，78

80. $\sim\sim(\beta\wedge\sim\beta)\wedge\sim\gamma\vdash\sim(\sim(\beta\wedge\sim\beta)\vee\gamma)$

81. $\sim\sim(\beta\wedge\sim\beta)\wedge\sim\gamma\vdash\sim(\neg\beta\vee\gamma)$　80，$\neg$的定义

82. $\sim(\neg\beta\vee\gamma)\vdash\sim((\neg\beta\vee\gamma)\wedge(\beta\vee\sim\beta\vee\gamma\vee\sim\sim\gamma))$

83. $\sim\sim(\beta\wedge\sim\beta)\wedge\sim\gamma\vdash\sim((\neg\beta\vee\gamma)\wedge(\beta\vee\sim\beta\vee\gamma\vee\sim\sim\gamma))$　81，82

84. $\sim\sim((\neg\beta\vee\gamma)\wedge(\beta\vee\sim\beta\vee\gamma\vee\sim\sim\gamma))$，$\sim\sim(\alpha\wedge\sim\alpha)\wedge\sim\gamma$，$\sim\sim(\beta\wedge\sim\beta)\vdash\sim$
$((\neg\beta\vee\gamma)\wedge(\beta\vee\sim\beta\vee\gamma\vee\sim\sim\gamma))$　79，83

85. $\sim\sim((\neg\beta\vee\gamma)\wedge(\beta\vee\sim\beta\vee\gamma\vee\sim\sim\gamma))$，$\sim\sim(\alpha\wedge\sim\alpha)\wedge\sim\gamma$，$\sim\sim(\beta\wedge\sim\beta)\vdash\sim\sim((\neg\beta\vee\gamma)\wedge$
$(\beta\vee\sim\beta\vee\gamma\vee\sim\sim\gamma))$

86. $\sim\sim((\neg\beta\vee\gamma)\wedge(\beta\vee\sim\beta\vee\gamma\vee\sim\sim\gamma))$，$\sim\sim(\alpha\wedge\sim\alpha)\wedge\sim\gamma$，$\sim\sim(\beta\wedge\sim\beta)$
$\vdash\beta\wedge\sim\beta$　84，85

87. $\sim\sim((\neg\beta\vee\gamma)\wedge(\beta\vee\sim\beta\vee\gamma\vee\sim\sim\gamma))$，$\sim\sim(\alpha\wedge\sim\alpha)\wedge\sim\gamma$，$\beta\wedge\sim\beta\vdash\beta\wedge\sim\beta$

88. $\sim\sim((\neg\beta\vee\gamma)\wedge(\beta\vee\sim\beta\vee\gamma\vee\sim\sim\gamma))$，$\sim\sim(\alpha\wedge\sim\alpha)\wedge\sim\gamma\vdash\sim(\beta\wedge\sim\beta)$　86，87

89. $\sim\sim((\neg\beta\vee\gamma)\wedge(\beta\vee\sim\beta\vee\gamma\vee\sim\sim\gamma))$，$\sim\sim(\alpha\wedge\sim\alpha)\wedge\sim\gamma\vdash\neg\beta$　88，¬的定义
90. $\sim\sim((\neg\beta\vee\gamma)\wedge(\beta\vee\sim\beta\vee\gamma\vee\sim\sim\gamma))$，$\sim\sim(\alpha\wedge\sim\alpha)\wedge\sim\gamma\vdash\alpha$　75
91. $\sim\sim((\neg\beta\vee\gamma)\wedge(\beta\vee\sim\beta\vee\gamma\vee\sim\sim\gamma))$，$\sim\sim(\alpha\wedge\sim\alpha)\wedge\sim\gamma\vdash\alpha\wedge\neg\beta$　75
92. $\sim\sim((\neg\beta\vee\gamma)\wedge(\beta\vee\sim\beta\vee\gamma\vee\sim\sim\gamma))$，$\sim\sim(\alpha\wedge\sim\alpha)\wedge\sim\gamma\vdash(\alpha\wedge\neg\beta)\vee\neg(\alpha\vee\sim\alpha\vee\beta\vee\sim\sim\beta)$　91
93. $\sim(\alpha\vee\sim\alpha\vee\gamma\vee\sim\sim\gamma)\vdash\sim\alpha\wedge\sim\sim\alpha\wedge\sim\gamma\wedge\sim\sim\sim\gamma$
94. $\sim\alpha\wedge\sim\sim\alpha\wedge\sim\gamma\wedge\sim\sim\sim\gamma\vdash\sim\alpha\wedge\sim\sim\alpha$
95. $\sim\alpha\wedge\sim\sim\alpha\wedge\sim\gamma\wedge\sim\sim\sim\gamma\vdash(\alpha\wedge\neg\beta)\vee\neg(\alpha\vee\sim\alpha\vee\beta\vee\sim\sim\beta)$　94
96. $\sim(\alpha\vee\sim\alpha\vee\gamma\vee\sim\sim\gamma)\vdash(\alpha\wedge\neg\beta)\vee\neg(\alpha\vee\sim\alpha\vee\beta\vee\sim\sim\beta)$　93，95
97. $\sim\sim((\neg\beta\vee\gamma)\wedge(\beta\vee\sim\beta\vee\gamma\vee\sim\sim\gamma))$，$\sim(\alpha\vee\sim\alpha\vee\gamma\vee\sim\sim\gamma)\vdash(\alpha\wedge\neg\beta)\vee\neg(\alpha\vee\sim\alpha\vee\beta\vee\sim\sim\beta)$　96
98. $\sim((\neg\alpha\vee\gamma)\wedge(\alpha\vee\sim\alpha\vee\gamma\vee\sim\sim\gamma))\vdash(\sim(\neg\alpha\vee\gamma))\vee\sim(\alpha\vee\sim\alpha\vee\gamma\vee\sim\sim\gamma)$
99. $\sim(\neg\alpha\vee\gamma)\vdash\sim\neg\alpha\wedge\sim\gamma$
100. $\sim(\neg\alpha\vee\gamma)\vdash\sim\sim(\alpha\wedge\sim\alpha)\wedge\sim\gamma$　99，¬的定义
101. $\sim(\neg\alpha\vee\gamma)\vee\sim(\alpha\vee\sim\alpha\vee\gamma\vee\sim\sim\gamma)\vdash(\sim\sim(\alpha\wedge\sim\alpha)\wedge\sim\gamma)\vee\sim(\alpha\vee\sim\alpha\vee\gamma\vee\sim\sim\gamma)$　100
102. $\sim((\neg\alpha\vee\gamma)\wedge(\alpha\vee\sim\alpha\vee\gamma\vee\sim\sim\gamma))\vdash(\sim\sim(\alpha\wedge\sim\alpha)\wedge\sim\gamma)\vee\sim(\alpha\vee\sim\alpha\vee\gamma\vee\sim\sim\gamma)$　98，101
103. $\sim\sim((\neg\beta\vee\gamma)\wedge(\beta\vee\sim\beta\vee\gamma\vee\sim\sim\gamma))$，$\sim((\neg\alpha\vee\gamma)\wedge(\alpha\vee\sim\alpha\vee\gamma\vee\sim\sim\gamma))\vdash(\sim\sim(\alpha\wedge\sim\alpha)\wedge\sim\gamma)\vee\sim(\alpha\vee\sim\alpha\vee\gamma\vee\sim\sim\gamma)$
104. $\sim\sim((\neg\beta\vee\gamma)\wedge(\beta\vee\sim\beta\vee\gamma\vee\sim\sim\gamma))$，$\sim((\neg\alpha\vee\gamma)\wedge(\alpha\vee\sim\alpha\vee\gamma\vee\sim\sim\gamma))$，$\sim\sim(\alpha\wedge\sim\alpha)\wedge\sim\gamma$ $\vdash(\alpha\wedge\neg\beta)\vee\neg(\alpha\vee\sim\alpha\vee\beta\vee\sim\sim\beta)$　92
105. $\sim\sim((\neg\beta\vee\gamma)\wedge(\beta\vee\sim\beta\vee\gamma\vee\sim\sim\gamma))$，$\sim((\neg\alpha\vee\gamma)\wedge(\alpha\vee\sim\alpha\vee\gamma\vee\sim\sim\gamma))$，$\sim(\alpha\vee\sim\alpha\vee\gamma\vee\sim\sim\gamma)\vdash(\alpha\wedge\neg\beta)\vee\neg(\alpha\vee\sim\alpha\vee\beta\vee\sim\sim\beta)$　97
106. $\sim\sim((\neg\beta\vee\gamma)\wedge(\beta\vee\sim\beta\vee\gamma\vee\sim\sim\gamma))$，$\sim((\neg\alpha\vee\gamma)\wedge(\alpha\vee\sim\alpha\vee\gamma\vee\sim\sim\gamma))$ $\vdash(\alpha\wedge\neg\beta)\vee\neg(\alpha\vee\sim\alpha\vee\beta\vee\sim\sim\beta)$　103，104，105
107. $\sim\sim(\beta\rightarrow\gamma)$，$\sim(\alpha\rightarrow\gamma)\vdash(\alpha\wedge\neg\beta)\vee\neg(\alpha\vee\sim\alpha\vee\beta\vee\sim\sim\beta)$　106，→的定义
108. $\sim\sim(\beta\rightarrow\gamma)\vdash(\alpha\wedge\neg\beta)\vee\neg(\alpha\vee\sim\alpha\vee\beta\vee\sim\sim\beta)\vee(\alpha\rightarrow\gamma)\vee\sim\sim(\alpha\rightarrow\gamma)$　107
109. $\vdash(\alpha\wedge\neg\beta)\vee\neg(\alpha\vee\sim\alpha\vee\beta\vee\sim\sim\beta)\vee(\alpha\rightarrow\gamma)\vee\sim\sim(\alpha\rightarrow\gamma)\vee(\beta\rightarrow\gamma)\vee\sim(\beta\rightarrow\gamma)$　108
110. $\vdash(\alpha\wedge\neg\beta)\vee\neg(\alpha\vee\sim\alpha\vee\beta\vee\sim\sim\beta)\vee(\beta\rightarrow\gamma)\vee\sim(\beta\rightarrow\gamma)\vee(\alpha\rightarrow\gamma)\vee\sim\sim(\alpha\rightarrow\gamma)$　109
111. $\vdash((\alpha\wedge\neg\beta)\vee\neg(\alpha\vee\sim\alpha\vee\beta\vee\sim\sim\beta))\vee((\beta\rightarrow\gamma)\vee\sim(\beta\rightarrow\gamma)\vee(\alpha\rightarrow\gamma)\vee\sim\sim(\alpha\rightarrow\gamma))$　110
112. $\alpha\vee\sim\alpha\vee\beta\vee\sim\sim\beta$，$\sim\sim\alpha$，$\sim\gamma$，$\sim\beta\vdash\alpha\vee\sim\alpha\vee\beta\vee\sim\sim\beta$
113. $\alpha\vee\sim\alpha\vee\beta\vee\sim\sim\beta$，$\sim\sim\alpha$，$\sim\gamma$，$\sim\beta$，$\alpha\vdash\alpha$
114. $\alpha\vee\sim\alpha\vee\beta\vee\sim\sim\beta$，$\sim\sim\alpha$，$\sim\gamma$，$\sim\beta$，$\alpha\vdash\alpha\vee\beta$　113
115. $\alpha\vee\sim\alpha\vee\beta\vee\sim\sim\beta$，$\sim\sim\alpha$，$\sim\gamma$，$\sim\beta$，$\sim\alpha\vdash\sim\alpha$
116. $\alpha\vee\sim\alpha\vee\beta\vee\sim\sim\beta$，$\sim\sim\alpha$，$\sim\gamma$，$\sim\beta$，$\sim\alpha\vdash\sim\sim\alpha$
117. $\alpha\vee\sim\alpha\vee\beta\vee\sim\sim\beta$，$\sim\sim\alpha$，$\sim\gamma$，$\sim\beta$，$\sim\alpha\vdash\alpha\vee\beta$　115，116

118. $\alpha\vee\sim\alpha\vee\beta\vee\sim\sim\beta,\ \sim\sim\alpha,\ \sim\gamma,\ \sim\beta,\ \beta\vdash\beta$

119. $\alpha\vee\sim\alpha\vee\beta\vee\sim\sim\beta,\ \sim\sim\alpha,\ \sim\gamma,\ \sim\beta,\ \beta\vdash\alpha\vee\beta$

120. $\alpha\vee\sim\alpha\vee\beta\vee\sim\sim\beta,\ \sim\sim\alpha,\ \sim\gamma,\ \sim\beta,\ \sim\sim\beta\vdash\sim\sim\beta$

121. $\alpha\vee\sim\alpha\vee\beta\vee\sim\sim\beta,\ \sim\sim\alpha,\ \sim\gamma,\ \sim\beta,\ \sim\sim\beta\vdash\sim\beta$

122. $\alpha\vee\sim\alpha\vee\beta\vee\sim\sim\beta,\ \sim\sim\alpha,\ \sim\gamma,\ \sim\beta,\ \sim\sim\beta\vdash\alpha\vee\beta$ 119，120

123. $\alpha\vee\sim\alpha\vee\beta\vee\sim\sim\beta,\ \sim\sim\alpha,\ \sim\gamma,\ \sim\beta\vdash\alpha\vee\beta$ 112，114，117，119，122

124. $\alpha\vee\sim\alpha\vee\beta\vee\sim\sim\beta,\ \sim\sim\alpha,\ \sim\gamma,\ \beta\vee\sim\beta\vee\gamma\vee\sim\sim\gamma,\ \sim\beta\vdash\alpha\vee\beta$ 123

125. $\alpha\vee\sim\alpha\vee\beta\vee\sim\sim\beta,\ \sim\sim\alpha,\ \sim\gamma,\ \beta\vee\sim\beta\vee\gamma\vee\sim\sim\gamma\vdash\beta\vee\sim\beta\vee\gamma\vee\sim\sim\gamma$

126. $\alpha\vee\sim\alpha\vee\beta\vee\sim\sim\beta,\ \sim\sim\alpha,\ \sim\gamma,\ \beta\vee\sim\beta\vee\gamma\vee\sim\sim\gamma,\ \beta\vdash\beta$

127. $\alpha\vee\sim\alpha\vee\beta\vee\sim\sim\beta,\ \sim\sim\alpha,\ \sim\gamma,\ \beta\vee\sim\beta\vee\gamma\vee\sim\sim\gamma,\ \beta\vdash\alpha\vee\beta$ 126

128. $\alpha\vee\sim\alpha\vee\beta\vee\sim\sim\beta,\ \sim\sim\alpha,\ \sim\gamma,\ \beta\vee\sim\beta\vee\gamma\vee\sim\sim\gamma,\ \gamma\vdash\gamma$

129. $\alpha\vee\sim\alpha\vee\beta\vee\sim\sim\beta,\ \sim\sim\alpha,\ \sim\gamma,\ \beta\vee\sim\beta\vee\gamma\vee\sim\sim\gamma,\ \gamma\vdash\sim\gamma$

130. $\alpha\vee\sim\alpha\vee\beta\vee\sim\sim\beta,\ \sim\sim\alpha,\ \sim\gamma,\ \beta\vee\sim\beta\vee\gamma\vee\sim\sim\gamma,\ \gamma\vdash\alpha\vee\beta$ 128，129

131. $\alpha\vee\sim\alpha\vee\beta\vee\sim\sim\beta,\ \sim\sim\alpha,\ \sim\gamma,\ \beta\vee\sim\beta\vee\gamma\vee\sim\sim\gamma,\ \sim\sim\gamma\vdash\sim\gamma$

132. $\alpha\vee\sim\alpha\vee\beta\vee\sim\sim\beta,\ \sim\sim\alpha,\ \sim\gamma,\ \beta\vee\sim\beta\vee\gamma\vee\sim\sim\gamma,\ \sim\sim\gamma\vdash\sim\sim\gamma$

133. $\alpha\vee\sim\alpha\vee\beta\vee\sim\sim\beta,\ \sim\sim\alpha,\ \sim\gamma,\ \beta\vee\sim\beta\vee\gamma\vee\sim\sim\gamma,\ \sim\sim\gamma\vdash\alpha\vee\beta$ 131，132

134. $\alpha\vee\sim\alpha\vee\beta\vee\sim\sim\beta,\ \sim\sim\alpha,\ \sim\gamma,\ \beta\vee\sim\beta\vee\gamma\vee\sim\sim\gamma$
$\vdash\alpha\vee\beta$ 125，124，127，130，133

135. $\alpha\vee\sim\alpha\vee\beta\vee\sim\sim\beta,\ \sim\sim\alpha,\ \sim\gamma,\ \beta\vee\sim\beta\vee\gamma\vee\sim\sim\gamma\vdash\sim\gamma$

136. $\sim\gamma\vdash\sim(\gamma\wedge\sim\gamma)$

137. $\sim\gamma\vdash\neg\gamma$ 136，$\neg$的定义

138. $\alpha\vee\sim\alpha\vee\beta\vee\sim\sim\beta,\ \sim\sim\alpha,\ \sim\gamma,\ \beta\vee\sim\beta\vee\gamma\vee\sim\sim\gamma\vdash\neg\gamma$ 135，137

139. $\alpha\vee\sim\alpha\vee\beta\vee\sim\sim\beta,\ \sim\sim\alpha,\ \sim\gamma,\ \beta\vee\sim\beta\vee\gamma\vee\sim\sim\gamma\vdash\alpha\vee\neg\gamma$ 138

140. $\alpha\vee\sim\alpha\vee\beta\vee\sim\sim\beta,\ \sim\sim\alpha,\ \sim\gamma,\ \beta\vee\sim\beta\vee\gamma\vee\sim\sim\gamma\vdash\neg\beta\vee\neg\gamma$ 138

141. $\vdash\neg\beta\vee\beta$

142. $\alpha\vee\sim\alpha\vee\beta\vee\sim\sim\beta,\ \sim\sim\alpha,\ \sim\gamma,\ \beta\vee\sim\beta\vee\gamma\vee\sim\sim\gamma\vdash\neg\beta\vee\beta$ 141

143. $\alpha\vee\sim\alpha\vee\beta\vee\sim\sim\beta,\ \sim\sim\alpha,\ \sim\gamma,\ \beta\vee\sim\beta\vee\gamma\vee\sim\sim\gamma\vdash(\alpha\vee\beta)\wedge(\alpha\vee\neg\gamma)\wedge$
$(\neg\beta\vee\beta)\wedge(\neg\beta\vee\neg\gamma)$ 134，139，142，140

144. $(\alpha\vee\beta)\wedge(\alpha\vee\neg\gamma)\wedge(\neg\beta\vee\beta)\wedge(\neg\beta\vee\neg\gamma)\vdash(\alpha\vee\beta)\wedge(\alpha\vee\neg\gamma)$

145. $(\alpha\vee\beta)\wedge(\alpha\vee\neg\gamma)\vdash\alpha\vee(\beta\wedge\neg\gamma)$

146. $(\alpha\vee\beta)\wedge(\alpha\vee\neg\gamma)\wedge(\neg\beta\vee\beta)\wedge(\neg\beta\vee\neg\gamma)\vdash\alpha\vee(\beta\wedge\neg\gamma)$ 144，145

147. $(\alpha\vee\beta)\wedge(\alpha\vee\neg\gamma)\wedge(\neg\beta\vee\beta)\wedge(\neg\beta\vee\neg\gamma)\vdash(\neg\beta\vee\beta)\wedge(\neg\beta\vee\neg\gamma)$

148. $(\neg\beta\vee\beta)\wedge(\neg\beta\vee\neg\gamma)\vdash\neg\beta\vee(\beta\wedge\neg\gamma)$

149. $(\alpha\vee\beta)\wedge(\alpha\vee\neg\gamma)\wedge(\neg\beta\vee\beta)\wedge(\neg\beta\vee\neg\gamma)\vdash\neg\beta\vee(\beta\wedge\neg\gamma)$ 147，148

150. $(\alpha\vee\beta)\wedge(\alpha\vee\neg\gamma)\wedge(\neg\beta\vee\beta)\wedge(\neg\beta\vee\neg\gamma)\vdash(\alpha\vee(\beta\wedge\neg\gamma))\wedge(\neg\beta\vee(\beta\wedge\neg\gamma))$
146，149

151. $(\alpha\vee(\beta\wedge\neg\gamma))\wedge(\beta\vee(\beta\wedge\neg\gamma))\vdash(\alpha\wedge\neg\beta)\vee(\beta\wedge\neg\gamma)$

152. $(\alpha\vee\beta)\wedge(\alpha\vee\neg\gamma)\wedge(\neg\beta\vee\beta)\wedge(\neg\beta\vee\neg\gamma)\vdash(\alpha\wedge\neg\beta)\vee(\beta\wedge\neg\gamma)$ 150，151

153. $\alpha\vee\sim\alpha\vee\beta\vee\sim\sim\beta$，$\sim\sim\alpha$，$\sim\gamma$，$\beta\vee\sim\beta\vee\gamma\vee\sim\sim\gamma\vdash(\alpha\wedge\neg\beta)\vee(\beta\wedge\neg\gamma)$ 143，152

154. $\alpha\vee\sim\alpha\vee\beta\vee\sim\sim\beta$，$\sim\gamma$，$\beta\vee\sim\beta\vee\gamma\vee\sim\sim\gamma\vdash(\alpha\wedge\neg\beta)\vee(\beta\wedge\neg\gamma)\vee(\alpha\vee\sim\alpha)$ 153

155. $\alpha\vee\sim\alpha\vee\beta\vee\sim\sim\beta$，$\beta\vee\sim\beta\vee\gamma\vee\sim\sim\gamma\vdash(\alpha\wedge\neg\beta)\vee(\beta\wedge\neg\gamma)\vee(\alpha\vee\sim\alpha)\vee(\gamma\vee\sim\sim\gamma)$ 154

156. $\alpha\vee\sim\alpha\vee\beta\vee\sim\sim\beta$，$\beta\vee\sim\beta\vee\gamma\vee\sim\sim\gamma\vdash(\alpha\wedge\neg\beta)\vee(\beta\wedge\neg\gamma)\vee(\alpha\vee\sim\alpha\vee\gamma\vee\sim\sim\gamma)$ 155

157. $\alpha\vee\sim\alpha\vee\beta\vee\sim\sim\beta\vdash(\alpha\wedge\neg\beta)\vee(\beta\wedge\neg\gamma)\vee(\alpha\vee\sim\alpha\vee\gamma\vee\sim\sim\gamma)\vee\neg(\beta\vee\sim\beta\vee\gamma\vee\sim\sim\gamma)$ 156

158. $\vdash(\alpha\wedge\neg\beta)\vee(\beta\wedge\neg\gamma)\vee(\alpha\vee\sim\alpha\vee\gamma\vee\sim\sim\gamma)\vee\neg(\beta\vee\sim\beta\vee\gamma\vee\sim\sim\gamma)\vee\neg(\alpha\vee\sim\alpha\vee\beta\vee\sim\sim\beta)$ 157

159. $\vdash(\alpha\wedge\neg\beta)\vee\neg(\alpha\vee\sim\alpha\vee\beta\vee\sim\sim\beta)\vee(\beta\wedge\neg\gamma)\vee\neg(\beta\vee\sim\beta\vee\gamma\vee\sim\sim\gamma)\vee(\alpha\vee\sim\alpha\vee\gamma\vee\sim\sim\gamma)$ 158

160. $\alpha\vee\sim\alpha\vee\beta\vee\sim\sim\beta$，$\beta\vee\sim\beta\vee\gamma\vee\sim\sim\gamma$，$\alpha\vdash\alpha$

161. $\alpha\vee\sim\alpha\vee\beta\vee\sim\sim\beta$，$\beta\vee\sim\beta\vee\gamma\vee\sim\sim\gamma$，$\alpha\vdash\alpha\vee\beta$ 160

162. $\alpha\vee\sim\alpha\vee\beta\vee\sim\sim\beta$，$\beta\vee\sim\beta\vee\gamma\vee\sim\sim\gamma$，$\alpha\vdash\alpha\vee\beta\vee\gamma$ 161

163. $\vdash\neg\gamma\vee\gamma$

164. $\vdash\alpha\vee\neg\gamma\vee\gamma$ 163

165. $\alpha\vee\sim\alpha\vee\beta\vee\sim\sim\beta$，$\beta\vee\sim\beta\vee\gamma\vee\sim\sim\gamma$，$\alpha\vdash\alpha\vee\neg\gamma\vee\gamma$ 164

166. $\vdash\neg\beta\vee\neg\gamma\vee\gamma$ 163

167. $\alpha\vee\sim\alpha\vee\beta\vee\sim\sim\beta$，$\beta\vee\sim\beta\vee\gamma\vee\sim\sim\gamma$，$\alpha\vdash\neg\beta\vee\neg\gamma\vee\gamma$ 166

168. $\vdash\neg\beta\vee\beta$

169. $\vdash\neg\beta\vee\beta\vee\gamma$ 168

170. $\alpha\vee\sim\alpha\vee\beta\vee\sim\sim\beta$，$\beta\vee\sim\beta\vee\gamma\vee\sim\sim\gamma$，$\alpha\vdash\neg\beta\vee\beta\vee\gamma$ 169

171. $\alpha\vee\sim\alpha\vee\beta\vee\sim\sim\beta$，$\beta\vee\sim\beta\vee\gamma\vee\sim\sim\gamma$，$\alpha\vdash(\alpha\vee\beta\vee\gamma)\wedge(\alpha\vee\neg\gamma\vee\gamma)\wedge(\neg\beta\vee\beta\vee\gamma)\wedge(\neg\beta\vee\neg\gamma\vee\gamma)$ 161，165，170，167

172. $(\alpha\vee\beta\vee\gamma)\wedge(\alpha\vee\neg\gamma\vee\gamma)\wedge(\neg\beta\vee\beta\vee\gamma)\wedge(\neg\beta\vee\neg\gamma\vee\gamma)\vdash(\alpha\vee\beta\vee\gamma)\wedge(\alpha\vee\neg\gamma\vee\gamma)$

173. $(\alpha\vee\beta\vee\gamma)\wedge(\alpha\vee\neg\gamma\vee\gamma)\vdash((\alpha\vee\beta)\wedge(\alpha\vee\neg\gamma))\vee\gamma$

174. $(\alpha\vee\beta)\wedge(\alpha\vee\neg\gamma)\vdash\alpha\vee(\beta\wedge\neg\gamma)$

175. $(\alpha\vee\beta)\wedge(\alpha\vee\neg\gamma)\vee\gamma\vdash(\alpha\vee(\beta\wedge\neg\gamma))\vee\gamma$ 174

176. $(\alpha\vee\beta\vee\gamma)\wedge(\alpha\vee\neg\gamma\vee\gamma)\wedge(\neg\beta\vee\beta\vee\gamma)\wedge(\neg\beta\vee\neg\gamma\vee\gamma)\vdash(\alpha\vee(\beta\wedge\neg\gamma))\vee\gamma$ 172，173，175

177. $(\alpha\vee\beta\vee\gamma)\wedge(\alpha\vee\neg\gamma\vee\gamma)\wedge(\neg\beta\vee\beta\vee\gamma)\wedge(\neg\beta\vee\neg\gamma\vee\gamma)\vdash(\neg\beta\vee\beta\vee\gamma)\wedge(\neg\beta\vee\neg\gamma\vee\gamma)$

178. $(\neg\beta\vee\beta\vee\gamma)\wedge(\neg\beta\vee\neg\gamma\vee\gamma)\vdash((\neg\beta\vee\beta)\wedge(\neg\beta\vee\neg\gamma))\vee\gamma$

179. $(\neg\beta\vee\beta)\wedge(\neg\beta\vee\neg\gamma)\vdash\neg\beta\vee(\beta\wedge\neg\gamma)$

180. $((\neg\beta\vee\beta)\wedge(\neg\beta\vee\neg\gamma))\vee\gamma\vdash(\neg\beta\vee(\beta\wedge\neg\gamma))\vee\gamma$ 179

181. $(\alpha\vee\beta\vee\gamma)\wedge(\alpha\vee\neg\gamma\vee\gamma)\wedge(\neg\beta\vee\beta\vee\gamma)\wedge(\neg\beta\vee\neg\gamma\vee\gamma)\vdash(\neg\beta\vee(\beta\wedge\neg\gamma))\vee\gamma$ 177，178，180

182. $(\alpha\vee\beta\vee\gamma)\wedge(\alpha\vee\neg\gamma\vee\gamma)\wedge(\neg\beta\vee\beta\vee\gamma)\wedge(\neg\beta\vee\neg\gamma\vee\gamma)\vdash((\alpha\vee(\beta\wedge\neg\gamma))\vee\gamma)\wedge((\neg\beta\vee(\beta\wedge\neg\gamma))\vee\gamma)$ 176，181

183. $((\alpha\vee(\beta\wedge\neg\gamma))\vee\gamma)\wedge((\neg\beta\vee(\beta\wedge\neg\gamma))\vee\gamma)\vdash((\alpha\vee(\beta\wedge\neg\gamma))\wedge(\neg\beta\vee(\beta\wedge\neg\gamma)))\vee\gamma$
184. $(\alpha\vee(\beta\wedge\neg\gamma))\wedge(\neg\beta\vee(\beta\wedge\neg\gamma))\vdash(\alpha\wedge\neg\beta)\vee(\beta\wedge\neg\gamma)$
185. $((\alpha\vee(\beta\wedge\neg\gamma))\wedge(\neg\beta\vee(\beta\wedge\neg\gamma)))\vee\gamma\vdash((\alpha\wedge\neg\beta)\vee(\beta\wedge\neg\gamma))\vee\gamma$ 184
186. $(\alpha\vee\beta\vee\gamma)\wedge(\alpha\vee\neg\gamma\vee\gamma)\wedge(\neg\beta\vee\beta\vee\gamma)\wedge(\neg\beta\vee\neg\gamma\vee\gamma)\vdash((\alpha\wedge\neg\beta)$
$\vee(\beta\wedge\neg\gamma))\vee\gamma$ 182，183，185
187. $\alpha\vee{\sim}\alpha\vee\beta\vee{\sim\sim}\beta$，$\beta\vee{\sim}\beta\vee\gamma\vee{\sim\sim}\gamma$，$\alpha\vdash((\alpha\wedge\neg\beta)\vee(\beta\wedge\neg\gamma))\vee\gamma$ 171，186
188. $\alpha\vee{\sim}\alpha\vee\beta\vee{\sim\sim}\beta$，$\beta\vee{\sim}\beta\vee\gamma\vee{\sim\sim}\gamma\vdash(((\alpha\wedge\neg\beta)\vee(\beta\wedge\neg\gamma))\vee\gamma)\vee\neg\alpha$ 187
189. $\alpha\vee{\sim}\alpha\vee\beta\vee{\sim\sim}\beta$，$\beta\vee{\sim}\beta\vee\gamma\vee{\sim\sim}\gamma\vdash((\alpha\wedge\neg\beta)\vee(\beta\wedge\neg\gamma))\vee(\gamma\vee\neg\alpha)$ 188
190. $\alpha\vee{\sim}\alpha\vee\beta\vee{\sim\sim}\beta$，$\beta\vee{\sim}\beta\vee\gamma\vee{\sim\sim}\gamma\vdash((\alpha\wedge\neg\beta)\vee(\beta\wedge\neg\gamma))\vee(\neg\alpha\vee\gamma)$ 189
191. $\alpha\vee{\sim}\alpha\vee\beta\vee{\sim\sim}\beta\vdash((\alpha\wedge\neg\beta)\vee(\beta\wedge\neg\gamma))\vee(\neg\alpha\vee\gamma)\vee\neg(\beta\vee{\sim}\beta\vee\gamma\vee{\sim\sim}\gamma)$ 190
192. $\vdash((\alpha\wedge\neg\beta)\vee(\beta\wedge\neg\gamma))\vee(\neg\alpha\vee\gamma)\vee\neg(\beta\vee{\sim}\beta\vee\gamma\vee{\sim\sim}\gamma)$
$\vee\neg(\alpha\vee{\sim}\alpha\vee\beta\vee{\sim\sim}\beta)$ 191
193. $\vdash(\alpha\wedge\neg\beta)\vee\neg(\alpha\vee{\sim}\alpha\vee\beta\vee{\sim\sim}\beta)\vee(\beta\wedge\neg\gamma)\vee\neg(\beta\vee{\sim}\beta\vee\gamma\vee{\sim\sim}\gamma)\vee(\neg\alpha\vee\gamma)$ 192
194. $\vdash((\alpha\wedge\neg\beta)\vee\neg(\alpha\vee{\sim}\alpha\vee\beta\vee{\sim\sim}\beta)\vee(\beta\wedge\neg\gamma)\vee\neg(\beta\vee{\sim}\beta\vee\gamma\vee{\sim\sim}\gamma)\vee(\neg\alpha\vee\gamma))$
$\wedge((\alpha\wedge\neg\beta)\vee\neg(\alpha\vee{\sim}\alpha\vee\beta\vee{\sim\sim}\beta)\vee(\beta\wedge\neg\gamma)\vee\neg(\beta\vee{\sim}\beta\vee\gamma\vee{\sim\sim}\gamma)$
$\vee(\alpha\vee{\sim}\alpha\vee\gamma\vee{\sim\sim}\gamma))$ 193，159
195. $\vdash((\alpha\wedge\neg\beta)\vee\neg(\alpha\vee{\sim}\alpha\vee\beta\vee{\sim\sim}\beta)\vee(\beta\wedge\neg\gamma)\vee\neg(\beta\vee{\sim}\beta\vee\gamma\vee{\sim\sim}\gamma))\vee((\neg\alpha\vee\gamma)$
$\wedge(\alpha\vee{\sim}\alpha\vee\gamma\vee{\sim\sim}\gamma))$ 194
196. $\vdash((\alpha\wedge\neg\beta)\vee\neg(\alpha\vee{\sim}\alpha\vee\beta\vee{\sim\sim}\beta)\vee(\beta\wedge\neg\gamma)\vee\neg(\beta\vee{\sim}\beta\vee\gamma\vee{\sim\sim}\gamma))$
$\vee(\alpha\to\gamma)$ 195 $\to$的定义
197. $\vdash(\alpha\wedge\neg\beta)\vee\neg(\alpha\vee{\sim}\alpha\vee\beta\vee{\sim\sim}\beta)\vee((\beta\wedge\neg\gamma)\vee\neg(\beta\vee{\sim}\beta\vee\gamma\vee{\sim\sim}\gamma))$
$\vee(\alpha\to\gamma)$ 196
198. $\beta\vdash\neg\neg\beta$
199. $\beta\wedge\neg\gamma\vdash\neg\neg\beta\wedge\neg\gamma$ 198
200. $\neg\neg\beta\wedge\neg\gamma\vdash\neg(\neg\beta\vee\gamma)$
201. $\beta\wedge\neg\gamma\vdash\neg(\neg\beta\vee\gamma)$ 199，200
202. $(\beta\wedge\neg\gamma)\vee\neg(\beta\vee{\sim}\beta\vee\gamma\vee{\sim\sim}\gamma)\vdash\neg(\neg\beta\vee\gamma)\vee\neg(\beta\vee{\sim}\beta\vee\gamma\vee{\sim\sim}\gamma)$ 201
203. $\neg(\neg\beta\vee\gamma)\vee\neg(\beta\vee{\sim}\beta\vee\gamma\vee{\sim\sim}\gamma)\vdash\neg((\neg\beta\vee\gamma)\wedge(\beta\vee{\sim}\beta\vee\gamma\vee{\sim\sim}\gamma))$
204. $\neg(\neg\beta\vee\gamma)\vee\neg(\beta\vee{\sim}\beta\vee\gamma\vee{\sim\sim}\gamma)\vdash\neg(\beta\to\gamma)$ 203 $\to$的定义
205. $(\beta\wedge\neg\gamma)\vee\neg(\beta\vee{\sim}\beta\vee\gamma\vee{\sim\sim}\gamma)\vdash\neg(\beta\to\gamma)$ 202，204
206. $(\alpha\wedge\neg\beta)\vee\neg(\alpha\vee{\sim}\alpha\vee\beta\vee{\sim\sim}\beta)\vee((\beta\wedge\neg\gamma)\vee\neg(\beta\vee{\sim}\beta\vee\gamma\vee{\sim\sim}\gamma))\vee(\alpha\to\gamma)$
$\vdash(\alpha\wedge\neg\beta)\vee\neg(\alpha\vee{\sim}\alpha\vee\beta\vee{\sim\sim}\beta)\vee\neg(\beta\to\gamma)\vee(\alpha\to\gamma)$ 205
207. $\vdash(\alpha\wedge\neg\beta)\vee\neg(\alpha\vee{\sim}\alpha\vee\beta\vee{\sim\sim}\beta)\vee\neg(\beta\to\gamma)\vee(\alpha\to\gamma)$ 197，206
208. $\vdash((\alpha\wedge\neg\beta)\vee\neg(\alpha\vee{\sim}\alpha\vee\beta\vee{\sim\sim}\beta)\vee\neg(\beta\to\gamma)\vee(\alpha\to\gamma))\wedge(((\alpha\wedge\neg\beta)\vee\neg$
$(\alpha\vee{\sim}\alpha\vee\beta\vee{\sim\sim}\beta))$
$\vee((\beta\to\gamma)\vee{\sim}(\beta\to\gamma)\vee(\alpha\to\gamma)\vee{\sim\sim}(\alpha\to\gamma)))$ 207，111
209. $\vdash((\alpha\wedge\neg\beta)\vee\neg(\alpha\vee{\sim}\alpha\vee\beta\vee{\sim\sim}\beta))\vee((\neg(\beta\to\gamma)\vee(\alpha\to\gamma))\wedge((\beta\to\gamma)$
$\vee{\sim}(\beta\to\gamma)\vee(\alpha\to\gamma)\vee{\sim\sim}(\alpha\to\gamma)))$ 208

210. $\vdash((\alpha\wedge\neg\beta)\vee\neg(\alpha\vee\sim\alpha\vee\beta\vee\sim\sim\beta))\vee((\beta\to\gamma)\to(\alpha\to\gamma))$ 209 →的定义

211. $\alpha\vdash\neg\neg\alpha$

212. $\alpha\wedge\neg\beta\vdash\neg\neg\alpha\wedge\neg\beta$ 211

213. $\alpha\wedge\neg\beta\vdash\neg(\neg\alpha\vee\beta)$ 212

214. $(\alpha\wedge\neg\beta)\vee\neg(\alpha\vee\sim\alpha\vee\beta\vee\sim\sim\beta)\vdash\neg(\neg\alpha\vee\beta)\vee\neg(\alpha\vee\sim\alpha\vee\beta\vee\sim\sim\beta)$ 213

215. $(\alpha\wedge\neg\beta)\vee\neg(\alpha\vee\sim\alpha\vee\beta\vee\sim\sim\beta)\vdash\neg((\neg\alpha\vee\beta)\wedge(\alpha\vee\sim\alpha\vee\beta\vee\sim\sim\beta))$ 214

216. $(\alpha\wedge\neg\beta)\vee\neg(\alpha\vee\sim\alpha\vee\beta\vee\sim\sim\beta)\vdash\neg(\alpha\to\beta)$ 215 →的定义

217. $((\alpha\wedge\neg\beta)\vee\neg(\alpha\vee\sim\alpha\vee\beta\vee\sim\sim\beta))\vee((\beta\to\gamma)\to(\alpha\to\gamma))\vdash\neg(\alpha\to\beta)\vee$ $((\beta\to\gamma)\to(\alpha\to\gamma))$ 216

218. $\vdash\neg(\alpha\to\beta)\vee((\beta\to\gamma)\to(\alpha\to\gamma))$ 210，217

219. $\vdash(\neg(\alpha\to\beta)\vee((\beta\to\gamma)\to(\alpha\to\gamma)))\wedge((\alpha\to\beta)\vee\sim(\alpha\to\beta)\vee((\beta\to\gamma)$ $\to(\alpha\to\gamma))\vee\sim\sim((\beta\to\gamma)\to(\alpha\to\gamma))))$ 218，66

220. $\vdash(\alpha\to\beta)\to((\beta\to\gamma)\to(\alpha\to\gamma))$ 219 →的定义

定理 4.3.9. $\vdash(-\alpha\to-\beta)\to(\beta\to\alpha)$

证明：

1. $\neg-\alpha\vee-\beta$，$-\alpha\vee\sim-\alpha\vee-\beta\vee\sim\sim-\beta$，$\beta\vdash-\alpha\vee\sim-\alpha\vee-\beta\vee\sim\sim-\beta$
2. $-\beta\vdash\neg\beta$
3. $\neg-\alpha\vee-\beta\vdash\neg-\alpha\vee\neg\beta$ 2
4. $\neg-\alpha\vee-\beta$，$-\alpha\vee\sim-\alpha\vee-\beta\vee\sim\sim-\beta$，$\beta$，$-\alpha\vdash\neg-\alpha\vee\neg\beta$ 3
5. $\neg-\alpha\vee-\beta$，$-\alpha\vee\sim-\alpha\vee-\beta\vee\sim\sim-\beta$，$\beta$，$-\alpha\vdash\beta$
6. $\neg-\alpha\vee-\beta$，$-\alpha\vee\sim-\alpha\vee-\beta\vee\sim\sim-\beta$，$\beta$，$-\alpha\vdash\neg-\alpha$ 4，5
7. $\neg-\alpha\vee-\beta$，$-\alpha\vee\sim-\alpha\vee-\beta\vee\sim\sim-\beta$，$\beta$，$-\alpha\vdash-\alpha$
8. $\neg-\alpha\vee-\beta$，$-\alpha\vee\sim-\alpha\vee-\beta\vee\sim\sim-\beta$，$\beta$，$-\alpha\vdash\alpha$ 6，7
9. $\sim-\alpha\vdash\sim-\alpha$
10. $\sim-\alpha\vdash\sim(\sim(\alpha\wedge\sim\alpha)\wedge(\alpha\vee\sim\alpha))$ 9 –的定义
11. $\sim-\alpha\vdash\sim\sim(\alpha\wedge\sim\alpha)\vee\sim(\alpha\vee\sim\alpha)$ 10
12. $\sim-\alpha$，$\sim\sim(\alpha\wedge\sim\alpha)$，$\sim\alpha\vdash\sim(\alpha\wedge\sim\alpha)$
13. $\sim-\alpha$，$\sim\sim(\alpha\wedge\sim\alpha)$，$\sim\alpha\vdash\sim\sim(\alpha\wedge\sim\alpha)$
14. $\sim-\alpha$，$\sim\sim(\alpha\wedge\sim\alpha)$，$\sim\sim\alpha\vdash\sim(\alpha\wedge\sim\alpha)$
15. $\sim-\alpha$，$\sim\sim(\alpha\wedge\sim\alpha)$，$\sim\sim\alpha\vdash\sim\sim(\alpha\wedge\sim\alpha)$
16. $\sim-\alpha$，$\sim\sim(\alpha\wedge\sim\alpha)\vdash\alpha$ 12，13，14，15
17. $\sim(\alpha\vee\sim\alpha)\vdash\sim\alpha\wedge\sim\sim\alpha$
18. $\sim(\alpha\vee\sim\alpha)\vdash\alpha$ 17
19. $\sim-\alpha$，$\sim(\alpha\vee\sim\alpha)\vdash\alpha$ 18
20. $\sim-\alpha\vdash\alpha$ 11，16，19
21. $\neg-\alpha\vee-\beta$，$-\alpha\vee\sim-\alpha\vee-\beta\vee\sim\sim-\beta$，$\beta$，$\sim-\alpha\vdash\alpha$ 20
22. $-\beta\vdash\sim\beta$
23. $\neg-\alpha\vee-\beta$，$-\alpha\vee\sim-\alpha\vee-\beta\vee\sim\sim-\beta$，$\beta$，$-\beta\vdash\sim\beta$ 22

24. $\neg -\alpha\vee -\beta,\ -\alpha\vee\sim -\alpha\vee -\beta\vee\sim\sim -\beta,\ \beta,\ -\beta\vdash\beta$ 22

25. $\neg -\alpha\vee -\beta,\ -\alpha\vee\sim -\alpha\vee -\beta\vee\sim\sim -\beta,\ \beta,\ -\beta\vdash\alpha$ 23，24

26. $\neg -\alpha\vee -\beta,\ -\alpha\vee\sim -\alpha\vee -\beta\vee\sim\sim -\beta,\ \beta,\ \sim\sim -\beta\vdash\sim\sim -\beta$

27. $\neg -\alpha\vee -\beta,\ -\alpha\vee\sim -\alpha\vee -\beta\vee\sim\sim -\beta,\ \beta,\ \sim\sim -\beta\vdash\sim\sim(\sim(\beta\wedge\sim\beta)\wedge(\beta\vee\sim\beta))$ 26 −的定义

28. $\neg -\alpha\vee -\beta,\ -\alpha\vee\sim -\alpha\vee -\beta\vee\sim\sim -\beta,\ \beta,\ \sim\sim -\beta\vdash\sim\sim\sim(\beta\wedge\sim\beta)\vee\sim\sim(\beta\vee\sim\beta)$ 27

29. $\neg -\alpha\vee -\beta,\ -\alpha\vee\sim -\alpha\vee -\beta\vee\sim\sim -\beta,\ \beta,\ \sim\sim -\beta,\ \sim\sim\sim(\beta\wedge\sim\beta)\vdash\beta\wedge\sim\beta$

30. $\neg -\alpha\vee -\beta,\ -\alpha\vee\sim -\alpha\vee -\beta\vee\sim\sim -\beta,\ \beta,\ \sim\sim -\beta,\ \sim\sim\sim(\beta\wedge\sim\beta)\vdash\alpha$ 29

31. $\neg -\alpha\vee -\beta,\ -\alpha\vee\sim -\alpha\vee -\beta\vee\sim\sim -\beta,\ \beta,\ \sim\sim -\beta,\ \sim\sim(\beta\vee\sim\beta)\vdash\sim\sim(\beta\vee\sim\beta)$

32. $\neg -\alpha\vee -\beta,\ -\alpha\vee\sim -\alpha\vee -\beta\vee\sim\sim -\beta,\ \beta,\ \sim\sim -\beta,\ \sim\sim(\beta\vee\sim\beta)\vdash\beta$

33. $\neg -\alpha\vee -\beta,\ -\alpha\vee\sim -\alpha\vee -\beta\vee\sim\sim -\beta,\ \beta,\ \sim\sim -\beta,\ \sim\sim(\beta\vee\sim\beta)\vdash\beta\vee\sim\beta$ 32

34. $\neg -\alpha\vee -\beta,\ -\alpha\vee\sim -\alpha\vee -\beta\vee\sim\sim -\beta,\ \beta,\ \sim\sim -\beta,\ \sim\sim(\beta\vee\sim\beta)\vdash\sim\sim\sim(\beta\vee\sim\beta)$ 33

35. $\neg -\alpha\vee -\beta,\ -\alpha\vee\sim -\alpha\vee -\beta\vee\sim\sim -\beta,\ \beta,\ \sim\sim -\beta,\ \sim\sim(\beta\vee\sim\beta)\vdash\alpha$ 31，34

36. $\neg -\alpha\vee -\beta,\ -\alpha\vee\sim -\alpha\vee -\beta\vee\sim\sim -\beta,\ \beta,\ \sim\sim -\beta\vdash\alpha$ 28，30，35

37. $\neg -\alpha\vee -\beta,\ -\alpha\vee\sim -\alpha\vee -\beta\vee\sim\sim -\beta,\ \beta\vdash\alpha$ 1，8，21，25，36

38. $\neg -\alpha\vee -\beta,\ -\alpha\vee\sim -\alpha\vee -\beta\vee\sim\sim -\beta\vdash\neg\beta\vee\alpha$ 37

39. $\neg -\alpha\vee -\beta\vdash\neg(-\alpha\vee\sim -\alpha\vee -\beta\vee\sim\sim -\beta)\vee\neg\beta\vee\alpha$ 38

40. $\vdash\neg(\neg -\alpha\vee -\beta)\vee\neg(-\alpha\vee\sim -\alpha\vee -\beta\vee\sim\sim -\beta)\vee\neg\beta\vee\alpha$ 39

41. $\vdash\neg(\neg -\alpha\vee -\beta)\vee\neg(-\alpha\vee\sim -\alpha\vee -\beta\vee\sim\sim -\beta)\vee(\neg\beta\vee\alpha)$ 40

42. $\sim\alpha\vdash -\alpha$

43. $\neg -\alpha\vee -\beta,\ \sim\sim\beta,\ \sim\alpha\vdash -\alpha$ 42

44. $\neg -\alpha\vee -\beta,\ \sim\sim\beta,\ \sim\alpha\vdash\neg -\alpha\vee -\beta$

45. $\neg -\alpha\vee -\beta,\ \sim\sim\beta,\ \sim\alpha\vdash -\beta$ 43，44

46. $\neg -\alpha\vee -\beta,\ \sim\sim\beta,\ \sim\alpha\vdash\sim\beta$ 45

47. $\neg -\alpha\vee -\beta,\ \sim\sim\beta,\ \sim\alpha\vdash\sim\sim\beta$

48. $\neg -\alpha\vee -\beta,\ \sim\sim\beta,\ \sim\alpha\vdash\neg(-\alpha\vee\sim -\alpha\vee -\beta\vee\sim\sim -\beta)$ 46，47

49. $\neg -\alpha\vee -\beta,\ \sim\sim\beta\vdash\neg(-\alpha\vee\sim -\alpha\vee -\beta\vee\sim\sim -\beta)\vee(\alpha\vee\sim\sim\alpha)$ 48

50. $\neg -\alpha\vee -\beta\vdash\neg(-\alpha\vee\sim -\alpha\vee -\beta\vee\sim\sim -\beta)\vee(\alpha\vee\sim\sim\alpha)\vee(\beta\vee\sim\beta)$ 49

51. $\vdash\neg(-\alpha\vee\sim -\alpha\vee -\beta\vee\sim\sim -\beta)\vee(\alpha\vee\sim\sim\alpha)\vee(\beta\vee\sim\beta)\vee\neg(\neg -\alpha\vee -\beta)$ 50

52. $\vdash\neg(\neg -\alpha\vee -\beta)\vee\neg(-\alpha\vee\sim -\alpha\vee -\beta\vee\sim\sim -\beta)\vee(\alpha\vee\sim\sim\alpha)\vee(\beta\vee\sim\beta)$ 51

53. $\vdash\neg(\neg -\alpha\vee -\beta)\vee\neg(-\alpha\vee\sim -\alpha\vee -\beta\vee\sim\sim -\beta)\vee(\beta\vee\sim\beta)\vee(\alpha\vee\sim\sim\alpha)$ 52

54. $\vdash\neg(\neg -\alpha\vee -\beta)\vee\neg(-\alpha\vee\sim -\alpha\vee -\beta\vee\sim\sim -\beta)\vee(\beta\vee\sim\beta\vee\alpha\vee\sim\sim\alpha)$ 53

55. $\vdash(\neg(\neg -\alpha\vee -\beta)\vee\neg(-\alpha\vee\sim -\alpha\vee -\beta\vee\sim\sim -\beta)\vee(\neg\beta\vee\alpha))\wedge(\neg(\neg -\alpha\vee -\beta)\vee\neg(-\alpha\vee\sim -\alpha\vee -\beta\vee\sim\sim -\beta)\vee(\beta\vee\sim\beta\vee\alpha\vee\sim\sim\alpha))$ 41，54

56. $\vdash(\neg(\neg -\alpha\vee -\beta)\vee\neg(-\alpha\vee\sim -\alpha\vee -\beta\vee\sim\sim -\beta))\vee((\neg\beta\vee\alpha)\wedge(\beta\vee\sim\beta\vee\alpha\vee\sim\sim\alpha))$ 55

57. $\vdash(\neg(\neg -\alpha\vee -\beta)\vee\neg(-\alpha\vee\sim -\alpha\vee -\beta\vee\sim\sim -\beta))\vee(\beta\to\alpha)$ 56 →的定义

58. $\neg(\neg-\alpha\vee-\beta)\vee\neg(-\alpha\vee{\sim}-\alpha\vee-\beta\vee{\sim}{\sim}-\beta)\vdash\neg((\neg-\alpha\vee-\beta)\wedge(-\alpha\vee{\sim}-\alpha\vee-\beta\vee{\sim}{\sim}-\beta))$
59. $\neg(\neg-\alpha\vee-\beta)\vee\neg(-\alpha\vee{\sim}-\alpha\vee-\beta\vee{\sim}{\sim}-\beta)\vdash\neg(-\alpha\to-\beta)$ 58 →的定义
60. $\neg(\neg-\alpha\vee-\beta)\vee\neg(-\alpha\vee{\sim}-\alpha\vee-\beta\vee{\sim}{\sim}-\beta)\vee(\beta\to\alpha)\vdash\neg(-\alpha\to-\beta)\vee(\beta\to\alpha)$ 59
61. $\vdash\neg(-\alpha\to-\beta)\vee(\beta\to\alpha)$ 57，60
62. ${\sim}{\sim}(-\alpha\to-\beta)$，${\sim}(\beta\to\alpha)\vdash{\sim}(\beta\to\alpha)$
63. ${\sim}{\sim}(-\alpha\to-\beta)$，${\sim}(\beta\to\alpha)\vdash{\sim}((\neg\beta\vee\alpha)\wedge(\beta\vee{\sim}\beta\vee\alpha\vee{\sim}{\sim}\alpha))$ 62 →的定义
64. ${\sim}{\sim}(-\alpha\to-\beta)$，${\sim}(\beta\to\alpha)\vdash{\sim}(\neg\beta\vee\alpha)\vee{\sim}(\beta\vee{\sim}\beta\vee\alpha\vee{\sim}{\sim}\alpha)$ 63
65. ${\sim}{\sim}(-\alpha\to-\beta)$，${\sim}(\beta\to\alpha)$，${\sim}(\neg\beta\vee\alpha)\vdash{\sim}\neg\beta\wedge{\sim}\alpha$
66. ${\sim}{\sim}(-\alpha\to-\beta)$，${\sim}(\beta\to\alpha)$，${\sim}(\neg\beta\vee\alpha)\vdash{\sim}{\sim}(-\alpha\to-\beta)$
67. ${\sim}{\sim}(-\alpha\to-\beta)$，${\sim}(\beta\to\alpha)$，${\sim}(\neg\beta\vee\alpha)\vdash{\sim}{\sim}((\neg-\alpha\vee-\beta)\wedge$
$(-\alpha\vee{\sim}-\alpha\vee-\beta\vee{\sim}{\sim}-\beta))$ 66 →的定义
68. ${\sim}{\sim}(-\alpha\to-\beta)$，${\sim}(\beta\to\alpha)$，${\sim}(\neg\beta\vee\alpha)\vdash{\sim}{\sim}(\neg-\alpha\vee-\beta)\vee{\sim}{\sim}$
$(-\alpha\vee{\sim}-\alpha\vee-\beta\vee{\sim}{\sim}-\beta)$ 67
69. ${\sim}{\sim}(-\alpha\to-\beta)$，${\sim}(\beta\to\alpha)$，${\sim}(\neg\beta\vee\alpha)$，${\sim}{\sim}(\neg-\alpha\vee-\beta)\vdash{\sim}{\sim}\neg-\alpha\vee{\sim}{\sim}-\beta$
70. ${\sim}{\sim}(-\alpha\to-\beta)$，${\sim}(\beta\to\alpha)$，${\sim}(\neg\beta\vee\alpha)$，${\sim}{\sim}(\neg-\alpha\vee-\beta)$，${\sim}{\sim}\neg-\alpha\vdash{\sim}{\sim}\neg-\alpha$
71. ${\sim}{\sim}(-\alpha\to-\beta)$，${\sim}(\beta\to\alpha)$，${\sim}(\neg\beta\vee\alpha)$，${\sim}{\sim}(\neg-\alpha\vee-\beta)$，${\sim}{\sim}\neg-\alpha$
$\vdash{\sim}{\sim}{\sim}(-\alpha\wedge{\sim}-\alpha)$ 70 ¬的定义
72. ${\sim}{\sim}(-\alpha\to-\beta)$，${\sim}(\beta\to\alpha)$，${\sim}(\neg\beta\vee\alpha)$，${\sim}{\sim}(\neg-\alpha\vee-\beta)$，${\sim}{\sim}\neg-\alpha$
$\vdash-\alpha\wedge{\sim}-\alpha$ 71
73. ${\sim}{\sim}(-\alpha\to-\beta)$，${\sim}(\beta\to\alpha)$，${\sim}(\neg\beta\vee\alpha)$，${\sim}{\sim}(\neg-\alpha\vee-\beta)$，${\sim}{\sim}\neg-\alpha\vdash\beta\to\alpha$ 72
74. ${\sim}{\sim}(-\alpha\to-\beta)$，${\sim}(\beta\to\alpha)$，${\sim}(\neg\beta\vee\alpha)$，${\sim}{\sim}(\neg-\alpha\vee-\beta)$，${\sim}{\sim}-\beta$
$\vdash{\sim}\neg\beta\wedge{\sim}\alpha$ 65
75. ${\sim}{\sim}(-\alpha\to-\beta)$，${\sim}(\beta\to\alpha)$，${\sim}(\neg\beta\vee\alpha)$，${\sim}{\sim}(\neg-\alpha\vee-\beta)$，${\sim}{\sim}-\beta\vdash{\sim}\neg\beta$ 74
76. ${\sim}{\sim}(-\alpha\to-\beta)$，${\sim}(\beta\to\alpha)$，${\sim}(\neg\beta\vee\alpha)$，${\sim}{\sim}(\neg-\alpha\vee-\beta)$，${\sim}{\sim}-\beta$
$\vdash{\sim}{\sim}(\beta\wedge{\sim}\beta)$ 75 ¬的定义
77. ${\sim}{\sim}(-\alpha\to-\beta)$，${\sim}(\beta\to\alpha)$，${\sim}(\neg\beta\vee\alpha)$，${\sim}{\sim}(\neg-\alpha\vee-\beta)$，${\sim}{\sim}-\beta$
$\vdash{\sim}({\sim}(\beta\wedge{\sim}\beta)\wedge(\beta\vee{\sim}\beta))$ 76
78. ${\sim}{\sim}(-\alpha\to-\beta)$，${\sim}(\beta\to\alpha)$，${\sim}(\neg\beta\vee\alpha)$，${\sim}{\sim}(\neg-\alpha\vee-\beta)$，${\sim}{\sim}-\beta$
$\vdash{\sim}-\beta$ 77 −的定义
79. ${\sim}{\sim}(-\alpha\to-\beta)$，${\sim}(\beta\to\alpha)$，${\sim}(\neg\beta\vee\alpha)$，${\sim}{\sim}(\neg-\alpha\vee-\beta)$，${\sim}{\sim}-\beta\vdash{\sim}{\sim}-\beta$
80. ${\sim}{\sim}(-\alpha\to-\beta)$，${\sim}(\beta\to\alpha)$，${\sim}(\neg\beta\vee\alpha)$，${\sim}{\sim}(\neg-\alpha\vee-\beta)$，${\sim}{\sim}-\beta$
$\vdash\beta\to\alpha$ 78，79
81. ${\sim}{\sim}(-\alpha\to-\beta)$，${\sim}(\beta\to\alpha)$，${\sim}(\neg\beta\vee\alpha)$，${\sim}{\sim}(\neg-\alpha\vee-\beta)$
$\vdash\beta\to\alpha$ 69，73，80
82. ${\sim}{\sim}(-\alpha\to-\beta)$，${\sim}(\beta\to\alpha)$，${\sim}(\neg\beta\vee\alpha)$，${\sim}{\sim}(-\alpha\vee{\sim}-\alpha\vee-\beta\vee{\sim}{\sim}-\beta)$
$\vdash{\sim}\neg\beta\wedge{\sim}\alpha$ 65
83. ${\sim}{\sim}(-\alpha\to-\beta)$，${\sim}(\beta\to\alpha)$，${\sim}(\neg\beta\vee\alpha)$，${\sim}{\sim}(-\alpha\vee{\sim}-\alpha\vee-\beta\vee{\sim}{\sim}-\beta)\vdash{\sim}\alpha$ 82
84. ${\sim}{\sim}(-\alpha\to-\beta)$，${\sim}(\beta\to\alpha)$，${\sim}(\neg\beta\vee\alpha)$，${\sim}{\sim}(-\alpha\vee{\sim}-\alpha\vee-\beta\vee{\sim}{\sim}-\beta)\vdash-\alpha$ 83

85. $\sim\sim(-\alpha\to-\beta)$，$\sim(\beta\to\alpha)$，$\sim(\neg\beta\vee\alpha)$，$\sim\sim(-\alpha\vee\sim-\alpha\vee-\beta\vee\sim\sim-\beta)$
$\vdash-\alpha\vee\sim-\alpha\vee-\beta\vee\sim\sim-\beta$ 84

86. $\sim\sim(-\alpha\to-\beta)$，$\sim(\beta\to\alpha)$，$\sim(\neg\beta\vee\alpha)$，$\sim\sim(-\alpha\vee\sim-\alpha\vee-\beta\vee\sim\sim-\beta)$
$\vdash\sim\sim\sim(-\alpha\vee\sim-\alpha\vee-\beta\vee\sim\sim-\beta)$ 85

87. $\sim\sim(-\alpha\to-\beta)$，$\sim(\beta\to\alpha)$，$\sim(\neg\beta\vee\alpha)$，$\sim\sim(-\alpha\vee\sim-\alpha\vee-\beta\vee\sim\sim-\beta)$
$\vdash\sim\sim(-\alpha\vee\sim-\alpha\vee-\beta\vee\sim\sim-\beta)$

88. $\sim\sim(-\alpha\to-\beta)$，$\sim(\beta\to\alpha)$，$\sim(\neg\beta\vee\alpha)$，$\sim\sim(-\alpha\vee\sim-\alpha\vee-\beta\vee\sim\sim-\beta)$
$\vdash\beta\to\alpha$ 86，87

89. $\sim\sim(-\alpha\to-\beta)$，$\sim(\beta\to\alpha)$，$\sim(\neg\beta\vee\alpha)\vdash\beta\to\alpha$ 68，81，88

90. $\sim\sim(-\alpha\to-\beta)$，$\sim(\beta\to\alpha)$，$\sim(\beta\vee\sim\beta\vee\alpha\vee\sim\sim\alpha)\vdash\sim\beta\wedge\sim\sim\beta\wedge\sim\alpha\wedge\sim\sim\sim\alpha$

91. $\sim\sim(-\alpha\to-\beta)$，$\sim(\beta\to\alpha)$，$\sim(\beta\vee\sim\beta\vee\alpha\vee\sim\sim\alpha)\vdash\sim\beta\wedge\sim\sim\beta$ 90

92. $\sim\sim(-\alpha\to-\beta)$，$\sim(\beta\to\alpha)$，$\sim(\beta\vee\sim\beta\vee\alpha\vee\sim\sim\alpha)\vdash\beta\to\alpha$ 91

93. $\sim\sim(-\alpha\to-\beta)$，$\sim(\beta\to\alpha)\vdash\beta\to\alpha$ 64，89，92

94. $\sim\sim(-\alpha\to-\beta)\vdash(\beta\to\alpha)\vee((\beta\to\alpha)\vee\sim\sim(\beta\to\alpha))$ 93

95. $\sim\sim(-\alpha\to-\beta)\vdash((\beta\to\alpha)\vee(\beta\to\alpha))\vee\sim\sim(\beta\to\alpha)$ 94

96. $(\beta\to\alpha)\vee(\beta\to\alpha)\vdash\beta\to\alpha$

97. $((\beta\to\alpha)\vee(\beta\to\alpha))\vee\sim\sim(\beta\to\alpha)\vdash(\beta\to\alpha)\vee\sim\sim(\beta\to\alpha)$ 96

98. $\sim\sim(-\alpha\to-\beta)\vdash(\beta\to\alpha)\vee\sim\sim(\beta\to\alpha)$ 95，97

99. $\vdash(-\alpha\to-\beta)\vee\sim(-\alpha\to-\beta)\vee(\beta\to\alpha)\vee\sim\sim(\beta\to\alpha)$ 98

100. $\vdash(\neg(-\alpha\to-\beta)\vee(\beta\to\alpha))\wedge((-\alpha\to-\beta)\vee\sim(-\alpha\to-\beta)\vee(\beta\to\alpha)$
$\vee\sim\sim(\beta\to\alpha))$ 61，99

101. $\vdash(-\alpha\to-\beta)\to(\beta\to\alpha)$ 100 $\to$的定义

定理 4.3.10 $\vdash((\alpha\to-\alpha)\to\alpha)\to\alpha$

证明：

1. $(\alpha\to-\alpha)\to\alpha\vdash(\alpha\to-\alpha)\to\alpha$

2. $(\alpha\to-\alpha)\to\alpha\vdash(\neg(\alpha\to-\alpha)\vee\alpha)\wedge((\alpha\to-\alpha)\vee\sim(\alpha\to-\alpha)$
$\vee\alpha\vee\sim\sim\alpha)$ 1 $\to$的定义

3. $(\alpha\to-\alpha)\to\alpha\vdash\neg(\alpha\to-\alpha)\vee\alpha$ 2

4. $(\alpha\to-\alpha)\to\alpha$，$\neg(\alpha\to-\alpha)\vdash\neg(\alpha\to-\alpha)$

5. $(\alpha\to-\alpha)\to\alpha$，$\neg(\alpha\to-\alpha)\vdash\neg((\neg\alpha\vee-\alpha)\wedge(\alpha\vee\sim\alpha\vee-\alpha\vee\sim\sim-\alpha))$
4 $\to$的定义

6. $(\alpha\to-\alpha)\to\alpha$，$\neg(\alpha\to-\alpha)\vdash\neg(\neg\alpha\vee-\alpha)\vee\neg(\alpha\vee\sim\alpha\vee-\alpha\vee\sim\sim-\alpha)$ 5

7. $(\alpha\to-\alpha)\to\alpha$，$\neg(\alpha\to-\alpha)$，$\neg(\neg\alpha\vee-\alpha)\vdash\neg\neg\alpha\wedge\neg\neg-\alpha$

8. $(\alpha\to-\alpha)\to\alpha$，$\neg(\alpha\to-\alpha)$，$\neg(\neg\alpha\vee-\alpha)\vdash\neg\neg\alpha$

9. $(\alpha\to-\alpha)\to\alpha$，$\neg(\alpha\to-\alpha)$，$\neg(\neg\alpha\vee-\alpha)\vdash\alpha$

10. $(\alpha\to-\alpha)\to\alpha$，$\neg(\alpha\to-\alpha)$，$\neg(\alpha\vee\sim\alpha\vee-\alpha\vee\sim\sim-\alpha)$，$\sim\alpha\vdash\alpha\vee\sim\alpha$

11. $(\alpha\to-\alpha)\to\alpha$，$\neg(\alpha\to-\alpha)$，$\neg(\alpha\vee\sim\alpha\vee-\alpha\vee\sim\sim-\alpha)$，$\sim\alpha$
$\vdash\alpha\vee\sim\alpha\vee-\alpha\vee\sim\sim-\alpha$ 10

12. $(\alpha\to-\alpha)\to\alpha$，$\neg(\alpha\to-\alpha)$，$\neg(\alpha\vee\sim\alpha\vee-\alpha\vee\sim\sim-\alpha)$，$\sim\alpha$
$\vdash\neg(\alpha\vee\sim\alpha\vee-\alpha\vee\sim\sim-\alpha)$

13. $(\alpha\to-\alpha)\to\alpha$，$\neg(\alpha\to-\alpha)$，$\neg(\alpha\vee\sim\alpha\vee-\alpha\vee\sim\sim-\alpha)$，$\sim\alpha\vdash\beta\wedge\sim\beta$　　11，12

14. $\sim\sim\alpha$，$-\alpha\vdash-\alpha$

15. $\sim\sim\alpha$，$-\alpha\vdash\sim(\alpha\wedge\sim\alpha)\wedge(\alpha\vee\sim\alpha)$　　14 –的定义

16. $\sim\sim\alpha$，$-\alpha\vdash\alpha\vee\sim\alpha$　　15

17. $\sim\sim\alpha$，$-\alpha$，$\alpha\vdash\alpha$

18. $\sim\sim\alpha$，$-\alpha$，$\alpha\vdash\sim\sim\sim\alpha$　　17

19. $\sim\sim\alpha$，$-\alpha$，$\alpha\vdash\sim\sim\alpha$

20. $\sim\sim\alpha$，$-\alpha$，$\alpha\vdash\beta\wedge\sim\beta$　　18，19

21. $\sim\sim\alpha$，$-\alpha$，$\sim\alpha\vdash\sim\alpha$

22. $\sim\sim\alpha$，$-\alpha$，$\sim\alpha\vdash\sim\sim\alpha$

23. $\sim\sim\alpha$，$-\alpha$，$\sim\alpha\vdash\beta\wedge\sim\beta$　　21，22

24. $\sim\sim\alpha$，$-\alpha\vdash\beta\wedge\sim\beta$　　16，20，23

25. $\sim\sim\alpha$，$\sim-\alpha\vdash\sim-\alpha$

26. $\sim\sim\alpha$，$\sim-\alpha\vdash\sim(\sim(\alpha\wedge\sim\alpha)\wedge(\alpha\vee\sim\alpha))$　　25 –的定义

27. $\sim\sim\alpha$，$\sim-\alpha\vdash\sim\sim(\alpha\wedge\sim\alpha)\vee\sim(\alpha\vee\sim\alpha)$

28. $\sim\sim\alpha$，$\sim-\alpha$，$\sim\sim(\alpha\wedge\sim\alpha)\vdash\sim\sim\alpha$

29. $\sim\sim\alpha$，$\sim-\alpha$，$\sim\sim(\alpha\wedge\sim\alpha)\vdash\sim(\alpha\wedge\sim\alpha)$　　28

30. $\sim\sim\alpha$，$\sim-\alpha$，$\sim\sim(\alpha\wedge\sim\alpha)\vdash\sim\sim(\alpha\wedge\sim\alpha)$

31. $\sim\sim\alpha$，$\sim-\alpha$，$\sim\sim(\alpha\wedge\sim\alpha)\vdash\beta\wedge\sim\beta$　　29，30

32. $\sim\sim\alpha$，$\sim-\alpha$，$\sim(\alpha\vee\sim\alpha)\vdash\sim\alpha\wedge\sim\sim\alpha$　　31

33. $\sim\sim\alpha$，$\sim-\alpha$，$\sim(\alpha\vee\sim\alpha)\vdash\beta\wedge\sim\beta$　　32

34. $\sim\sim\alpha$，$\sim-\alpha\vdash\beta\wedge\sim\beta$　　27，31，33

35. $\sim\sim\alpha\vdash\sim\sim-\alpha$　　24，34

36. $\sim\sim\alpha\vdash-\alpha\vee\sim\sim-\alpha$　　35

37. $\sim\sim\alpha\vdash\alpha\vee\sim\alpha\vee-\alpha\vee\sim\sim-\alpha$　　36

38. $(\alpha\to-\alpha)\to\alpha$，$\neg(\alpha\to-\alpha)$，$\neg(\alpha\vee\sim\alpha\vee-\alpha\vee\sim\sim-\alpha)$，$\sim\sim\alpha$
$\vdash\alpha\vee\sim\alpha\vee-\alpha\vee\sim\sim-\alpha$　　37

39. $(\alpha\to-\alpha)\to\alpha$，$\neg(\alpha\to-\alpha)$，$\neg(\alpha\vee\sim\alpha\vee-\alpha\vee\sim\sim-\alpha)$，$\sim\sim\alpha$
$\vdash\neg(\alpha\vee\sim\alpha\vee-\alpha\vee\sim\sim-\alpha)$

40. $(\alpha\to-\alpha)\to\alpha$，$\neg(\alpha\to-\alpha)$，$\neg(\alpha\vee\sim\alpha\vee-\alpha\vee\sim\sim-\alpha)$，$\sim\sim\alpha$
$\vdash\beta\wedge\sim\beta$　　38，39

41. $(\alpha\to-\alpha)\to\alpha$，$\neg(\alpha\to-\alpha)$，$\neg(\alpha\vee\sim\alpha\vee-\alpha\vee\sim\sim-\alpha)\vdash\alpha$　　13，40

42. $(\alpha\to-\alpha)\to\alpha$，$\neg(\alpha\to-\alpha)\vdash\alpha$　　6，9，41

43. $(\alpha\to-\alpha)\to\alpha$，$\alpha\vdash\alpha$

44. $(\alpha\to-\alpha)\to\alpha\vdash\alpha$　　3，42，43

45. $\vdash\neg((\alpha\to-\alpha)\to\alpha)\vee\alpha$　　44

46. $\sim\sim((\alpha\to-\alpha)\to\alpha)$，$\sim\alpha\vdash\sim\sim((\alpha\to-\alpha)\to\alpha)$

47. $\sim\sim((\alpha\to-\alpha)\to\alpha)$，$\sim\alpha\vdash\sim\sim((\neg(\alpha\to-\alpha)\vee\alpha)\wedge((\alpha\to-\alpha)\vee\sim(\alpha\to-\alpha)\vee\alpha\vee\sim\sim\alpha))$　46 →的定义

48. $\sim\sim((\alpha\to-\alpha)\to\alpha)$，$\sim\alpha\vdash\sim\sim(\neg(\alpha\to-\alpha)\vee\alpha)\vee\sim\sim((\alpha\to-\alpha)\vee\sim(\alpha\to-\alpha)\vee\alpha\vee\sim\sim\alpha)$　47

49. $\sim\sim((\alpha\to-\alpha)\to\alpha)$，$\sim\alpha$，$\sim\sim(\neg(\alpha\to-\alpha)\vee\alpha)\vdash\sim\sim\neg(\alpha\to-\alpha)\vee\sim\sim\alpha$

50. $\sim\sim((\alpha\to-\alpha)\to\alpha)$，$\sim\alpha$，$\sim\sim(\neg(\alpha\to-\alpha)\vee\alpha)$，$\sim\sim\neg(\alpha\to-\alpha)\vdash\sim\sim\neg(\alpha\to-\alpha)$

51. $\sim\sim((\alpha\to-\alpha)\to\alpha)$，$\sim\alpha$，$\sim\sim(\neg(\alpha\to-\alpha)\vee\alpha)$，$\sim\sim\neg(\alpha\to-\alpha)\vdash\sim\sim\sim((\alpha\to-\alpha)\wedge\sim(\alpha\to-\alpha))$　50 ¬的定义

52. $\sim\sim((\alpha\to-\alpha)\to\alpha)$，$\sim\alpha$，$\sim\sim(\neg(\alpha\to-\alpha)\vee\alpha)$，$\sim\sim\neg(\alpha\to-\alpha)\vdash(\alpha\to-\alpha)\wedge\sim(\alpha\to-\alpha)$

53. $\sim\sim((\alpha\to-\alpha)\to\alpha)$，$\sim\alpha$，$\sim\sim(\neg(\alpha\to-\alpha)\vee\alpha)$，$\sim\sim\neg(\alpha\to-\alpha)\vdash\beta\wedge\sim\beta$　52

54. $\sim\sim((\alpha\to-\alpha)\to\alpha)$，$\sim\alpha$，$\sim\sim(\neg(\alpha\to-\alpha)\vee\alpha)$，$\sim\sim\alpha\vdash\sim\alpha$

55. $\sim\sim((\alpha\to-\alpha)\to\alpha)$，$\sim\alpha$，$\sim\sim(\neg(\alpha\to-\alpha)\vee\alpha)$，$\sim\sim\alpha\vdash\sim\sim\alpha$

56. $\sim\sim((\alpha\to-\alpha)\to\alpha)$，$\sim\alpha$，$\sim\sim(\neg(\alpha\to-\alpha)\vee\alpha)$，$\sim\sim\alpha\vdash\beta\wedge\sim\beta$　54，55

57. $\sim\sim((\alpha\to-\alpha)\to\alpha)$，$\sim\alpha$，$\sim\sim(\neg(\alpha\to-\alpha)\vee\alpha)\vdash\beta\wedge\sim\beta$　49，53，56

58. $\sim\alpha\vdash-\alpha$

59. $\sim\alpha\vdash\neg\alpha\vee-\alpha$　58

60. $\sim\alpha\vdash\alpha\vee\sim\alpha\vee-\alpha\vee\sim\sim-\alpha$

61. $\sim\alpha\vdash(\neg\alpha\vee-\alpha)\wedge(\alpha\vee\sim\alpha\vee-\alpha\vee\sim\sim-\alpha)$　59，60

62. $\sim\alpha\vdash\alpha\to-\alpha$　61 →的定义

63. $\sim\alpha\vdash(\alpha\to-\alpha)\vee\sim(\alpha\to-\alpha)$　62

64. $\sim\alpha\vdash(\alpha\to-\alpha)\vee\sim(\alpha\to-\alpha)\vee\alpha\vee\sim\sim\alpha$　63

65. $\sim\alpha\vdash\sim\sim\sim((\alpha\to-\alpha)\vee\sim(\alpha\to-\alpha)\vee\alpha\vee\sim\sim\alpha)$　64

66. $\sim\sim((\alpha\to-\alpha)\to\alpha)$，$\sim\alpha$，$\sim\sim((\alpha\to-\alpha)\vee\sim(\alpha\to-\alpha)\vee\alpha\vee\sim\sim\alpha)\vdash\sim\sim\sim((\alpha\to-\alpha)\vee\sim(\alpha\to-\alpha)\vee\alpha\vee\sim\sim\alpha)$　65

67. $\sim\sim((\alpha\to-\alpha)\to\alpha)$，$\sim\alpha$，$\sim\sim((\alpha\to-\alpha)\vee\sim(\alpha\to-\alpha)\vee\alpha\vee\sim\sim\alpha)\vdash\sim\sim((\alpha\to-\alpha)\vee\sim(\alpha\to-\alpha)\vee\alpha\vee\sim\sim\alpha)$

68. $\sim\sim((\alpha\to-\alpha)\to\alpha)$，$\sim\alpha$，$\sim\sim((\alpha\to-\alpha)\vee\sim(\alpha\to-\alpha)\vee\alpha\vee\sim\sim\alpha)\vdash\beta\wedge\sim\beta$　66，67

69. $\sim\sim((\alpha\to-\alpha)\to\alpha)$，$\sim\alpha\vdash\beta\wedge\sim\beta$　48，57，68

70. $\sim\sim((\alpha\to-\alpha)\to\alpha)$，$\sim\alpha\vdash\alpha$　69

71. $\sim\sim((\alpha\to-\alpha)\to\alpha)\vdash\alpha\vee(\alpha\vee\sim\sim\alpha)$　70

72. $\alpha\vee(\alpha\vee\sim\sim\alpha)\vdash(\alpha\vee\alpha)\vee\sim\sim\alpha$

73. $\sim\sim((\alpha\to-\alpha)\to\alpha)\vdash(\alpha\vee\alpha)\vee\sim\sim\alpha$　71，72

74. $\alpha\vee\alpha\vdash\alpha$

75. $(\alpha\vee\alpha)\vee\sim\sim\alpha\vdash\alpha\vee\sim\sim\alpha$　74

76. $\sim\sim((\alpha\to-\alpha)\to\alpha)\vdash\alpha\vee\sim\sim\alpha$　73，75

77. $\vdash((\alpha\to-\alpha)\to\alpha)\vee\sim((\alpha\to-\alpha)\to\alpha)\vee\alpha\vee\sim\sim\alpha$　76

78. $\vdash(\neg((\alpha\to-\alpha)\to\alpha)\vee\alpha)\wedge(((\alpha\to-\alpha)\to\alpha)\vee\sim((\alpha\to-\alpha)\to\alpha)$
$\vee\alpha\vee\sim\sim\alpha)$　45，77

79. $\vdash((\alpha\to-\alpha)\to\alpha)\to\alpha$　78 →的定义

定理 4.3.11　若Σ $\vdash\alpha\to\beta$，且Σ $\vdash\alpha$，则Σ $\vdash\beta$。

证明：

1. Σ $\vdash\alpha\to\beta$　假设前提
2. Σ $\vdash\alpha$　假设前提
3. Σ $\vdash(\sim(\alpha\wedge\sim\alpha)\vee\beta)\wedge(\alpha\vee\sim\alpha\vee\beta\vee\sim\sim\beta)$　1 →的定义
4. Σ $\vdash\sim(\alpha\wedge\sim\alpha)\vee\beta$
5. Σ，$\sim(\alpha\wedge\sim\alpha)\vdash\sim\alpha\vee\sim\sim\alpha$
6. Σ，$\sim(\alpha\wedge\sim\alpha)$，$\sim\alpha\vdash\alpha$　2
7. Σ，$\sim(\alpha\wedge\sim\alpha)$，$\sim\alpha\vdash\sim\alpha$
8. Σ，$\sim(\alpha\wedge\sim\alpha)$，$\sim\alpha\vdash\alpha\wedge\sim\alpha$　6，7
9. Σ，$\sim(\alpha\wedge\sim\alpha)$，$\sim\sim\alpha\vdash\alpha$　2
10. Σ，$\sim(\alpha\wedge\sim\alpha)$，$\sim\sim\alpha\vdash\sim\sim\sim\alpha$　9
11. Σ，$\sim(\alpha\wedge\sim\alpha)$，$\sim\sim\alpha\vdash\sim\sim\alpha$
12. Σ，$\sim(\alpha\wedge\sim\alpha)$，$\sim\sim\alpha\vdash\alpha\wedge\sim\alpha$　10，11
13. Σ，$\sim(\alpha\wedge\sim\alpha)\vdash\alpha\wedge\sim\alpha$　5，8，12
14. Σ，$\sim(\alpha\wedge\sim\alpha)\vdash\beta$　13
15. Σ，$\beta\vdash\beta$
16. Σ $\vdash\beta$　4，14，15

附录 2　第五章第二节证明对照

定义 5.2.1　$\neg\alpha =_{def} \sim(\alpha\wedge\sim\alpha)$

定理 5.2.1　Σ，$\sim\alpha\vdash\neg\alpha$

证明：

1. Σ，$\sim\alpha\vdash\sim\alpha$
2. Σ，$\sim\alpha\vdash\sim\alpha\vee\sim\sim\alpha$　　1
3. Σ，$\sim\alpha\vdash\sim(\alpha\wedge\sim\alpha)$　　2
4. Σ，$\sim\alpha\vdash\neg\alpha$　　3 $\neg$的定义

定理 5.2.2　Σ，$\sim\sim\alpha\vdash\neg\alpha$

证明：

1. Σ，$\sim\sim\alpha\vdash\sim\sim\alpha$
2. Σ，$\sim\sim\alpha\vdash\sim\alpha\vee\sim\sim\alpha$　　1
3. Σ，$\sim\sim\alpha\vdash\sim(\alpha\wedge\sim\alpha)$　　2
4. Σ，$\sim\sim\alpha\vdash\neg\alpha$　　3 $\neg$的定义

定理 5.2.3　Σ，$\alpha\vdash\neg\neg\alpha$

证明：

1. Σ，α，$\sim(\alpha\wedge\sim\alpha)\wedge\sim\sim(\alpha\wedge\sim\alpha)\vdash\sim(\alpha\wedge\sim\alpha)\wedge\sim\sim(\alpha\wedge\sim\alpha)$
2. Σ，α，$\sim\sim(\sim(\alpha\wedge\sim\alpha)\wedge\sim\sim(\alpha\wedge\sim\alpha))\vdash\sim\sim\sim(\alpha\wedge\sim\alpha)\vee\sim\sim\sim\sim(\alpha\wedge\sim\alpha)$　　1
3. Σ，α，$\sim\sim(\sim(\alpha\wedge\sim\alpha)\wedge\sim\sim(\alpha\wedge\sim\alpha))$，$\sim\sim\sim(\alpha\wedge\sim\alpha)\vdash\alpha\wedge\sim\alpha$
4. Σ，α，$\sim\sim(\sim(\alpha\wedge\sim\alpha)\wedge\sim\sim(\alpha\wedge\sim\alpha))$，$\sim\sim\sim\sim(\alpha\wedge\sim\alpha)\vdash\sim\sim\sim\sim(\alpha\wedge\sim\alpha)$
5. Σ，α，$\sim\sim(\sim(\alpha\wedge\sim\alpha)\wedge\sim\sim(\alpha\wedge\sim\alpha))$，$\sim\sim\sim\sim(\alpha\wedge\sim\alpha)\vdash\sim(\alpha\wedge\sim\alpha)$　　4
6. Σ，α，$\sim\sim(\sim(\alpha\wedge\sim\alpha)\wedge\sim\sim(\alpha\wedge\sim\alpha))$，$\sim\sim\sim\sim(\alpha\wedge\sim\alpha)\vdash\sim\alpha\vee\sim\sim\alpha$　　5
7. Σ，α，$\sim\sim(\sim(\alpha\wedge\sim\alpha)\wedge\sim\sim(\alpha\wedge\sim\alpha))$，$\sim\sim\sim\sim(\alpha\wedge\sim\alpha)$，$\sim\alpha\vdash\sim\alpha$
8. Σ，α，$\sim\sim(\sim(\alpha\wedge\sim\alpha)\wedge\sim\sim(\alpha\wedge\sim\alpha))$，$\sim\sim\sim\sim(\alpha\wedge\sim\alpha)$，$\sim\alpha\vdash\alpha$
9. Σ，α，$\sim\sim(\sim(\alpha\wedge\sim\alpha)\wedge\sim\sim(\alpha\wedge\sim\alpha))$，$\sim\sim\sim\sim(\alpha\wedge\sim\alpha)$，$\sim\alpha\vdash\alpha\wedge\sim\alpha$　　7，8
10. Σ，α，$\sim\sim(\sim(\alpha\wedge\sim\alpha)\wedge\sim\sim(\alpha\wedge\sim\alpha))$，$\sim\sim\sim\sim(\alpha\wedge\sim\alpha)$，$\sim\sim\alpha\vdash\alpha$
11. Σ，α，$\sim\sim(\sim(\alpha\wedge\sim\alpha)\wedge\sim\sim(\alpha\wedge\sim\alpha))$，$\sim\sim\sim\sim(\alpha\wedge\sim\alpha)$，$\sim\sim\alpha\vdash\sim\sim\sim\alpha$　　10
12. Σ，α，$\sim\sim(\sim(\alpha\wedge\sim\alpha)\wedge\sim\sim(\alpha\wedge\sim\alpha))$，$\sim\sim\sim\sim(\alpha\wedge\sim\alpha)$，$\sim\sim\alpha\vdash\sim\sim\alpha$
13. Σ，α，$\sim\sim(\sim(\alpha\wedge\sim\alpha)\wedge\sim\sim(\alpha\wedge\sim\alpha))$，$\sim\sim\sim\sim(\alpha\wedge\sim\alpha)$，$\sim\sim\alpha\vdash\alpha\wedge\sim\alpha$　　11，12

14. Σ，α，$\sim\sim(\sim(\alpha\wedge\sim\alpha)\wedge\sim\sim(\alpha\wedge\sim\alpha))$，$\sim\sim\sim\sim(\alpha\wedge\sim\alpha)\vdash\alpha\wedge\sim\alpha$　6，9，13
15. Σ，α，$\sim\sim(\sim(\alpha\wedge\sim\alpha)\wedge\sim\sim(\alpha\wedge\sim\alpha))\vdash\alpha\wedge\sim\alpha$　2，3，14
16. Σ，$\alpha\vdash\sim(\sim(\alpha\wedge\sim\alpha)\wedge\sim\sim(\alpha\wedge\sim\alpha))$　1，15
17. Σ，$\alpha\vdash\sim((\neg\alpha)\wedge\sim(\neg\alpha))$　16 $\neg$的定义
18. Σ，$\alpha\vdash\neg\neg\alpha$　17 $\neg$的定义

定理 5.2.4　Σ，$\neg\neg\alpha\vdash\alpha$

证明：

1. Σ，$\neg\neg\alpha\vdash\neg\neg\alpha$
2. Σ，$\neg\neg\alpha\vdash\sim(\sim(\alpha\wedge\sim\alpha)\wedge\sim\sim(\alpha\wedge\sim\alpha))$　1 $\neg$的定义
3. Σ，$\neg\neg\alpha\vdash\sim\sim(\alpha\wedge\sim\alpha)\vee\sim\sim\sim(\alpha\wedge\sim\alpha)$　2
4. Σ，$\neg\neg\alpha$，$\sim\sim(\alpha\wedge\sim\alpha)$，$\sim\alpha\vdash\sim(\alpha\wedge\sim\alpha)$
5. Σ，$\neg\neg\alpha$，$\sim\sim(\alpha\wedge\sim\alpha)$，$\sim\alpha\vdash\sim\sim(\alpha\wedge\sim\alpha)$
6. Σ，$\neg\neg\alpha$，$\sim\sim(\alpha\wedge\sim\alpha)$，$\sim\sim\alpha\vdash\sim(\alpha\wedge\sim\alpha)$
7. Σ，$\neg\neg\alpha$，$\sim\sim(\alpha\wedge\sim\alpha)$，$\sim\sim\alpha\vdash\sim\sim(\alpha\wedge\sim\alpha)$
8. Σ，$\neg\neg\alpha$，$\sim\sim(\alpha\wedge\sim\alpha)\vdash\alpha$　4，5，6，7
9. Σ，$\neg\neg\alpha$，$\sim\sim\sim(\alpha\wedge\sim\alpha)\vdash\alpha\wedge\sim\alpha$
10. Σ，$\neg\neg\alpha$，$\sim\sim\sim(\alpha\wedge\sim\alpha)\vdash\alpha$　9
11. Σ，$\neg\neg\alpha\vdash\alpha$　3，8，10

定理 5.2.5　Σ，$\neg\alpha\vdash\neg(\alpha\wedge\beta)$

证明：

1. Σ，$\neg\alpha$，$(\alpha\wedge\beta)\wedge\sim(\alpha\wedge\beta)\vdash\gamma\wedge\sim\gamma$
2. Σ，$\neg\alpha$，$\sim\sim((\alpha\wedge\beta)\wedge\sim(\alpha\wedge\beta))$，$\alpha\wedge\beta\vdash\neg\alpha$
3. Σ，$\neg\alpha$，$\sim\sim((\alpha\wedge\beta)\wedge\sim(\alpha\wedge\beta))$，$\alpha\wedge\beta\vdash\sim(\alpha\wedge\sim\alpha)$　2 $\neg$的定义
4. Σ，$\neg\alpha$，$\sim\sim((\alpha\wedge\beta)\wedge\sim(\alpha\wedge\beta))$，$\alpha\wedge\beta\vdash\sim\alpha\vee\sim\sim\alpha$　3
5. Σ，$\neg\alpha$，$\sim\sim((\alpha\wedge\beta)\wedge\sim(\alpha\wedge\beta))$，$\alpha\wedge\beta$，$\sim\alpha\vdash\sim\alpha$
6. Σ，$\neg\alpha$，$\sim\sim((\alpha\wedge\beta)\wedge\sim(\alpha\wedge\beta))$，$\alpha\wedge\beta$，$\sim\alpha\vdash\alpha\wedge\beta$
7. Σ，$\neg\alpha$，$\sim\sim((\alpha\wedge\beta)\wedge\sim(\alpha\wedge\beta))$，$\alpha\wedge\beta$，$\sim\alpha\vdash\alpha$　6
8. Σ，$\neg\alpha$，$\sim\sim((\alpha\wedge\beta)\wedge\sim(\alpha\wedge\beta))$，$\alpha\wedge\beta$，$\sim\alpha\vdash\gamma\wedge\sim\gamma$　5，7
9. Σ，$\neg\alpha$，$\sim\sim((\alpha\wedge\beta)\wedge\sim(\alpha\wedge\beta))$，$\alpha\wedge\beta$，$\sim\sim\alpha\vdash\sim\sim\alpha$
10. Σ，$\neg\alpha$，$\sim\sim((\alpha\wedge\beta)\wedge\sim(\alpha\wedge\beta))$，$\alpha\wedge\beta$，$\sim\sim\alpha\vdash\alpha\wedge\beta$
11. Σ，$\neg\alpha$，$\sim\sim((\alpha\wedge\beta)\wedge\sim(\alpha\wedge\beta))$，$\alpha\wedge\beta$，$\sim\sim\alpha\vdash\alpha$　10
12. Σ，$\neg\alpha$，$\sim\sim((\alpha\wedge\beta)\wedge\sim(\alpha\wedge\beta))$，$\alpha\wedge\beta$，$\sim\sim\alpha\vdash\sim\sim\sim\alpha$　11
13. Σ，$\neg\alpha$，$\sim\sim((\alpha\wedge\beta)\wedge\sim(\alpha\wedge\beta))$，$\alpha\wedge\beta$，$\sim\sim\alpha\vdash\gamma\wedge\sim\gamma$　9，12
14. Σ，$\neg\alpha$，$\sim\sim((\alpha\wedge\beta)\wedge\sim(\alpha\wedge\beta))$，$\alpha\wedge\beta\vdash\gamma\wedge\sim\gamma$　4，8，13
15. Σ，$\neg\alpha$，$\sim\sim((\alpha\wedge\beta)\wedge\sim(\alpha\wedge\beta))$，$\sim(\alpha\wedge\beta)\vdash\sim((\alpha\wedge\beta)\wedge\sim(\alpha\wedge\beta))$
16. Σ，$\neg\alpha$，$\sim\sim((\alpha\wedge\beta)\wedge\sim(\alpha\wedge\beta))$，$\sim(\alpha\wedge\beta)\vdash\sim\sim((\alpha\wedge\beta)\wedge\sim(\alpha\wedge\beta))$
17. Σ，$\neg\alpha$，$\sim\sim((\alpha\wedge\beta)\wedge\sim(\alpha\wedge\beta))$，$\sim(\alpha\wedge\beta)\vdash\gamma\wedge\sim\gamma$　15，16
18. Σ，$\neg\alpha$，$\sim\sim((\alpha\wedge\beta)\wedge\sim(\alpha\wedge\beta))$，$\sim\sim(\alpha\wedge\beta)\vdash\sim((\alpha\wedge\beta)\wedge\sim(\alpha\wedge\beta))$

19. Σ，$\neg\alpha$，$\sim\sim((\alpha\wedge\beta)\wedge\sim(\alpha\wedge\beta))$，$\sim\sim(\alpha\wedge\beta)\vdash\sim\sim((\alpha\wedge\beta)\wedge\sim(\alpha\wedge\beta))$

20. Σ，$\neg\alpha$，$\sim\sim((\alpha\wedge\beta)\wedge\sim(\alpha\wedge\beta))$，$\sim\sim(\alpha\wedge\beta)\vdash\gamma\wedge\sim\gamma$ 18，19

21. Σ，$\neg\alpha$，$\sim\sim((\alpha\wedge\beta)\wedge\sim(\alpha\wedge\beta))\vdash\sim\sim(\alpha\wedge\beta)$ 14，17

22. Σ，$\neg\alpha$，$\sim\sim((\alpha\wedge\beta)\wedge\sim(\alpha\wedge\beta))\vdash\sim(\alpha\wedge\beta)$ 14，20

23. Σ，$\neg\alpha$，$\sim\sim((\alpha\wedge\beta)\wedge\sim(\alpha\wedge\beta))\vdash\gamma\wedge\sim\gamma$ 21，22

24. Σ，$\neg\alpha\vdash\sim((\alpha\wedge\beta)\wedge\sim(\alpha\wedge\beta))$ 1，23

25. Σ，$\neg\alpha\vdash\neg(\alpha\wedge\beta)$ 24 $\neg$的定义

定理 5.2.6 Σ，$\neg\beta\vdash\neg(\alpha\wedge\beta)$

证明：

与上述定理类似。

定理 5.2.7 Σ，$\neg\alpha\vee\neg\beta\vdash\neg(\alpha\wedge\beta)$

证明：

1. Σ，$\neg\alpha\vdash\neg(\alpha\wedge\beta)$
2. Σ，$\neg\alpha\vee\neg\beta$，$\neg\alpha\vdash\neg(\alpha\wedge\beta)$ 1
3. Σ，$\neg\beta\vdash\neg(\alpha\wedge\beta)$
4. Σ，$\neg\alpha\vee\neg\beta$，$\neg\beta\vdash\neg(\alpha\wedge\beta)$ 3
5. Σ，$\neg\alpha\vee\neg\beta\vdash\neg\alpha\vee\neg\beta$
6. Σ，$\neg\alpha\vee\neg\beta\vdash\neg(\alpha\wedge\beta)$ 2，4，5

定理 5.2.8 $\Sigma\vdash\alpha\vee\neg\alpha$

证明：

1. Σ，$\sim\alpha\vdash\sim(\alpha\wedge\sim\alpha)$
2. Σ，$\sim\sim\alpha\vdash\sim(\alpha\wedge\sim\alpha)$
3. $\Sigma\vdash\alpha\vee\sim(\alpha\wedge\sim\alpha)$ 1，2
4. $\Sigma\vdash\alpha\vee\neg\alpha$ 3 $\neg$的定义

定理 5.2.9 $\Sigma\vdash\neg(\alpha\wedge\neg\alpha)$

证明：

1. $\Sigma\vdash\neg\alpha\vee\neg\neg\alpha$
2. $\neg\alpha\vee\neg\neg\alpha\vdash\neg(\alpha\wedge\neg\alpha)$
3. $\Sigma\vdash\neg(\alpha\wedge\neg\alpha)$ 1，2

定理 5.2.10

(1)$\neg\alpha\vdash\sim\alpha\vee\sim\sim\alpha$

(2)$\neg\sim\alpha\vdash\alpha\vee\sim\sim\alpha$

(3)$\neg\sim\sim\alpha\vdash\alpha\vee\sim\alpha$

证明：

(1)

1. $\neg\alpha\vdash\neg\alpha$ Ref
2. $\neg\alpha\vdash\sim(\alpha\wedge\sim\alpha)$ 1 $\neg$的定义
3. $\neg\alpha\vdash\sim\alpha\vee\sim\sim\alpha$ 2

(2)

1. $\neg\sim\alpha\vdash\neg\sim\alpha$　Ref
2. $\neg\sim\alpha\vdash\sim(\sim\alpha\wedge\sim\sim\alpha)$　1 ¬的定义
3. $\neg\sim\alpha\vdash\sim\sim\alpha\vee\sim\sim\sim\alpha$　2
4. $\sim\sim\sim\alpha\vdash\alpha$
5. $\sim\sim\alpha\vee\sim\sim\sim\alpha\vdash\sim\sim\alpha\vee\alpha$　3，4
6. $\neg\sim\alpha\vdash\sim\sim\alpha\vee\alpha$　5
7. $\neg\sim\alpha\vdash\alpha\vee\sim\sim\alpha$　6

(3)

1. $\neg\sim\sim\alpha\vdash\neg\sim\sim\alpha$　Ref
2. $\neg\sim\sim\alpha\vdash\sim(\sim\sim\alpha\wedge\sim\sim\sim\alpha)$　1 ¬的定义
3. $\neg\sim\sim\alpha\vdash\sim\sim\sim\alpha\vee\sim\sim\sim\sim\alpha$　2
4. $\neg\sim\sim\alpha$，$\sim\sim\sim\alpha\vdash\alpha$
5. $\neg\sim\sim\alpha$，$\sim\sim\sim\alpha\vdash\alpha\vee\sim\alpha$　4
6. $\neg\sim\sim\alpha$，$\sim\sim\sim\sim\alpha\vdash\sim\alpha$
7. $\neg\sim\sim\alpha$，$\sim\sim\sim\sim\alpha\vdash\alpha\vee\sim\alpha$　6
8. $\neg\sim\sim\alpha\vdash\alpha\vee\sim\alpha$　3，5，7

定义 5.2.2　$\alpha\supset\beta=_{def}\neg\alpha\vee\neg\neg\beta$

定理 5.2.11　$\vdash\alpha\supset(\beta\supset\alpha)$

证明：

1. $\vdash\neg\alpha\vee\neg\neg\alpha$
2. $\neg\alpha\vee\neg\neg\alpha\vdash(\neg\alpha\vee\neg\neg\alpha)\vee\neg\beta$
3. $\vdash(\neg\alpha\vee\neg\neg\alpha)\vee\neg\beta$　1，2
4. $\vdash\neg\alpha\vee(\neg\neg\alpha\vee\neg\beta)$　3
5. $\neg\alpha\vdash\neg\alpha\vee\neg\neg(\neg\beta\vee\neg\neg\alpha)$
6. $\neg\neg\alpha\vee\neg\beta\vdash\neg\beta\vee\neg\neg\alpha$
7. $\neg\neg\alpha\vee\neg\beta\vdash\neg\neg(\neg\beta\vee\neg\neg\alpha)$　6
8. $\neg\neg\alpha\vee\neg\beta\vdash\neg\alpha\vee\neg\neg(\neg\beta\vee\neg\neg\alpha)$
9. $\vdash\neg\alpha\vee\neg\neg(\neg\beta\vee\neg\neg\alpha)$　4，5，8
10. $\vdash\alpha\supset(\beta\supset\alpha)$　9 ⊃的定义

定理 5.2.12　$\neg(\alpha\wedge\beta)\vdash\neg\alpha\vee\neg\beta$

证明：

1. $\neg(\alpha\wedge\beta)$，$\alpha\wedge\sim\alpha\vdash\alpha\wedge\sim\alpha$
2. $\neg(\alpha\wedge\beta)$，$\alpha\wedge\sim\alpha\vdash\sim(\beta\wedge\sim\beta)$　1
3. $\neg(\alpha\wedge\beta)$，$\sim\sim(\alpha\wedge\sim\alpha)$，$\beta\wedge\sim\beta\vdash\beta\wedge\sim\beta$
4. $\sim((\alpha\wedge\beta)\wedge\sim(\alpha\wedge\beta))$，$\sim\sim(\alpha\wedge\sim\alpha)$，$\sim\sim(\beta\wedge\sim\beta)$，$\alpha\wedge\beta\vdash\sim((\alpha\wedge\beta)\wedge\sim(\alpha\wedge\beta))$
5. $\sim((\alpha\wedge\beta)\wedge\sim(\alpha\wedge\beta))$，$\sim\sim(\alpha\wedge\sim\alpha)$，$\sim\sim(\beta\wedge\sim\beta)$，$\alpha\wedge\beta\vdash\sim(\alpha\wedge\beta)\vee\sim\sim(\alpha\wedge\beta)$　4
6. $\sim((\alpha\wedge\beta)\wedge\sim(\alpha\wedge\beta))$，$\sim\sim(\alpha\wedge\sim\alpha)$，$\sim\sim(\beta\wedge\sim\beta)$，$\alpha\wedge\beta$，$\sim(\alpha\wedge\beta)\vdash\alpha\wedge\beta$

7. $\sim((\alpha\wedge\beta)\wedge\sim(\alpha\wedge\beta))$，$\sim\sim(\alpha\wedge\sim\alpha)$，$\sim\sim(\beta\wedge\sim\beta)$，$\alpha\wedge\beta$，$\sim(\alpha\wedge\beta)\vdash\sim(\alpha\wedge\beta)$

8. $\sim((\alpha\wedge\beta)\wedge\sim(\alpha\wedge\beta))$，$\sim\sim(\alpha\wedge\sim\alpha)$，$\sim\sim(\beta\wedge\sim\beta)$，$\alpha\wedge\beta$，$\sim(\alpha\wedge\beta)\vdash\gamma\wedge\sim\gamma$ 6，7

9. $\sim((\alpha\wedge\beta)\wedge\sim(\alpha\wedge\beta))$，$\sim\sim(\alpha\wedge\sim\alpha)$，$\sim\sim(\beta\wedge\sim\beta)$，$\alpha\wedge\beta$，$\sim\sim(\alpha\wedge\beta)\vdash\alpha\wedge\beta$

10. $\sim((\alpha\wedge\beta)\wedge\sim(\alpha\wedge\beta))$，$\sim\sim(\alpha\wedge\sim\alpha)$，$\sim\sim(\beta\wedge\sim\beta)$，$\alpha\wedge\beta$，$\sim\sim(\alpha\wedge\beta)\vdash\sim\sim\sim(\alpha\wedge\beta)$ 9

11. $\sim((\alpha\wedge\beta)\wedge\sim(\alpha\wedge\beta))$，$\sim\sim(\alpha\wedge\sim\alpha)$，$\sim\sim(\beta\wedge\sim\beta)$，$\alpha\wedge\beta$，$\sim\sim(\alpha\wedge\beta)\vdash\sim\sim(\alpha\wedge\beta)$

12. $\sim((\alpha\wedge\beta)\wedge\sim(\alpha\wedge\beta))$，$\sim\sim(\alpha\wedge\sim\alpha)$，$\sim\sim(\beta\wedge\sim\beta)$，$\alpha\wedge\beta$，$\sim\sim(\alpha\wedge\beta)\vdash\gamma\wedge\sim\gamma$ 10，11

13. $\sim((\alpha\wedge\beta)\wedge\sim(\alpha\wedge\beta))$，$\sim\sim(\alpha\wedge\sim\alpha)$，$\sim\sim(\beta\wedge\sim\beta)$，$\alpha\wedge\beta\vdash\gamma\wedge\sim\gamma$ 5，8，12

14. $\sim((\alpha\wedge\beta)\wedge\sim(\alpha\wedge\beta))$，$\sim\sim(\alpha\wedge\sim\alpha)$，$\sim\sim(\beta\wedge\sim\beta)$，$\sim(\alpha\wedge\beta)\vdash\sim(\alpha\wedge\beta)$

15. $\sim((\alpha\wedge\beta)\wedge\sim(\alpha\wedge\beta))$，$\sim\sim(\alpha\wedge\sim\alpha)$，$\sim\sim(\beta\wedge\sim\beta)$，$\sim(\alpha\wedge\beta)\vdash\sim\alpha\vee\sim\beta$ 14

16. $\sim((\alpha\wedge\beta)\wedge\sim(\alpha\wedge\beta))$，$\sim\sim(\alpha\wedge\sim\alpha)$，$\sim\sim(\beta\wedge\sim\beta)$，$\sim(\alpha\wedge\beta)$，$\sim\alpha\vdash\sim\alpha$

17. $\sim((\alpha\wedge\beta)\wedge\sim(\alpha\wedge\beta))$，$\sim\sim(\alpha\wedge\sim\alpha)$，$\sim\sim(\beta\wedge\sim\beta)$，$\sim(\alpha\wedge\beta)$，$\sim\alpha\vdash\sim(\alpha\wedge\sim\alpha)$ 16

18. $\sim((\alpha\wedge\beta)\wedge\sim(\alpha\wedge\beta))$，$\sim\sim(\alpha\wedge\sim\alpha)$，$\sim\sim(\beta\wedge\sim\beta)$，$\sim(\alpha\wedge\beta)$，$\sim\alpha\vdash\sim\sim(\alpha\wedge\sim\alpha)$

19. $\sim((\alpha\wedge\beta)\wedge\sim(\alpha\wedge\beta))$，$\sim\sim(\alpha\wedge\sim\alpha)$，$\sim\sim(\beta\wedge\sim\beta)$，$\sim(\alpha\wedge\beta)$，$\sim\alpha\vdash\gamma\wedge\sim\gamma$ 17，18

20. $\sim((\alpha\wedge\beta)\wedge\sim(\alpha\wedge\beta))$，$\sim\sim(\alpha\wedge\sim\alpha)$，$\sim\sim(\beta\wedge\sim\beta)$，$\sim(\alpha\wedge\beta)$，$\sim\beta\vdash\sim\beta$

21. $\sim((\alpha\wedge\beta)\wedge\sim(\alpha\wedge\beta))$，$\sim\sim(\alpha\wedge\sim\alpha)$，$\sim\sim(\beta\wedge\sim\beta)$，$\sim(\alpha\wedge\beta)$，$\sim\beta\vdash\sim(\beta\wedge\sim\beta)$ 20

22. $\sim((\alpha\wedge\beta)\wedge\sim(\alpha\wedge\beta))$，$\sim\sim(\alpha\wedge\sim\alpha)$，$\sim\sim(\beta\wedge\sim\beta)$，$\sim(\alpha\wedge\beta)$，$\sim\beta\vdash\sim\sim(\beta\wedge\sim\beta)$

23. $\sim((\alpha\wedge\beta)\wedge\sim(\alpha\wedge\beta))$，$\sim\sim(\alpha\wedge\sim\alpha)$，$\sim\sim(\beta\wedge\sim\beta)$，$\sim(\alpha\wedge\beta)$，$\sim\beta\vdash\gamma\wedge\sim\gamma$ 21，22

24. $\sim((\alpha\wedge\beta)\wedge\sim(\alpha\wedge\beta))$，$\sim\sim(\alpha\wedge\sim\alpha)$，$\sim\sim(\beta\wedge\sim\beta)$，$\sim(\alpha\wedge\beta)\vdash\gamma\wedge\sim\gamma$ 15，19，23

25. $\sim((\alpha\wedge\beta)\wedge\sim(\alpha\wedge\beta))$，$\sim\sim(\alpha\wedge\sim\alpha)$，$\sim\sim(\beta\wedge\sim\beta)$，$\sim\sim(\alpha\wedge\beta)\vdash\sim\sim(\alpha\wedge\beta)$

26. $\sim((\alpha\wedge\beta)\wedge\sim(\alpha\wedge\beta))$，$\sim\sim(\alpha\wedge\sim\alpha)$，$\sim\sim(\beta\wedge\sim\beta)$，$\sim\sim(\alpha\wedge\beta)\vdash\sim\sim\alpha\vee\sim\sim\beta$ 25

27. $\sim((\alpha\wedge\beta)\wedge\sim(\alpha\wedge\beta))$，$\sim\sim(\alpha\wedge\sim\alpha)$，$\sim\sim(\beta\wedge\sim\beta)$，$\sim\sim(\alpha\wedge\beta)$，$\sim\sim\alpha\vdash\sim(\alpha\wedge\sim\alpha)$

28. $\sim((\alpha\wedge\beta)\wedge\sim(\alpha\wedge\beta))$，$\sim\sim(\alpha\wedge\sim\alpha)$，$\sim\sim(\beta\wedge\sim\beta)$，$\sim\sim(\alpha\wedge\beta)$，$\sim\sim\alpha\vdash\sim\sim(\alpha\wedge\sim\alpha)$

29. $\sim((\alpha\wedge\beta)\wedge\sim(\alpha\wedge\beta))$，$\sim\sim(\alpha\wedge\sim\alpha)$，$\sim\sim(\beta\wedge\sim\beta)$，$\sim\sim(\alpha\wedge\beta)$，$\sim\sim\alpha\vdash\gamma\wedge\sim\gamma$ 27，28

30. $\sim((\alpha\wedge\beta)\wedge\sim(\alpha\wedge\beta))$，$\sim\sim(\alpha\wedge\sim\alpha)$，$\sim\sim(\beta\wedge\sim\beta)$，$\sim\sim(\alpha\wedge\beta)$，$\sim\sim\beta\vdash\sim(\beta\wedge\sim\beta)$

31. $\sim((\alpha\wedge\beta)\wedge\sim(\alpha\wedge\beta))$，$\sim\sim(\alpha\wedge\sim\alpha)$，$\sim\sim(\beta\wedge\sim\beta)$，$\sim\sim(\alpha\wedge\beta)$，$\sim\sim\beta\vdash\sim\sim(\beta\wedge\sim\beta)$

32. $\sim((\alpha\wedge\beta)\wedge\sim(\alpha\wedge\beta))$，$\sim\sim(\alpha\wedge\sim\alpha)$，$\sim\sim(\beta\wedge\sim\beta)$，$\sim\sim(\alpha\wedge\beta)$，$\sim\sim\beta\vdash\gamma\wedge\sim\gamma$ 30，31

33. $\sim((\alpha\wedge\beta)\wedge\sim(\alpha\wedge\beta))$，$\sim\sim(\alpha\wedge\sim\alpha)$，$\sim\sim(\beta\wedge\sim\beta)$，$\sim\sim(\alpha\wedge\beta)\vdash\gamma\wedge\sim\gamma$ 26，29，32

34. $\sim((\alpha\wedge\beta)\wedge\sim(\alpha\wedge\beta))$，$\sim\sim(\alpha\wedge\sim\alpha)$，$\sim\sim(\beta\wedge\sim\beta)\vdash\alpha\wedge\beta$　24，33
35. $\sim((\alpha\wedge\beta)\wedge\sim(\alpha\wedge\beta))$，$\sim\sim(\alpha\wedge\sim\alpha)$，$\sim\sim(\beta\wedge\sim\beta)\vdash\sim(\alpha\wedge\beta)$　13，33
36. $\sim((\alpha\wedge\beta)\wedge\sim(\alpha\wedge\beta))$，$\sim\sim(\alpha\wedge\sim\alpha)$，$\sim\sim(\beta\wedge\sim\beta)\vdash\gamma\wedge\sim\gamma$　34，35
37. $\sim((\alpha\wedge\beta)\wedge\sim(\alpha\wedge\beta))$，$\sim\sim(\alpha\wedge\sim\alpha)\vdash\sim(\beta\wedge\sim\beta)$　3，36
38. $\sim((\alpha\wedge\beta)\wedge\sim(\alpha\wedge\beta))\vdash\sim(\alpha\wedge\sim\alpha)\vee\sim(\beta\wedge\sim\beta)$　2，37
39. $\neg(\alpha\wedge\beta)\vdash\neg\alpha\vee\neg\beta$　38 $\neg$的定义

定理 5.2.13　若$\alpha\vdash\beta$，则$\neg\beta\vdash\neg\alpha$

证明：

1. $\alpha\vdash\beta$
2. $\sim(\beta\wedge\sim\beta)$，$\alpha\wedge\sim\alpha\vdash\alpha\wedge\sim\alpha$
3. $\sim(\beta\wedge\sim\beta)$，$\sim\sim(\alpha\wedge\sim\alpha)$，$\alpha\vdash\sim(\beta\wedge\sim\beta)$
4. $\sim(\beta\wedge\sim\beta)$，$\sim\sim(\alpha\wedge\sim\alpha)$，$\alpha\vdash\sim\beta\vee\sim\sim\beta$
5. $\sim(\beta\wedge\sim\beta)$，$\sim\sim(\alpha\wedge\sim\alpha)$，$\alpha$，$\sim\beta\vdash\sim\beta$
6. $\sim(\beta\wedge\sim\beta)$，$\sim\sim(\alpha\wedge\sim\alpha)$，$\alpha$，$\sim\beta\vdash\beta$　1
7. $\sim(\beta\wedge\sim\beta)$，$\sim\sim(\alpha\wedge\sim\alpha)$，$\alpha$，$\sim\beta\vdash\gamma\wedge\sim\gamma$　6，7
8. $\sim(\beta\wedge\sim\beta)$，$\sim\sim(\alpha\wedge\sim\alpha)$，$\alpha$，$\sim\sim\beta\vdash\beta$　1
9. $\sim(\beta\wedge\sim\beta)$，$\sim\sim(\alpha\wedge\sim\alpha)$，$\alpha$，$\sim\sim\beta\vdash\sim\sim\sim\beta$　8
10. $\sim(\beta\wedge\sim\beta)$，$\sim\sim(\alpha\wedge\sim\alpha)$，$\alpha$，$\sim\sim\beta\vdash\sim\sim\beta$
11. $\sim(\beta\wedge\sim\beta)$，$\sim\sim(\alpha\wedge\sim\alpha)$，$\alpha$，$\sim\sim\beta\vdash\gamma\wedge\sim\gamma$　9，10
12. $\sim(\beta\wedge\sim\beta)$，$\sim\sim(\alpha\wedge\sim\alpha)$，$\alpha\vdash\gamma\wedge\sim\gamma$　4，7，11
13. $\sim(\beta\wedge\sim\beta)$，$\sim\sim(\alpha\wedge\sim\alpha)$，$\sim\alpha\vdash\sim(\alpha\wedge\sim\alpha)$
14. $\sim(\beta\wedge\sim\beta)$，$\sim\sim(\alpha\wedge\sim\alpha)$，$\sim\alpha\vdash\sim\sim(\alpha\wedge\sim\alpha)$
15. $\sim(\beta\wedge\sim\beta)$，$\sim\sim(\alpha\wedge\sim\alpha)$，$\sim\alpha\vdash\gamma\wedge\sim\gamma$　13，14
16. $\sim(\beta\wedge\sim\beta)$，$\sim\sim(\alpha\wedge\sim\alpha)$，$\sim\sim\alpha\vdash\sim(\alpha\wedge\sim\alpha)$
17. $\sim(\beta\wedge\sim\beta)$，$\sim\sim(\alpha\wedge\sim\alpha)$，$\sim\sim\alpha\vdash\sim\sim(\alpha\wedge\sim\alpha)$
18. $\sim(\beta\wedge\sim\beta)$，$\sim\sim(\alpha\wedge\sim\alpha)$，$\sim\sim\alpha\vdash\gamma\wedge\sim\gamma$　16，17
19. $\sim(\beta\wedge\sim\beta)$，$\sim\sim(\alpha\wedge\sim\alpha)\vdash\alpha$　15，18
20. $\sim(\beta\wedge\sim\beta)$，$\sim\sim(\alpha\wedge\sim\alpha)\vdash\sim\alpha$　12，18
21. $\sim(\beta\wedge\sim\beta)$，$\sim\sim(\alpha\wedge\sim\alpha)\vdash\alpha\wedge\sim\alpha$　19，20
22. $\sim(\beta\wedge\sim\beta)\vdash\sim(\alpha\wedge\sim\alpha)$　21
23. $\neg\beta\vdash\neg\alpha$　22

定理 5.2.14　若$\alpha\vdash\neg\beta$，则$\beta\vdash\neg\alpha$

证明：

1. $\alpha\vdash\neg\beta$
2. $\neg\neg\beta\vdash\neg\alpha$　1
3. $\beta\vdash\neg\neg\beta$
4. $\beta\vdash\neg\alpha$　2，3

定理 5.2.15　若$\neg\alpha\vdash\beta$，则$\neg\beta\vdash\alpha$

证明：

1. $\neg\alpha \vdash \beta$
2. $\neg\beta \vdash \neg\neg\alpha$ 1
3. $\neg\neg\alpha \vdash \alpha$
4. $\neg\beta \vdash \alpha$ 2，3

定理 5.2.16 若$\neg\alpha \vdash \neg\beta$，则$\beta \vdash \alpha$

证明：

1. $\neg\alpha \vdash \neg\beta$
2. $\neg\neg\beta \vdash \neg\neg\alpha$ 1
3. $\beta \vdash \neg\neg\beta$
4. $\beta \vdash \neg\neg\alpha$ 2，3
5. $\beta \vdash \alpha$ 4

定理 5.2.17 若Σ，$\alpha \vdash \beta$，则$\Sigma \vdash \neg\alpha\vee\beta$

证明：

1. $\Sigma \vdash \alpha\vee\neg\alpha$
2. Σ，$\alpha \vdash \beta$
3. Σ，$\alpha \vdash \neg\alpha\vee\beta$ 2
4. Σ，$\neg\alpha \vdash \neg\alpha\vee\beta$
5. $\Sigma \vdash \neg\alpha\vee\beta$ 1，3，4

定理 5.2.18 若Σ，$\neg\alpha \vdash \beta$，则$\Sigma \vdash \alpha\vee\beta$

证明：

1. $\Sigma \vdash \alpha\vee\neg\alpha$
2. Σ，$\alpha \vdash \alpha\vee\beta$
3. Σ，$\neg\alpha \vdash \beta$
4. Σ，$\neg\alpha \vdash \alpha\vee\beta$ 3
5. $\Sigma \vdash \alpha\vee\beta$ 1，2，4

定理 5.2.19 $\neg(\alpha\vee\beta) \vdash \neg\alpha\wedge\neg\beta$

证明：

1. $\alpha \vdash \alpha\vee\beta$
2. $\neg(\alpha\vee\beta) \vdash \neg\alpha$ 1
3. $\beta \vdash \alpha\vee\beta$
4. $\neg(\alpha\vee\beta) \vdash \neg\beta$ 3
5. $\neg(\alpha\vee\beta) \vdash \neg\alpha\wedge\neg\beta$ 2，4

定理 5.2.20 $\neg\alpha\wedge\neg\beta \vdash \neg(\alpha\vee\beta)$

证明：

1. $\alpha\vee\beta \vdash \alpha\vee\beta$
2. $\alpha \vdash \neg\neg\alpha$
3. $\alpha \vdash \neg\neg\alpha\vee\neg\neg\beta$ 2

4. $\beta \vdash \neg\neg\beta$	
5. $\beta \vdash \neg\neg\alpha \vee \neg\neg\beta$	4
6. $\alpha \vee \beta \vdash \neg\neg\alpha \vee \neg\neg\beta$	1，3，5
7. $\alpha \vee \beta \vdash \neg(\neg\alpha \wedge \neg\beta)$	6
8. $\neg\alpha \wedge \neg\beta \vdash \neg(\alpha \vee \beta)$	7

定理 5.2.21　$\vdash (\alpha \supset (\beta \supset \gamma)) \supset ((\alpha \supset \beta) \supset (\alpha \supset \gamma))$

证明：

1. $\vdash (\alpha \wedge \neg\neg(\beta \wedge \neg\gamma)) \vee \neg(\alpha \wedge \neg\neg(\beta \wedge \neg\gamma))$	
2. $\alpha \wedge \neg\neg(\beta \wedge \neg\gamma) \vdash \neg\neg(\alpha \wedge \neg\neg(\beta \wedge \neg\gamma))$	
3. $\neg\alpha \vee \neg\neg\neg(\beta \wedge \neg\gamma) \vdash \neg(\alpha \wedge \neg\neg(\beta \wedge \neg\gamma))$	
4. $\neg\neg(\alpha \wedge \neg\neg(\beta \wedge \neg\gamma)) \vdash \neg(\neg\alpha \vee \neg\neg\neg(\beta \wedge \neg\gamma))$	3
5. $\neg\beta \vee \neg\neg\gamma \vdash \neg(\beta \wedge \neg\gamma)$	
6. $\neg\neg(\neg\beta \vee \neg\neg\gamma) \vdash \neg\beta \vee \neg\neg\gamma$	
7. $\neg(\beta \wedge \neg\gamma) \vdash \neg\neg\neg(\beta \wedge \neg\gamma)$	
8. $\neg\neg(\neg\beta \vee \neg\neg\gamma) \vdash \neg\neg\neg(\beta \wedge \neg\gamma)$	6，5，7
9. $\neg\alpha \vee \neg\neg(\neg\beta \vee \neg\neg\gamma) \vdash \neg\alpha \vee \neg\neg\neg(\beta \wedge \neg\gamma)$	8
10. $\neg(\neg\alpha \vee \neg\neg\neg(\beta \wedge \neg\gamma)) \vdash \neg(\neg\alpha \vee \neg\neg(\neg\beta \vee \neg\neg\gamma))$	9
11. $\neg\neg(\alpha \wedge \neg\neg(\beta \wedge \neg\gamma)) \vdash \neg(\neg\alpha \vee \neg\neg(\neg\beta \vee \neg\neg\gamma))$	4，10
12. $\alpha \wedge \neg\neg(\beta \wedge \neg\gamma) \vdash \neg(\neg\alpha \vee \neg\neg(\neg\beta \vee \neg\neg\gamma))$	2，11
13. $\neg(\alpha \wedge \neg\neg(\beta \wedge \neg\gamma)) \vdash \neg\alpha \vee \neg\neg\neg(\beta \wedge \neg\gamma)$	
14. $\neg\neg\neg(\beta \wedge \neg\gamma) \vdash \neg(\beta \wedge \neg\gamma)$	
15. $\neg\neg\neg(\beta \wedge \neg\gamma) \vdash \neg\beta \vee \neg\neg\gamma$	14
16. $\neg\alpha \vee \neg\neg\neg(\beta \wedge \neg\gamma) \vdash \neg\alpha \vee (\neg\beta \vee \neg\neg\gamma)$	15
17. $\neg\alpha \vee \neg\neg\neg(\beta \wedge \neg\gamma) \vdash (\neg\alpha \vee \neg\beta) \vee \neg\neg\gamma$	16
18. $\neg(\alpha \wedge \neg\neg(\beta \wedge \neg\gamma)) \vdash (\neg\alpha \vee \neg\beta) \vee \neg\neg\gamma$	13，17
19. $\neg\alpha \vee \neg\beta \vdash \neg\alpha \vee \neg\beta$	
20. $\vdash \alpha \vee \neg\alpha$	
21. $\vdash \neg\alpha \vee \alpha$	20
22. $\neg\alpha \vee \neg\beta \vdash \neg\alpha \vee \alpha$	21
23. $\neg\alpha \vee \neg\beta \vdash (\neg\alpha \vee \alpha) \wedge (\neg\alpha \vee \neg\beta)$	19，22
24. $(\neg\alpha \vee \alpha) \wedge (\neg\alpha \vee \neg\beta) \vdash \neg\alpha \vee (\alpha \wedge \neg\beta)$	
25. $(\neg\alpha \vee \alpha) \wedge (\neg\alpha \vee \neg\beta) \vdash (\alpha \wedge \neg\beta) \vee \neg\alpha$	24
26. $\neg\alpha \vee \neg\beta \vdash (\alpha \wedge \neg\beta) \vee \neg\alpha$	23，25
27. $(\neg\alpha \vee \neg\beta) \vee \neg\neg\gamma \vdash ((\alpha \wedge \neg\beta) \vee \neg\alpha) \vee \neg\neg\gamma$	26
28. $(\neg\alpha \vee \neg\beta) \vee \neg\neg\gamma \vdash (\alpha \wedge \neg\beta) \vee (\neg\alpha \vee \neg\neg\gamma)$	27
29. $\neg(\alpha \wedge \neg\neg(\beta \wedge \neg\gamma)) \vdash (\alpha \wedge \neg\beta) \vee (\neg\alpha \vee \neg\neg\gamma)$	18，28
30. $\neg\alpha \vee \neg\neg\beta \vdash \neg(\alpha \wedge \neg\beta)$	
31. $\neg\neg(\alpha \wedge \neg\beta) \vdash \neg(\neg\alpha \vee \neg\neg\beta)$	30

32. $\alpha\wedge\neg\beta\vdash\neg\neg(\alpha\wedge\neg\beta)$
33. $\alpha\wedge\neg\beta\vdash\neg(\neg\alpha\vee\neg\neg\beta)$ 31，32
34. $\neg\alpha\vee\neg\neg\gamma\vdash\neg\neg(\neg\alpha\vee\neg\neg\gamma)$
35. $\neg(\alpha\wedge\neg\neg(\beta\wedge\neg\gamma))$，$\alpha\wedge\neg\beta\vdash\neg(\neg\alpha\vee\neg\neg\beta)$ 33
36. $\neg(\alpha\wedge\neg\neg(\beta\wedge\neg\gamma))$，$\alpha\wedge\neg\beta\vdash\neg(\neg\alpha\vee\neg\neg\beta)\vee\neg\neg(\neg\alpha\vee\neg\neg\gamma)$ 35
37. $\neg(\alpha\wedge\neg\neg(\beta\wedge\neg\gamma))$，$\neg\alpha\vee\neg\neg\gamma\vdash\neg\neg(\neg\alpha\vee\neg\neg\gamma)$ 34
38. $\neg(\alpha\wedge\neg\neg(\beta\wedge\neg\gamma))$，$\neg\alpha\vee\neg\neg\gamma\vdash\neg(\neg\alpha\vee\neg\neg\beta)\vee\neg\neg(\neg\alpha\vee\neg\neg\gamma)$ 37
39. $\neg(\alpha\wedge\neg\neg(\beta\wedge\neg\gamma))\vdash\neg(\neg\alpha\vee\neg\neg\beta)\vee\neg\neg(\neg\alpha\vee\neg\neg\gamma)$ 29，36，38
40. $\neg(\alpha\wedge\neg\neg(\beta\wedge\neg\gamma))\vdash\neg\neg(\neg(\neg\alpha\vee\neg\neg\beta)\vee\neg\neg(\neg\alpha\vee\neg\neg\gamma))$ 39
41. $\vdash\neg(\neg\alpha\vee\neg\neg(\neg\beta\vee\neg\neg\gamma))\vee\neg\neg(\neg(\neg\alpha\vee\neg\neg\beta)\vee\neg\neg(\neg\alpha\vee\neg\neg\gamma))$ 1，12，40
42. $\vdash(\alpha\supset(\beta\supset\gamma))\supset((\alpha\supset\beta)\supset(\alpha\supset\gamma))$ 41 ⊃的定义

定理 5.2.22 $\vdash(\neg\alpha\supset\beta)\supset((\neg\alpha\supset\neg\beta)\supset\alpha)$

证明：

1. $\vdash\neg(\neg\neg\alpha\vee\neg\neg\beta)\vee\neg\neg(\neg\neg\alpha\vee\neg\neg\beta)$
2. $\neg\neg(\neg\neg\alpha\vee\neg\neg\beta)\vdash\neg\neg\alpha\vee\neg\neg\beta$
3. $\neg\neg\beta\vdash\neg\neg\neg\neg\beta$
4. $\neg\neg\alpha\vee\neg\neg\beta\vdash\neg\neg\alpha\vee\neg\neg\neg\neg\beta$ 3
5. $\neg\neg\alpha\vee\neg\neg\beta\vdash\neg\neg\alpha\vee\neg\neg\neg\alpha$
6. $\neg\neg\alpha\vee\neg\neg\beta\vdash(\neg\neg\alpha\vee\neg\neg\neg\alpha)\wedge(\neg\neg\alpha\vee\neg\neg\neg\neg\beta)$ 5，4
7. $\neg\neg\alpha\vee\neg\neg\beta\vdash\neg\neg\alpha\vee(\neg\neg\neg\alpha\wedge\neg\neg\neg\neg\beta)$ 6
8. $\neg\neg\neg\alpha\wedge\neg\neg\neg\neg\beta\vdash\neg(\neg\neg\alpha\vee\neg\neg\neg\beta)$
9. $\neg\neg\alpha\vee(\neg\neg\neg\alpha\wedge\neg\neg\neg\neg\beta)\vdash\neg\neg\alpha\vee(\neg(\neg\neg\alpha\vee\neg\neg\neg\beta))$ 8
10. $\neg\neg\alpha\vee(\neg\neg\neg\alpha\wedge\neg\neg\neg\neg\beta)\vdash(\neg(\neg\neg\alpha\vee\neg\neg\neg\beta))\vee\neg\neg\alpha$ 9
11. $\neg\neg\alpha\vee\neg\neg\beta\vdash(\neg(\neg\neg\alpha\vee\neg\neg\neg\beta))\vee\neg\neg\alpha$ 7，10
12. $\neg\neg(\neg\neg\alpha\vee\neg\neg\beta)\vdash(\neg(\neg\neg\alpha\vee\neg\neg\neg\beta))\vee\neg\neg\alpha$ 2，11
13. $\neg\neg(\neg\neg\alpha\vee\neg\neg\beta)\vdash\neg\neg((\neg(\neg\neg\alpha\vee\neg\neg\neg\beta))\vee\neg\neg\alpha)$ 12
14. $\neg(\neg\neg\alpha\vee\neg\neg\beta)\vee\neg\neg(\neg\neg\alpha\vee\neg\neg\beta)\vdash\neg(\neg\neg\alpha\vee\neg\neg\beta)\vee\neg\neg((\neg(\neg\neg\alpha\vee\neg\neg\neg\beta))\vee\neg\neg\alpha)$ 13
15. $\vdash\neg(\neg\neg\alpha\vee\neg\neg\beta)\vee\neg\neg((\neg(\neg\neg\alpha\vee\neg\neg\neg\beta))\vee\neg\neg\alpha)$ 1，14
16. $\vdash(\neg\alpha\supset\beta)\supset((\neg\alpha\supset\neg\beta)\supset\alpha)$ 15 ⊃的定义

定理 5.2.23 $\vdash(\neg\alpha\supset\neg\beta)\supset(\beta\supset\alpha)$

证明：

1. $\neg\neg\neg\beta\vdash\neg\beta$
2. $\neg\neg\alpha\vee\neg\neg\neg\beta\vdash\neg\neg\alpha\vee\neg\beta$ 1
3. $\neg\neg\alpha\vee\neg\neg\neg\beta\vdash\neg\beta\vee\neg\neg\alpha$ 2
4. $\neg\neg\alpha\vee\neg\neg\neg\beta\vdash\neg\neg(\neg\beta\vee\neg\neg\alpha)$ 3
5. $\vdash\neg(\neg\neg\alpha\vee\neg\neg\neg\beta)\vee\neg\neg(\neg\beta\vee\neg\neg\alpha)$ 4
6. $\vdash(\neg\alpha\supset\neg\beta)\supset(\beta\supset\alpha)$ 5 ⊃的定义

定理 5.2. 24　若$\Sigma\vdash\alpha\vee\beta$，且$\Sigma\vdash\neg\alpha$，则$\Sigma\vdash\beta$。

证明：

1. $\Sigma\vdash\alpha\vee\beta$
2. Σ，$\sim\alpha\vdash\beta$　　1
3. Σ，$\sim\sim\alpha\vdash\beta$　　1
4. $\Sigma\vdash\neg\alpha$
5. $\Sigma\vdash\sim(\alpha\wedge\sim\alpha)$　　4 $\neg$的定义
6. $\Sigma\vdash\sim\alpha\vee\sim\sim\alpha$　　5
7. $\Sigma\vdash\beta$　　6，2，3

定理 5.2.25　若$\Sigma\vdash\alpha\supset\beta$，且$\Sigma\vdash\alpha$，则$\Sigma\vdash\beta$。

证明：

1. $\Sigma\vdash\alpha\supset\beta$
2. $\Sigma\vdash\neg\alpha\vee\neg\neg\beta$　　1 $\supset$的定义
3. $\Sigma\vdash\alpha$
4. $\Sigma\vdash\neg\neg\alpha$　　3
5. $\Sigma\vdash\beta$　　2，4

定理 5.2.26　若$\alpha\vdash\beta$，则$\neg\beta\vdash\neg\alpha$。

证明：

1. $\neg\beta\vdash\alpha\vee\neg\alpha$
2. $\alpha\vdash\beta$
3. $\neg\beta$，$\alpha\vdash\beta$　　2
4. $\neg\beta$，$\alpha\vdash\neg\beta$
5. $\neg\beta$，$\alpha\vdash\neg\alpha$　　3，4
6. $\neg\beta$，$\neg\alpha\vdash\neg\alpha$
7. $\neg\beta\vdash\neg\alpha$　　1，5，6

定理 5.2.27　若$\neg\alpha\vdash\beta$，则$\neg\beta\vdash\alpha$。

证明：

1. $\neg\alpha\vdash\beta$
2. $\neg\beta\vdash\neg\neg\alpha$　　1
3. $\neg\beta\vdash\alpha$　　2

定理 5.2.28　若$\alpha\vdash\neg\beta$，则$\beta\vdash\neg\alpha$。

证明：

1. $\alpha\vdash\neg\beta$
2. $\neg\neg\beta\vdash\neg\alpha$　　1
3. $\beta\vdash\neg\neg\beta$
4. $\beta\vdash\neg\beta$　　2，3

定理 5.2.29　若$\neg\alpha\vdash\neg\beta$，则$\beta\vdash\alpha$。

证明：

1. $\neg\alpha\vdash\neg\beta$
2. $\neg\neg\beta\vdash\neg\neg\alpha$ 1
3. $\neg\neg\beta\vdash\alpha$ 2
4. $\beta\vdash\neg\neg\beta$
5. $\beta\vdash\neg\beta$ 3，4

定理 5.2.30 $\vdash(\alpha\vee\alpha)\supset\alpha$

证明：

1. $\alpha\vee\alpha\vdash\alpha$
2. $\neg\alpha\vdash\neg(\alpha\vee\alpha)$ 1
3. $\neg\alpha\vee\neg\neg\alpha\vdash\neg(\alpha\vee\alpha)\vee\neg\neg\alpha$ 2
4. $\vdash\neg\alpha\vee\neg\neg\alpha$
5. $\vdash\neg(\alpha\vee\alpha)\vee\neg\neg\alpha$ 3，4
6. $\vdash(\alpha\vee\alpha)\supset\alpha$ 5 ⊃的定义

定理 5.2.31 $\vdash\alpha\supset\alpha\vee\beta$

证明：

1. $\alpha\vdash\alpha\vee\beta$
2. $\alpha\vdash\neg\neg(\alpha\vee\beta)$ 1
3. $\neg\neg\alpha\vdash\alpha$
4. $\neg\neg\alpha\vdash\neg\neg(\alpha\vee\beta)$ 2，3
5. $\neg\alpha\vee\neg\neg\alpha\vdash\neg\alpha\vee\neg\neg(\alpha\vee\beta)$ 4
6. $\vdash\neg\alpha\vee\neg\neg\alpha$
7. $\vdash\neg\alpha\vee\neg\neg(\alpha\vee\beta)$ 5，6
8. $\vdash\alpha\supset\alpha\vee\beta$ 7 ⊃的定义

定理 5.2.32 $\vdash\alpha\vee\beta\supset\beta\vee\alpha$

证明：

1. $\vdash\neg(\alpha\vee\beta)\vee\neg\neg(\alpha\vee\beta)$
2. $\alpha\vee\beta\vdash\beta\vee\alpha$
3. $\alpha\vee\beta\vdash\neg\neg(\beta\vee\alpha)$2
4. $\neg\neg(\alpha\vee\beta)\vdash\alpha\vee\beta$
5. $\neg\neg(\alpha\vee\beta)\vdash\neg\neg(\beta\vee\alpha)$3，4
6. $\neg(\alpha\vee\beta)\vee\neg\neg(\alpha\vee\beta)\vdash\neg(\alpha\vee\beta)\vee\neg\neg(\beta\vee\alpha)$ 5
7. $\vdash\neg(\alpha\vee\beta)\vee\neg\neg(\beta\vee\alpha)$ 1，6
8. $\vdash\alpha\vee\beta\supset\beta\vee\alpha$ 7 ⊃的定义

定理 5.2.33 $\vdash(\beta\supset\gamma)\supset(\alpha\vee\beta\supset\alpha\vee\gamma)$

证明：

1. $\vdash\alpha\vee\neg\alpha$
2. $\vdash\neg\alpha\vee\alpha$ 1
3. $\vdash\neg\alpha\vee\alpha\vee\gamma$ 2

4. $\neg\beta\vee\neg\neg\gamma\vdash\neg\beta\vee\neg\neg\gamma$
5. $\neg\beta\vee\neg\neg\gamma$，$\neg\beta\vdash\neg\beta\vee\alpha\vee\gamma$
6. $\neg\beta\vee\neg\neg\gamma$，$\neg\neg\gamma\vdash\gamma$
7. $\neg\beta\vee\neg\neg\gamma$，$\neg\neg\gamma\vdash\neg\beta\vee\alpha\vee\gamma$　6
8. $\neg\beta\vee\neg\neg\gamma\vdash\neg\beta\vee\alpha\vee\gamma$　4，5，7
9. $\neg\beta\vee\neg\neg\gamma\vdash\neg\alpha\vee\alpha\vee\gamma$　3
10. $\neg\beta\vee\neg\neg\gamma\vdash(\neg\alpha\vee\alpha\vee\gamma)\wedge(\neg\beta\vee\alpha\vee\gamma)$　8，9
11. $\neg\beta\vee\neg\neg\gamma\vdash(\neg\alpha\wedge\neg\beta)\vee(\alpha\vee\gamma)$　10
12. $\alpha\vee\gamma\vdash\neg\neg(\alpha\vee\gamma)$
13. $(\neg\alpha\wedge\neg\beta)\vee(\alpha\vee\gamma)\vdash(\neg\alpha\wedge\neg\beta)\vee\neg\neg(\alpha\vee\gamma)$　12
14. $\neg\beta\vee\neg\neg\gamma\vdash(\neg\alpha\wedge\neg\beta)\vee\neg\neg(\alpha\vee\gamma)$　11，13
15. $\neg\alpha\wedge\neg\beta\vdash\neg(\alpha\vee\beta)$
16. $(\neg\alpha\wedge\neg\beta)\vee\neg\neg(\alpha\vee\gamma)\vdash\neg(\alpha\vee\beta)\vee\neg\neg(\alpha\vee\gamma)$　15
17. $\neg\beta\vee\neg\neg\gamma\vdash\neg(\alpha\vee\beta)\vee\neg\neg(\alpha\vee\gamma)$　14，16
18. $\neg\beta\vee\neg\neg\gamma\vdash\neg\neg(\neg(\alpha\vee\beta)\vee\neg\neg(\alpha\vee\gamma))$　17
19. $\vdash\neg(\neg\beta\vee\neg\neg\gamma)\vee\neg\neg(\neg(\alpha\vee\beta)\vee\neg\neg(\alpha\vee\gamma))$　18
20. $\vdash(\beta\supset\gamma)\supset(\alpha\vee\beta\supset\alpha\vee\gamma)$　19 $\supset$的定义

定理 5.2.34　若$\Sigma\vdash\alpha$，且$\Sigma\vdash\neg\alpha\vee\beta$，则$\Sigma\vdash\beta$。

证明：

1. $\Sigma\vdash\alpha$
2. $\Sigma\vdash\neg\alpha\vee\beta$
3. Σ，$\neg\alpha\vdash\alpha$　1
4. Σ，$\neg\alpha\vdash\neg\alpha$
5. Σ，$\neg\alpha\vdash\beta$　3，4
6. Σ，$\beta\vdash\beta$
7. $\Sigma\vdash\beta$　2，5，6

参考文献

一　著作

杜国平：《经典逻辑与非经典逻辑基础》，高等教育出版社 2006 年版。

冯棉：《结构推理》，广西师范大学出版社 2015 年版。

卢卡西维茨：《亚里士多德的三段论》，李真、李先焜译，商务印书馆 1981 年版。

亚里士多德：《工具论》，刘叶涛等译，上海人民出版社 2018 年版。

张家龙：《逻辑学思想史》，湖南教育出版社 2004 年版。

张清宇、郭世铭、李小五：《哲学逻辑研究》，社会科学文献出版社 1997 年版。

郑毓信：《现代逻辑的发展》，辽宁教育出版社 1989 年版。

周北海：《模态逻辑导论》，北京大学出版社 1997 年版。

Barnes，Jonathan. 1995. *The Complete Works of Aristotle，Volume 1：The Revised Oxford Translation*. Princeton：Princeton University Press.

Bergmann，Merrie. 2008. *An Introduction to Many-Valued and Fuzzy Logic：Semantics，Algebras，and Derivation Systems*. Cambridge：Cambridge University Press.

De Rijk，Lambertus Marie. 1967. *Logica Modernorum：A Contribution to the History of Early Terminist Logic，Vol. II Part Two：Texts，Indices.* Assen：Van Gorcum.

Garson，James W. . 2006. *Modal Logic for Philosophers.* Cambridge：Cambridge University Press.

Hilbert，David，and Ackermann，Wilhelm. 1950. *Principles of Mathematical Logic*. Edited and with notes by Luce，Robert E. New York：Chelsea Publishing Company.

Łukasiewicz，Jan. 1966. *Elements of Mathematical Logic*. Oxford：Pergamon Press.

Mates，Benson. 1961. *Stoic Logic*. Berkeley and Los Angeles：University of California Press.

Mendelson，Elliott. 2010. *Introduction to Mathematical Logic*. Boca Raton：CRC Press.

Monk，James Donald. 1976.*Mathematical Logic*. New York：Springer-Verlag.

Peirce，Charles Sanders. 1938. *Collected Papers of Charles Sanders Peirce，Vols. 1–6，1931–1935*. Hartshorne，C. & Weiss，P. (eds.)，Boston：Harvard University Press.

Priest，Graham. 2008. *An Introduction to Non-Classical Logic：From if to is*. Cambridge：Cambridge University Press.

Russell，Bertrand. 1938. *The Principles of Mathematics*. New York：W.W. Norton & Company，Inc.

Van Heijenoort，Jean. 1967. *From Frege to Gödel：A Source Book in Mathematical Logic，1879-1931*. Cambridge：Harvard University Press.

二 论文

杜国平：《关于“不用联结词的逻辑系统”的注记》，《重庆理工大学学报》（社会科学版）2019 年第 4 期。

杜国平：《不用联结词的“舍…取…”型自然推演系统》，《湖南科技大学学报》（社会科学版）2019 年第 3 期。

杜国平：《基于中国表示法的一阶逻辑系统》，《安徽大学学报》（哲学社会科学版）2019 年第 3 期。

张清宇：《不用联结词的经典命题逻辑系统》，《哲学研究》1995 年第 5 期。

张清宇：《不用联结词和量词的一阶逻辑系统》，《哲学研究》1996 年第 5 期。

Aristotle. 1995. “Prior Analytics.” In *The Complete Works of Aristotle，Volume 1：the Revised Oxford Translation*. Edited by Barnes，Jonathan，1995：39-113. Princeton：Princeton University Press.

Aristotle. 1995. “Posterior Analytic.” In *The Complete Works of Aristotle，Volume 1：the Revised Oxford Translation*. Edited by Barnes，Jonathan，1995：114-166. Princeton：Princeton University Press.

Bonevac，Daniel. 2012. “A History of Quantification.” In *Handbook of the History of Logic, Volume 11: Logic: A History of Its Central Concepts*. Edited by Gabbay, Dov M., Pelletier, Francis Jeffry, & Woods, John, 2012: 63-126. Amsterdam: Elsevier.

Bonevac, Daniel, and Dever, Josh. 2012. "A History of The Connectives." In *Handbook of the History of Logic, Volume 11: Logic: A History of Its Central Concepts*. Edited by Gabbay, Dov M., Pelletier, Francis Jeffry, & Woods, John, 2012: 175-233. Amsterdam: Elsevier.

Frege, Gottlob. 1879. "Begriffsschrift, a formula language, modeled upon that of arithmetic, for pure thought."Reprinted in *From Frege to Gödel: A source book in mathematical logic, 1879-1931*, edited by Van Heijenoort, Jean, 1967: 1-82. Cambridge: Harvard University Press.

Lenzen, Wolfgang. 2004. "Leibniz's Logic." In *Handbook of the History of Logic, Volume 3: The rise of modern logic: from Leibniz to Frege*. Edited by Gabbay, Dov M., & Woods, John. Amsterdam: Elsevier.

Łukasiewicz, Jan. 1931."Comments on Nicod's axiom and on 'generalizing deduction'". Reprinted in : *Jan Łukasiewicz : Selected Works*. Edited by L. Borkowski., 1970 : 1-196.Amsterdam : North-Holland.

Peano, Giuseppe. 1889. "The principles of arithmetic, presented by a new method."Reprinted in *From Frege to Gödel: A Source Book in Mathematical Logic, 1879-1931*, edited by Van Heijenoort, Jean, 1967: 83-97. Cambridge: Harvard University Press.

Peirce, Charles Sanders. 1870. "Description of a Notation for the Logic of Relatives, Resulting from an Amplification of the Conceptions of Boole's Calculus of Logic." *Memoirs of the American Academy of Arts and Sciences*, New Series 9(2): 317-378.

Peirce, Charles Sanders. 1885. "On the algebra of logic: A Contribution to the Philosophy of Notation." Reprinted in *From Kant to Hilbert Volume 1: A Source Book in the Foundations of Mathematics*. Edited by Ewald, William, 1996: 608-632. Oxford: Oxford University Press.

Russell, Bertrand. 1902. "Letter to Frege." Reprinted *in From Frege to Gödel: A source book in mathematical logic, 1879-1931*, edited by Van Heijenoort, Jean,

1967：124-125. Cambridge：Harvard University Press.

Russell，Bertrand. 1908a. "Mathematical Logic as Based on the Theory of Types." Reprinted in *From Frege to Gödel：A Source Book in Mathematical Logic，1879-1931*，edited by Van Heijenoort，Jean，1967：150-182. Cambridge：Harvard University Press.